高职高专机电一体化专业规划教材

机电一体化技术
(第 2 版)

陈 刚 编 著

清华大学出版社

北京

内 容 简 介

本书以设备项目的形式进行编写,从应用的角度出发系统地介绍了典型机加工设备、升降电梯、机械手、自动化生产线、自动门的机械结构和电气控制原理,体现了知识的够用和实用性。

全书共 8 章,包括 CA6140 卧式车床机电传动与控制、M1432A 万能外圆磨床机电传动与控制、X6132A 卧式升降台铣床机电传动与控制、Z3040 摇臂钻床机电传动与控制。升降电梯机电传动与控制、机械手机电传动与控制、自动生产线机电传动与控制和自动门机电传动与控制。在内容安排上遵循循序渐进的思路,各章节均以项目的形式将理论知识贯穿于项目任务中,并针对项目任务中的常见问题进行解答,使得理论知识和实际应用有机融合,为教师的备课、学生的学习提供最大方便。

本书可作为高等学校高职高专机电一体化技术、机械制造与自动化、电气自动化等机电类相关专业的教材,也可作为本科院校相关专业以及机电技术工程人员的参考书。

图书在版编目(CIP)数据

机电一体化技术/陈刚编著. —2 版. —北京:清华大学出版社,2017(2024.7重印)
(高职高专机电一体化专业规划教材)
ISBN 978-7-302-45823-4

Ⅰ. ①机⋯ Ⅱ. ①陈⋯ Ⅲ. ①机电一体化—高等职业教育—教材 Ⅳ. TH-39

中国版本图书馆 CIP 数据核字(2016)第 288529 号

责任编辑:陈冬梅 陈立静
装帧设计:王红强
责任校对:周剑云
责任印制:沈 露
出版发行:清华大学出版社
　　　　网　　　址:https://www.tup.com.cn,https://www.wqxuetang.com
　　　　地　　　址:北京清华大学学研大厦 A 座　　　邮　　编:100084
　　　　社 总 机:010-83470000　　　　　　　　邮　　购:010-62786544
　　　　投稿与读者服务:010-62776969,c-service@tup.tsinghua.edu.cn
　　　　质量反馈:010-62772015,zhiliang@tup.tsinghua.edu.cn
　　　　课件下载:https://www.tup.com.cn,010-62791865
印 装 者:北京同文印刷有限责任公司
经　　销:全国新华书店
开　　本:185mm×260mm　　　　印　张:16.5　　　字　数:401 千字
版　　次:2010 年 3 月第 1 版　2017 年 3 月第 2 版　印　次:2024 年 7 月第 13 次印刷
印　　数:22501~24500
定　　价:49.80 元

产品编号:053551-06

第 2 版前言

本书是在第 1 版的基础上，重新修订再编而成，保持了第 1 版的鲜明特色。

随着科学技术的不断发展，工业生产中机电一体化技术的应用越来越广泛，大部分工科类高职院校都开设了机电一体化技术专业，而且把机电一体化技术作为主干课程。由于高职教育有别于本科教育，原来基于学科知识的教材并不适合高职院校学生的需要，而目前高职层次的教学中也没有合适的教材，除个别专业图书讲述了机电一体化案例外，其他教材的编排均沿用了本科层次教材编写的模式，即学科性强，而应用性不够，这不符合高职教育的培养目标。党的二十大报告明确提出：努力培养造就更多大师、卓越工程师、大国工匠、高技能人才，坚持为党育人、为国育才，全面提高人才自主培养质量。编者根据企业的实际应用，牢牢把握高职院校的培养目标和要求，结合多年的教学工作经验与企业研发经历，编写了本书，旨在满足新形势下的教学需要。本书以项目形式进行编写，将理论知识与实际应用有机融合，同时融合课程思政，定位为高职机电类和自动化类专业，实用性和适用性强。

本书在第 1 版的基础上增加了第 8 章，即自动门机电传动与控制。同时，对第 1 版的文稿进行了重新校对，修正了文字错误、重新绘制了部分图形、对个别章节内容的编排顺序进行了微调，本书具有以下特点。

1. 课程内容实用性、适用性强

本书的编写以我国当前工业生产中应用最为广泛的设备为载体，通过分析设备的机械结构和电气控制原理，来加深学生对知识的理解。通过项目的操作分析，促成学生技术技能素养的形成。

2. 理论知识具体化

本书以典型机电一体化设备为项目，系统地介绍了机电一体化技术的应用，通过任务导入、项目说明、知识链接、项目实施、检验评估、拓展实训和问题解析等环节，提升了读者对机电一体化技术知识的应用能力，有机地将理论知识与实践应用融合在一起，克服了传统机电一体化教材以学科知识构成进行编写的弊端，更加符合高职层次的培养目标。

3. 知识应用系统化

本书编写遵循循序渐进的方式，将知识的应用系统地分解到每个项目中，从普通的机电一体化技术应用到复杂的机电一体化技术应用，避免了知识的重复和跳跃，使学习者能系统地掌握理论知识，并形成技能。

4. 教材框架便于教学

本书在体系架构方面，每章开头均介绍了本章知识学习目标与技能目标。通过项目任务引出本章的知识和技术技能要点。通过项目实施、项目检验和拓展实训，融合、贯通和巩固本章知识。章后设置常见问题解析、小结、思考与练习，用于加强对所学知识的理解和综合应用。

5. 多维呈现配套数字资源

教材配套相应的数字资源,进一步融合 AR、VR 等新技术,数字资源涵盖教学微视频、教学课件、电子教案、在线测试、拓展资源等。在纸质教材中,嵌入二维码,并通过手机终端实现数字资源的即时呈现。

6. 融合工匠精神等思政元素

优化专业内容和版面设计,在每个项目的最后,设置"我爱我国"栏目,嵌入与本专业相关的人文精神、工匠精神和专业技术发展动态,将课程思政与专业知识技能相融合,有利于提升学习者的综合素养。

本书由湖南汽车工程职业学院陈刚编著,由杨国先教授负责机械方面的审核,由兰新武教授负责电气方面的审核。

本书在编写过程中,参考并引用了金属切削机床、机床电气、电梯技术、自动化生产线、机械手及自动门等方面的论著、资料,限于篇幅,不一一列举,在此对其作者表示深深的感谢。在编写本书时,得到了湖南汽车工程职业学院的设备支持,还得到了刘海渔教授、肖燕子老师的大力支持,在此对本书出版给予支持帮助的单位和个人表示诚挚的感谢!

随着机电一体化技术发展的日新月异,加之作者水平有限,本书难免存在错误和不足之处,真诚希望得到广大专家和读者的批评和指正。

编 者

目　　录

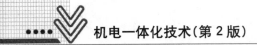

第1章 CA6140卧式车床机电传动与控制

- 熟知 CA6140 卧式车床的机械结构。
- 熟知各电气元件在控制电路中的作用。
- 掌握 CA6140 卧式车床电气控制原理。

- 能分析 CA6140 卧式车床运动传动链。
- 能分析 CA6140 卧式车床电气控制逻辑。
- 会进行车床电气故障的诊断与维修。
- 掌握设计电气控制柜的基本思路和设计要点。
- 会拆卸、清洗、组装主轴箱。

CA6140 卧式车床是典型的机械加工设备之一，可以实现多种转速的输出，可以车削内外圆柱面、圆锥面、环形槽、回转体成形面和各种螺纹，还可以进行钻中心孔、钻孔、扩孔、铰孔、攻螺纹、套螺纹和滚花等工作。那么 CA6140 卧式车床怎样实现其机械运动呢？又通过怎样的电气电路来进行运动控制呢？下面通过本章的项目逐步进行剖析。

1.1 CA6140卧式车床机电传动与控制项目说明

1. 项目要点

(1) CA6140 卧式车床电气控制的实现。

(2) CA6140 卧式车床主轴箱机械传动的实现。

2. 实施条件

(1) 能拆卸和组装的 CA6140 卧式车床裸机。

(2) 与 CA6140 卧式车床配套的电气控制柜或实验电气控制柜。

(3) 配套的技术资料和教学资源。

3. 项目内容及要求

根据所学知识，首先进行电气控制柜的设计，然后制作电气控制柜，实现电气控制柜与机床的对接，并调试成功。

1.2　基 础 知 识

CA6140 卧式车床是机械制造业中金属切削机床的装备之一，车床的运动部分决定了车削加工功能的实现。车床的运动部分包括执行件、运动源和传动装置三个基本部分。执行件是车床运动的执行部件，其作用是带动工件和刀具，使之完成一定形式的运动并保持正确的轨迹，如车床主轴、刀架等；运动源是车床运动的来源，它向运动部分提供动力，如交流电动机；传动装置是传递运动和动力的装置，它将运动源的运动和动力传给执行件，并完成运动形式、方向、速度的转换等工作，从而在运动源和执行件之间建立起运动联系，使执行件获得一定的运动，如车床主轴箱。

CA6140 卧式车床
机电传动概述

1.2.1　CA6140 卧式车床的机械结构

CA6140 卧式车床的主要结构如图 1-1 所示，主要由床身、主轴变速箱(主轴箱)、挂轮箱、进给箱、溜板箱、溜板与刀架、尾座、光杠和丝杠等部分组成。

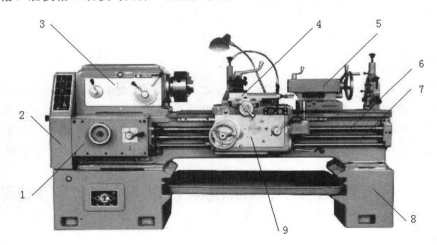

图 1-1　CA6140 卧式车床结构

1—进给箱；2—挂轮箱；3—主轴变速箱；4—溜板与刀架；
5—尾座；6—丝杠；7—光杠；8—床身；9—溜板箱

1. 主轴箱

CA6140 卧式车床的主轴箱是一个比较复杂的运动部件，其结构如图 1-2 所示。包括箱体、主轴部件、传动机构、操纵机构、换向装置、制动装置和润滑装置等，其功用在于支承主轴部件和传递运动。

1)　主轴部件

主轴部件是主轴箱最重要的部分，由主轴、主轴轴承和主轴上的传动件、密封件等组成。

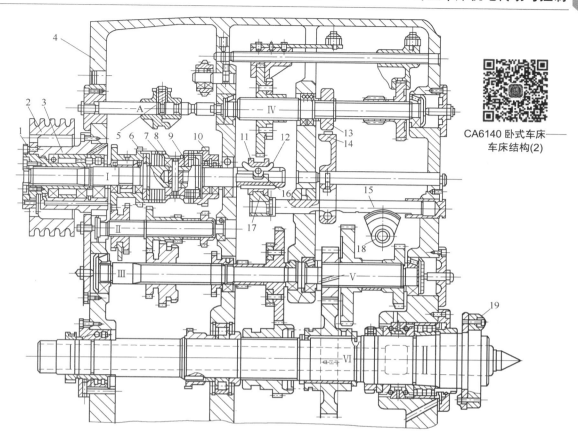

图 1-2　CA6140 卧式车床主轴箱结构

1—花键套；2—带轮；3—法兰；4—主轴箱体；5—钢球；6、10—齿轮；
7—销；8、9—螺母； 11—滑套；12—羊角摆块；13—制动盘；14—制动带；
15—齿条；16—拉杆；17—拨叉；18—扇形齿轮；19—键

　　主轴前端可安装卡盘，用以夹持工件，并由其带动旋转。主轴的旋转精度、刚度和抗震性等对工件的加工精度和表面粗糙度有直接影响，因此对主轴部件的要求较高。

　　CA6140 卧式车床的主轴是一个空心阶梯轴，其内孔用于通过棒料或卸下顶尖时所用的铁棒，也可用于通过气动、液压或电动夹紧驱动装置的传动杆。主轴前端有精密的莫氏 6 号锥孔，用来安装顶尖或心轴，利用锥面配合的摩擦力直接带动心轴和工件转动。主轴后端的锥孔是工艺孔。

　　主轴轴承的润滑由润滑油泵供油，润滑油通过进油孔进入轴承，并带走轴承运转所产生的热量。为了避免漏油，前后轴承均采用了油沟式密封装置。主轴旋转时，依靠离心力作用，将经过轴承向外流出的润滑油甩到轴承端盖的接油槽里，然后经过回油孔流回主轴箱。

　　主轴上装有三个齿轮，前端为斜齿圆柱齿轮，可使主轴传动平稳，传动时齿轮作用在主轴上的轴向力与进给力方向相反，因此可以减少主轴前支承所承受的轴向力。主轴前端安装卡盘。

2) 开停、换向及制动操纵机构

CA6140 卧式车床采用双向多片式摩擦离合器实现主轴的开停和换向,如图 1-3 所示。离合器由结构相同的左右两部分组成,左离合器传动主轴正转,右离合器传动主轴反转。摩擦片有内外之分,且相间安装。如果将内外摩擦片压紧,产生摩擦力,则轴的运动就通过内外摩擦片带动空套齿轮旋转;反之,如果松开,则轴的运动与空套齿轮的运动不相干,内外摩擦片之间处于打滑状态。正转用于切削,需传递的扭矩较大,而反转主要用于退刀,所以左离合器摩擦片数较多,右离合器摩擦片数较少。

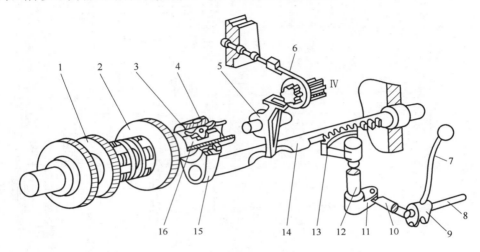

图 1-3　CA6140 卧式车床开停、换向及制动操纵机构

1—双联齿轮；2—齿轮；3—羊角摆块；4—滑套；5—制动杠杆；6—钢带；7—手柄；8—操纵杆；
9—杠杆；10—连杆；11—摆杆；12—转轴；13—扇形齿轮；14—齿条轴；15—拨叉；16—拉杆

内外摩擦片之间的间隙可以调整,如果间隙过大,则压不紧,摩擦片打滑,车床动力显得不足,工作时易产生闷车现象,且摩擦片易磨损;反之,如果间隙过小,则启动时费力,停车或换向时,摩擦片又不易脱开,严重时会导致摩擦片被烧坏。由此也可看出,摩擦离合器除了可传递动力外,还能起过载保险的作用。当机床超载时,摩擦片会打滑,于是主轴就停止转动,从而避免机床损坏。所以,摩擦片之间的压紧力是根据离合器应传递的额定扭矩来确定的,并可用拧在压套上的螺母 4 和 7 来调整,如图 1-4 所示。

3) 制动装置

制动装置的作用是克服车床停车过程中主轴箱内各运动件的惯性,使主轴迅速停止转动,以缩短辅助时间。CA6140 卧式车床采用闸带式制动器进行制动,如图 1-5 所示,调节螺钉 5 用来调整制动带 6 的松紧程度。注意调整松紧要合适,以使停车时主轴能迅速停止,而开车时制动带能完全松开为宜。

4) 六速操纵机构

六速操纵机构如图 1-6 所示,它用一个手柄同时操纵传动轴Ⅱ上的双联滑移齿轮和传动轴Ⅲ上的三联滑移齿轮。转动操作手柄 9,通过链条 8 使轴 7 上的曲柄 5 和凸轮 6 转动,曲柄 5 上装有拨销 4,在拨销 4 的伸出端上装有滚子,此滚子嵌入在拨叉 3 的长槽中。曲柄带着拨销做偏心运动时，可带动拨叉使传动轴Ⅲ上的三联滑移齿轮 2 做轴向位移。凸轮 6 的曲线槽经圆销 10 通过杠杆 11 和拨叉 12，可使传动轴Ⅱ上的双联滑移齿轮发生位移，即曲柄 5 和凸轮 6 可以形成六种变速位置。

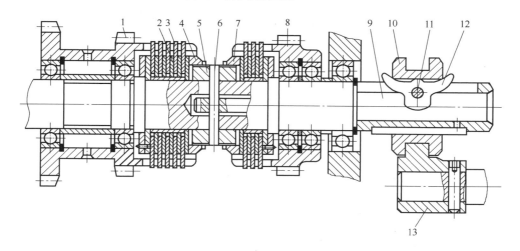

图 1-4　CA6140 卧式车床双向多片式摩擦离合器装置

1—双联齿轮；2—内摩擦片；3—外摩擦片；4、7—螺母；5—套；6—长销；
8—齿轮；9—拉杆；10—滑套；11—销轴；12—羊角摆块；13—拨叉

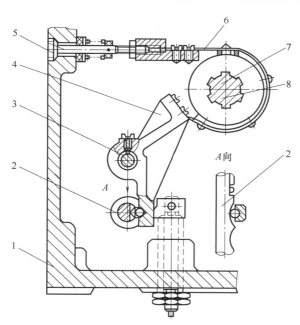

图 1-5　CA6140 卧式车床制动装置

1—箱体；2—齿条轴；3—杠杆支承轴；4—杠杆；5—调节螺钉；6—制动带；7—制动轮；8—制动轴

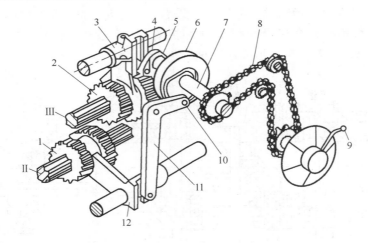

图 1-6　CA6140 卧式车床六速操纵机构

1—双联齿轮；2—三联滑移齿轮；3、12—拨叉；4—拨销；5—曲柄；6—凸轮；
7—轴；8—链条；9—操作手柄；10—圆销；11—杠杆；Ⅱ、Ⅲ—传动轴

2. 溜板箱

溜板箱的作用是将丝杠或光杠传来的旋转运动转变为直线运动并带动刀架进给；控制刀架运动的接通、断开和换向；机床过载时控制刀架停止进给；手动操纵刀架移动和实现快速移动。

溜板箱中设有以下机构：接通丝杠传动的开合螺母机构；将光杠的运动传至纵向齿轮齿条和横向进给丝杠的传动机构；接通、断开和转换纵、横向进给的转换机构；保证机床工作安全的过载保险装置和互锁机构；控制刀架运动的操纵机构；改变纵、横向机动进给运动方向的换向机构；快速空行程传动机构。

1) 纵、横向进给操纵机构

纵、横向进给操纵机构如图 1-7 所示，它用一个手柄集中操纵纵、横向进给运动的接通、断开和换向，手柄拨动方向与刀架移动方向一致。当向左或向右拨动手柄 1 时，手柄座 3 绕销轴 2 转动，手柄座下端的开口槽通过球头销 4 使轴 5 做轴向移动，经过杠杆 11 和连杆 12 使凸轮 13 转动，凸轮上的曲线槽通过圆销 14 使拨叉轴 15 及拨叉 16 做前后移动，进而使离合器 M8 发生位移，从而与轴 ⅩⅩⅡ 上的任一空套齿轮啮合，于是纵向进给运动连通，刀架相应地向左或向右移动。

2) 开合螺母机构

开合螺母机构如图 1-8 所示，它由上下两个半螺母 4、5 组成，装在溜板箱体后壁的燕尾导轨中，可以上下移动。上下半螺母背面各装有一个圆柱销 6，其伸出部分分别嵌在圆盘 7 的曲线槽中。扳动手柄 1，通过轴 2 使得圆盘 7 逆时针旋转时，曲线槽使两圆柱销靠近，带动上下螺母合拢与丝杠啮合，刀架便由丝杆螺母经溜板箱传递进给；当圆盘 7 顺时针旋转时，两个半螺母分开，与丝杠脱离啮合，刀架停止进给。

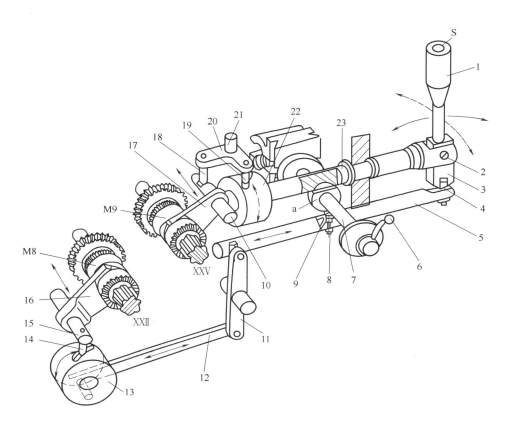

图 1-7　CA6140 卧式车床纵、横向进给操纵机构

1、6—手柄；2、21—销轴；3—手柄座；4、9—球头销；5、7、23—轴；8—弹簧销；
10、15—拨叉轴；11、20—杠杆；12—连杆；13、22—凸轮；14、18、19—圆销；
16、17—拨叉；M8、M9—离合器；a—凸骨；XXII、XXV—轴

3）　互锁机构

车床工作时，为避免因操作失误引起丝杠传动和纵、横向进给机构同时接通，在溜板箱中设有互锁机构，即保证开合螺母合上时，纵、横向进给运动不能接通。互锁机构通过开合螺母操纵轴 7 上的凸肩 a、轴 5 上的球头销与弹簧销 8、支承套 24 等来实现功能，如图 1-9 所示。当没有互锁时，图 1-7 中手柄 1 可以在前、后、左、右任意位置接通相应的进给运动。在图 1-7 中，当扳动手柄 6 使开合螺母合上时，轴 7 顺时针转过一个角度，凸肩 a 嵌入轴 23 的槽中，将轴 23 卡住，不能运动。同时，凸肩 a 又将装在支承套 24 横向孔中的球头销 9 压下，使其下端插入轴 5 的孔中，将轴 5 卡住，使得不能左右移动，即此时，纵、横向进给运动都被锁住；反之，接上纵、横向进给运动后，侧开合螺母不能合上。

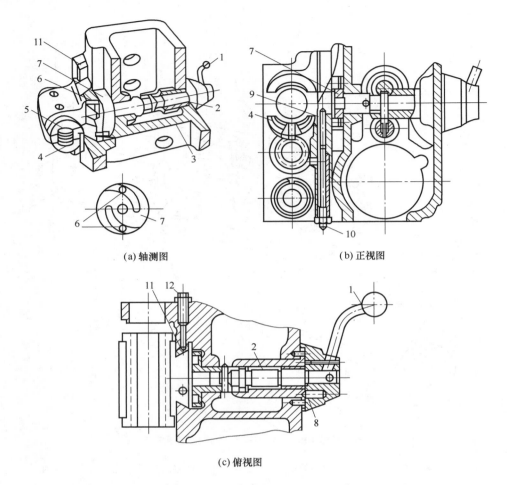

(a) 轴测图　　　　　　　　　　　　　(b) 正视图

图 1-8　CA6140 卧式车床开合螺母机构

1—手柄；2—轴；3—轴承套；4—下半螺母；5—上半螺母；

6—圆柱销；7—圆盘；8—定位钢球；9—销钉；10、12—螺钉；11—平镶条

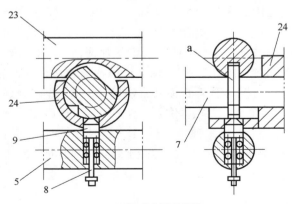

(a) 纵、横向进给锁紧

图 1-9　CA6140 卧式车床互锁机构

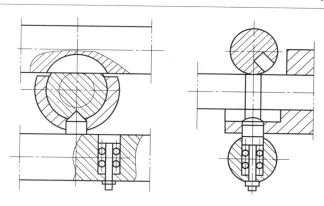

(b)纵、横向进给状态,开合螺母锁紧

图 1-9　CA6140 卧式车床互锁机构(续)

5—轴；7—操纵轴；8—弹簧销；9—球头销；23—轴；24—支承套

1.2.2　CA6140 卧式车床运动形式及传动系统分析

为了便于了解和分析车床的传动情况，通常利用车床的传动系统图来论述。车床的传动系统图是表示车床全部运动传动关系的示意图。

1. CA6140 卧式车床运动形式

CA6140 卧式车床的主运动是指主轴通过卡盘或顶尖带动工件旋转，主轴承受车削时的主要切削力；进给运动是溜板带动刀架直线移动，使刀具移动以切削金属。进给运动消耗的功率很小，主运动和进给运动都由主轴电动机拖动。主轴电动机的动力由三角皮带、主轴变速箱传递到主轴，实现主轴的旋转，通过挂轮箱传递给进给箱来实现刀具的纵向和横向进给。

主轴一般只要求做单向旋转，加工螺纹时要求的主轴反转是由操作手柄通过机械的方法来实现的，所以主轴电动机只需要单方向旋转。主轴的转速通过手柄调节主轴变速箱实现，电动机不需要调速。

辅助运动中，刀架的快速移动由一台电动机拖动，冷却泵由一台电动机带动实现刀具切削时的冷却，尾座的移动和工件的装配由人工来操作。

2. CA6140 卧式车床传动系统分析

车床加工过程中，一个运动对应一条传动链，所有这些传动链与它们之间的相互联系组成了一台车床的传动系统。CA6140 卧式车床的传动系统如图 1-10 所示。

CA6140 卧式车床传动系统的传动链有：实现主运动的主传动链，实现螺纹进给运动的螺纹进给传动链，实现纵向进给运动的纵向进给传动链，实现横向进给运动的横向进给传动链，实现刀架快速退离或趋近工件的快速空行程传动链。

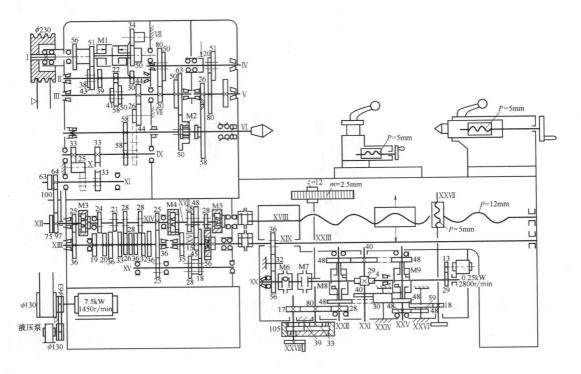

图 1-10　CA6140 卧式车床的传动系统

1)　主传动链

(1)　传动路线。如图 1-10 所示，CA6140 卧式车床的主运动是由主电动机经三角皮带传至主轴箱中的轴Ⅰ，轴Ⅰ上装有一个双向多片式摩擦离合器 M1，用以控制主轴的启动、停止和换向。轴Ⅰ的运动经离合器 M1 和轴Ⅱ-Ⅲ间的变速齿轮传至轴Ⅲ，然后分两路传递给主轴。

①　高速传动路线。主轴Ⅵ上的滑移齿轮 Z50 处于左边位置，运动经齿轮副直接传给主轴。

②　中低速传动路线。主轴Ⅵ上的滑移齿轮 Z50 处于右边位置，且使齿式离合器 M2接合，运动经轴Ⅲ-Ⅳ-Ⅴ间的背轮机构和齿轮副传给主轴。

(2)　主轴的转速级数与转速计算。根据传动系统图和传动路线表达式，主轴正转可获得 24 级不同转速，主轴反转可获得 12 级不同转速。

主轴反转一般不用来进行车削，而是为了在车螺纹时使刀架在主轴与刀架之间的传动链不脱开的情况下退回至起始位置，以免下次走刀发生"乱扣"现象。同时，为了节省退刀时间，主轴反转转速高于正转转速。

传动路线表达式如下：

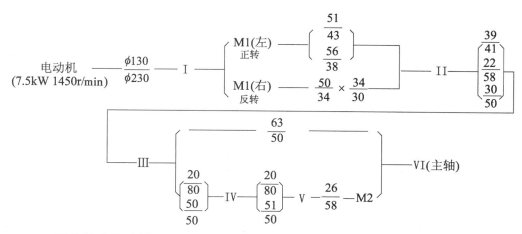

2) 螺纹进给传动链

如图 1-10 所示，CA6140 卧式车床的螺纹进给运动传动链可以保证机床车削公制、英制、模数制和径节制四种标准螺纹。

车削公制螺纹时，进给箱中的离合器 M3、M4 脱开，M5 接合。其运动由主轴Ⅵ经齿轮副，轴Ⅸ-Ⅺ间的左右螺纹换向机构，挂轮，传至进给箱的轴Ⅻ，然后再经齿轮副，轴Ⅷ-Ⅸ间的滑移齿轮变速机构(基本螺距机构)，齿轮副传至轴ⅩⅤ，接下去再经轴ⅩⅤ-ⅩⅦ间的两组滑移齿轮变速机构(增倍机构)和离合器 M5 传动丝杠ⅩⅧ旋转。合上溜板箱中的开合螺母，使其与丝杠啮合，便带动刀架纵向移动。

螺纹进给运动传动路线表达式如下。

$$\text{Ⅵ(主轴)} — \frac{58}{58} — \text{Ⅸ} \left\{ \begin{array}{c} \frac{33}{33}(右) \\ \frac{33}{25} \times \frac{25}{33}(左) \end{array} \right\} — \text{Ⅺ} — \frac{63}{100} \times \frac{100}{75}$$

$$— \text{Ⅻ} — \frac{25}{36} — \text{Ⅷ} — U_{基} — \frac{25}{36} \times \frac{36}{25} — \text{ⅩⅤ} — U_{倍} — \text{ⅩⅦ} — \text{M5} — \text{ⅩⅧ(丝杠)} — \text{刀架}$$

其中：$U_{基}$ 为轴 Ⅷ-Ⅸ 间变速机构的可变传动比，共 8 种：26/28、28/28、32/28、36/28、19/14、20/14、33/21、36/21，即 6.5/7、7/7、8/7、9/7、9.5/7、10/7、11/7、12/7，它们近似按等差数列规律排列，是获得各种螺纹导程的基本机构，故通常称为基本螺距机构或基本组；$U_{倍}$ 为轴 ⅩⅤ-ⅩⅦ 间变速机构的可变传动比，共四种：28/35×(35/28)、28/35×(15/48)、18/45×(35/28)、18/45×(15/48)，即 1、1/2、1/4、1/8，它们按倍数关系排列，用于扩大机床车削螺纹导程的种数，一般称为增倍机构或增倍组。

3) 机动进给传动链(纵向进给传动链和横向进给传动链)

实现一般车削时刀架机动进给的纵向和横向进给传动链，由主轴至进给箱中轴ⅩⅦ的传动路线与公制或英制常用螺纹的传动路线相同，其后运动经齿轮副传至光杠ⅩⅨ(此时离合器 M5 脱开，齿轮 Z28 与轴ⅩⅨ上的齿轮 Z56 啮合)，再由光杠经溜板箱中的传动机构分别传至光杠齿轮齿条机构和横向进给丝杠ⅩⅩⅦ，使刀架做纵向或横向机动进给。

纵向机动进给传动路线表达式如下。

$$VI(主轴) \begin{cases} 公制螺纹链传动路线 \\ 英制螺纹链传动路线 \end{cases} — XVII — \frac{28}{56} — XIX(光杆) — \frac{36}{32} \times \frac{32}{56}$$

$$— M6 — M7 — XX — \frac{4}{29} — XXI \begin{cases} \frac{40}{48} — M8\uparrow \\ \frac{40}{30} \times \frac{30}{48} — M8\downarrow \end{cases} — XXII — \frac{28}{80}$$

$$— XXIII — Z12 — 齿条 — 刀架$$

溜板箱中双向牙嵌式离合器 M8、M9 和齿轮传动副组成的两个换向机构,分别用于变换纵向和横向进给运动的方向。利用进给箱中的基本螺距机构和增倍机构以及进给传动链的不同传动路线,可获得纵向和横向进给量各 64 种。

纵向和横向进给传动链的两端件的计算位移如下。

纵向进给:主轴转一转→刀架纵向移动 $f_纵$(单位:mm)。

横向进给:主轴转一转→刀架横向移动 $f_横$(单位:mm)。

4) 刀架快速空行程传动路线

刀架快速移动是使刀具机动地快速退离或接近加工部位,以减轻工人的劳动强度并缩短辅助时间。当需要快速移动时,可按下快速移动按钮,装在溜板箱中的快速电动机(0.25kW,2800r/min)的运动便经齿轮副传至轴 XX,然后再经溜板箱中与机动进给相同的传动路线传至刀架,以实现纵向和横向的快速移动。

为了节省辅助时间及简化操作,在刀架快速移动过程中光杠仍可继续传动,不必脱开进给传动链。这时,为了避免光杠和快速电动机同时传动,导致轴 XX 损坏,在齿轮 Z56 及轴 XX 之间装有超越离合器,以避免二者发生的矛盾。

1.2.3　CA6140 卧式车床电气原理图

CA6140 卧式车床电气原理图包括主电路、控制电路及照明等辅助电路,如图 1-11 所示。

1. 电力拖动特点及控制要求

(1) 主轴电动机 M1 为三相笼型异步电动机,为了满足调速要求,采用齿轮箱进行机械有级调速;采用直接启动;由机械换向实现正、反转。

(2) 车削加工时,刀具与工件温度高,需要冷却。冷却泵电动机 M2 应在主轴电动机启动后方可启动;当主轴电动机停止时,应立即停止。

(3) 为实现溜板箱的快速移动,刀架快移电动机 M3 采用点动控制。

(4) 电路应具有必要的保护环节和安全可靠的照明和信号指示。

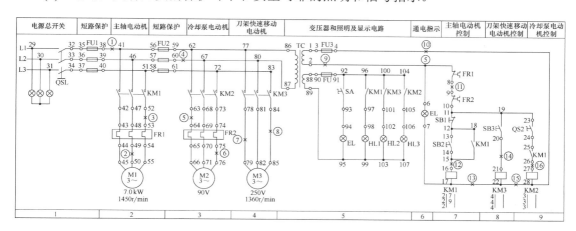

图 1-11　CA6140 卧式车床电气原理图

2. 主电路分析

主电路中共有三台电动机：M1 主轴电动机，带动主轴旋转和刀架做进给运动；M2 为冷却泵电动机；M3 为刀架快速移动电动机。

三相交流电源通过开关 QS1 引入。主轴电动机 M1 由接触器 KM1 控制启动，热继电器 FR1 为其的过载保护。冷却泵 M2 由接触器 KM2 控制启动，热继电器 FR2 为其的过载保护。刀架快速移动电动机 M3 由接触器 KM3 控制启动，由于 M3 是短期工作，故不设过载保护。

3. 控制电路分析

控制回路的电源由控制变压器 TC 输出 127V 电压提供。

1) 主轴电动机的控制

按下启动按钮 SB2，接触器 KM1 的线圈获电动作，其主触头闭合，主轴电动机启动运行；同时，KM1 的自锁触头和另一副常开触头闭合。按下按钮 SB1，主轴电动机 M1 停车。

2) 冷却泵电动机的控制

如果车削加工过程中需要使用冷却液时，可以合上开关 QS2，在主轴电动机 M1 运转的情况下，接触器 KM2 线圈获电吸合，其主触头闭合，冷却泵电动机获电而运行。由电气原理图可知，只有主轴电动机 M1 启动后，冷却泵电动机 M2 才可能启动，当 M1 停止运行时，M2 也自动停止。

3) 刀架快速移动电动机的控制

刀架快速移动电动机 M3 的启动由按钮 SB3 控制，SB3 与接触器 KM3 组成电动控制环节。将操纵手柄扳到所需的方向，压下按钮 SB3，接触器 KM3 获电吸合，M3 启动，刀架就向指定方向快速移动。

4. 照明、信号灯电路分析

控制变压器 TC 的副边分别输出 36V 和 127V 电压，作为机床低压照明灯、信号灯的电源。EL 为机床的低压照明灯，由开关 SA 控制，HL 为电源的信号灯，它们分别采用 FU 和 FU3 作为短路保护。

1.3 CA6140 卧式车床机电传动与控制项目实施过程

1.3.1 工作计划

在项目实施过程中，小组协同编制工作计划，并协作解决难题，相互之间监督计划执行与完成情况，以养成良好的"组织管理""准确遵守"等职业素养。工作计划表如表 1-1 所示。

表 1-1 工作计划表

序号	内容	负责人/责任人	开始时间	结束时间	验收要求	完成/执行情况记录	个人体会、行为改变效果
1	研讨任务	全体组员			分析项目的控制要求		
2	制订计划	小组长			制订完整的工作计划		
3	确定设计流程	全体组员			根据任务研讨结果，确定项目的设计流程		
4	具体操作	全体组员			根据设计流程，设计电气控制柜		
5	效果检查	小组长			检查本组组员计划执行情况和设计图纸		
6	评估	老师/讲师			根据小组协同完成的情况进行客观评价，并填写评价表		

注：该表由每个小组集中填写，时间根据实际授课(实训)情况，以供检查和评估参考。最后一栏供学习者自行如实填写，作为自己学习的心得体会见证。

1.3.2 方案分析

为了能有效地完成项目内容，需要对制作电气控制柜做全面的了解，按照规范要求进行工作。图 1-12 所示为车床电气控制柜的一般制作工艺流程。

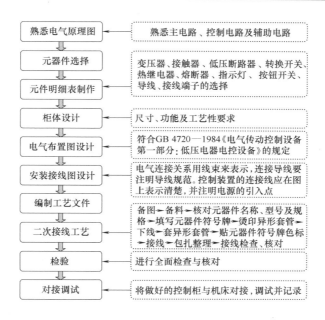

图 1-12　车床电气控制柜制作的工艺流程

1.3.3　操作分析

1．熟悉电气原理图

（1）主电路分析。根据车床控制要求及车床电气原理图，分析各电气执行元件的控制内容。了解三台电动机的作用，电动机分别由哪些接触器或开关控制，有没有进行电器的短路保护、过载保护等。

（2）控制电路分析。将控制电路分为三个环节，即主轴电动机控制环节、冷却泵电动机控制环节、刀架快速移动电动机控制环节。详细分析这三个环节的控制电路组成、电器元件的动作是否可以实现。

（3）辅助电路分析。分析照明电路和通电指示电路。

2．元器件选择

根据控制电路的工作电压、工作电流及保护要求，选择变压器、接触器、低压断路器、转换开关、热继电器、熔断器、指示灯、按钮开关、导线、接线端子。

3．元件明细表制作

元件明细表如表 1-2 所示。

表 1-2　元件明细表

序　号	元件符号	元件名称	型号规格	备　注

4. 柜体设计

(1) 尺寸要求。机柜可以为电气元器件和各种附件提供必需的安装空间，因而首先遇到的是尺寸问题。由于工程设计和机柜本身配套的需要，对机柜的外形尺寸、安装尺寸和某些互换性尺寸必须做出一些规定，一般以标准的形式加以规范，可以参照 GB/T 7267—2003《电力系统二次回路控制、保护屏及柜基本尺寸系列》标准。

(2) 功能要求。机柜的功能要求包括产品的功能要求和机柜结构的功能要求两个方面。归纳起来大致有：①电气元件及其附件的安装要求；②外壳防护要求；③屏蔽和接地要求；④通风散热要求；⑤人机学要求；⑥布线要求；⑦机柜的强度和刚性要求等。

(3) 工艺性要求。工艺性要求是在满足功能要求的前提下，对机柜的总体及零件、部件制造的可行性和经济性的要求，以及机柜满足电气设备装配的工艺和可维修性要求。在设计一般的配电、控制柜时，柜体都可选用标准系列柜。对于非标准柜，可根据以上原则进行设计。

5. 电气布置图设计

1) 低压电气电控设备的布置

在进行低压电气电控设备布置时应考虑到监视、操作、连线及维修的方便，并应力求整齐美观。接触器、继电器的布置控制柜，屏上继电器、接触器均应符合本身的安装要求。喷弧距离较长的接触器应布置在屏、柜的最顶端，并保证喷弧距离；以免引发事故，有必要时，可增设阻隔电弧的设施。同时，应注意构架的机械强度及振动的影响，如大型元件应装在屏、柜的底部。在屏、柜的整个区域内均可布置中小型接触器和继电器，而手动复位继电器则应布置在便于操作的部位。元器件的空间距离应符合 GB 4720—1984《电气传动控制设备第一部分：低压电器电控设备》的规定。一个导电部件与另一个导电部件之间的爬电距离和电气间隙，不得低于表 1-3 中的规定。

表 1-3　电气间隙和爬电距离

绝缘电压/V	电气间隙/mm	爬电距离/mm
≤300	6	10
300～660	8	14
660～800	10	20
800～1500	14	28

布置元器件时，应留有布线、接线、维修和调整操作的空间间距，板前接线式元器件应大于板后接线式元器件的空间间距。

2) 操纵器件的布置

操纵器件包括低压断路器操作手柄、按钮、按键开关、转换开关等。控制柜的仪表板上只能安装小型操纵器件，且一般布置在仪表板的底部。向上喷弧低压断路器应留有足够的喷弧距离或增设阻隔电弧的设施，以免损坏其他元器件。

6. 安装接线图设计

在接线图中应表示出以下内容：项目及相对位置、项目代号；端子间的电连接关系、端子代号；导线形式、导线号；需补充说明的其他内容。

1) 项目的表示方法

接线图中元件、器件、部件、组件和设备等项目，应尽量采用简化外形(圆形、方形、矩形)表示，必要时也允许用图形符号表示，在图形符号旁标出与电路图项目一致的项目代号。

2) 端子的表示方法

端子一般用图形符号和端子代号表示。一般端子用符号"O"表示；可拆卸端子用符号"∅"表示。对于用简化外形表示(端子所在的)项目时，其上的端子可不画符号，只用端子代号表示。

3) 导线的表示方法

在接线图中导线有如下两种表示方法。

(1) 连续线。用连续的实线表示端子之间实际存在的导线。

(2) 中断线。用中断的实线表示端子之间实际存在的导线，同时在中断线外标明导线的去向。导线组、电缆、缆线线束等可用单实线或加粗实线表示。

4) 各接线图(表)的绘制方法

(1) 单元接线图的绘制方法。在单元接线图上，各项目的位置基本与实际位置相符合，项目之间的距离一般不以实际位置为准，而由连接线的复杂程度来定。

(2) 互连接线图和互连接线表。互连接线图和互连接线表是表示两个或两个以上单元之间线缆连接情况的图和表，实际上是反映两个单元端子板之间的连线。各单元一般用点划线围框表示。互连接线图中各单元的视图应画在同一平面上，以便表示各单元之间的连接关系。互连接线表的格式及内容与单元接线表相同。

7. 二次接线工艺

备图→备料→核对元器件名称、型号及规格→填写元器件符号牌→烫印异形套管→下线→套异形套管→贴元器件符号牌色标→接线→包扎整理→接线检查、核对。

8. 项目检验

对照电气图纸，核对控制柜硬件安装是否正确。

1.4　CA6140 卧式车床机电传动与控制项目的检查与评估

1.4.1　检查方法

将制作好的车床电气控制柜与 CA6140 卧式车床对接，然后分别进行以下测试。

(1) 照明电路和通电指示电路。

(2) 主轴电动机 M1 和冷却泵电动机 M2 的顺序控制。

(3) 快速移动电动机的控制。

1.4.2　评估策略

评估包括从反馈与反思中获得学习机会，支持学习者技术实践能力向更高水平发展，同时也检测反思性学习者的反思品质，即从实践中学习的能力。

1. 整合多种来源

在本项目中，评估的来源主要包括学习者的项目任务分析能力、电气原理分析、设计布置意识、运行及调试和小组协调能力等。

2. 从多种环节中收集评估证据

本项目在资讯、计划、决策、实施和检查等环节中均以学习者为主体。资讯环节应记录学习者对任务的认识和分析能力；计划环节应记录学习者的参与情况、是否有独特见地、能否主动汇报或请教等；决策环节应考虑学习者的思维是否开阔、是否勇于承担责任；实施环节应考虑学习者勤奋努力的品质、精益求精的意识、创新的理念和操作熟练程度等；检查环节应检验学习者发现问题和解决问题的能力。

综上所述，可制订如表 1-4 所示的评估表。

表 1-4　评估表

评估项目		第一组				第二组				第三组			
		A	B	C	D	A	B	C	D	A	B	C	D
资讯	任务分析能力												
	信息搜索能力												
计划	信息运用能力												
	团结协作												
	汇报表达能力												
	独到见解												
决策	小组领导意识												
	思维开阔												
	勇于承担责任												
实施	勤奋努力												
	精益求精												
	创新理念												
	操作熟练程度												
检查	发现问题												
	解决问题												
	独到见解												

1.5　拓　展　实　训

1.5.1　CA6140 卧式车床电气故障诊断

【实训目的】

掌握 CA6140 卧式车床电气故障诊断的工具使用和诊断方法。

【实训要点】

主电路故障诊断、控制电路诊断和辅助电路诊断。

【预习要求】

熟悉 CA6140 卧式车床的电气原理图，并能进行详细分析。

【实训过程】

依据图 1-10，首先人为设置故障，引导学生进行分析测试。

① 38-41 间断路。全部电动机均缺一相，所有控制回路失效。
② 49-50 间断路。主轴电动机缺一相。
③ 52-53 间断路。主轴电动机缺一相。
④ 60-67 间断路。M2、M3 电动机缺一相，控制回路失效。
⑤ 63-64 间断路。冷却泵电动机缺一相。
⑥ 75-76 间断路。冷却泵电动机缺一相。
⑦ 78-79 间断路。刀架快速移动电动机缺一相。
⑧ 84-85 间断路。刀架快速移动电动机缺一相。
⑨ 2-5 间断路。除照明灯外，其他控制均失效。
⑩ 4-28 间断路。控制回路失效。
⑪ 8-9 间断路。指示灯亮，其他控制均失效。
⑫ 15-16 间断路。主轴电动机不能启动。
⑬ 17-22 间断路。除刀架快速移动控制外，其他控制均失效。
⑭ 20-21 间断路。刀架快速移动电动机不启动，刀架快移动失效。
⑮ 22-28 间断路。机床控制均失效。
⑯ 26-27 间断路。主轴电动机启动，冷却泵控制失效，QS2 不起作用。

1.5.2　CA6140 卧式车床主轴箱中双向摩擦离合器的调整

【实训目的】

掌握主轴双向摩擦离合器的调节原理和调整方法。

【实训要点】

如图 1-4 所示，内外摩擦片之间的间隙如果过大，则压不紧，摩擦片打滑，车床动力显得不足，工作时易产生闷车现象，且摩擦片易磨损；反之，如果间隙过小，则启动时费力，停车或换向时，摩擦片又不易脱开，严重时会导致摩擦片被烧坏。由此也可以看出，摩擦离合器除了可传递动力外，还能起过载保险的作用。当机床超载时，摩擦片会打滑，于是主轴就停止转动，从而避免机床损坏。所以，摩擦片之间的压紧力是根据离合器应传递的额定扭矩来确定的，并可用拧在压套上的螺母 4 和 7 来调整。

【预习要求】

分析车床主轴箱结构图，熟悉动力传递路线，熟悉摩擦离合器的工作原理。

【实训过程】

(1) 切断车床动力电源。

(2) 拧开主轴箱上盖与主轴箱体的连接螺栓，推开主轴箱盖。

(3) 观察主轴箱内各轴及轴上齿轮的空间位置，注意哪些轴上的齿轮可以轴向滑动，哪些轴上的齿轮固定不动。

(4) 结合机械结构图，找到对应的主轴，找到调整螺母 4 和 7，观察内外摩擦片的磨损程度和松紧情况，然后进行调整。

1.6　实训中常见问题解析

(1) 为什么摩擦离合器调整安装后，停车后主轴会出现自转现象？

答：原因有两个：摩擦离合器调整过紧，停车后仍未完全脱开；制动器过松没有调整好。

(2) 热继电器出现误动或拒动故障的原因有哪些？

答：热继电器选择不当；定值调整不当，过小会引起误动，过大会引起拒动；热继电器烧坏；主电路不通或辅助触点不通。

(3) 为什么卧式车床主轴箱运动输入轴(Ⅰ轴)常采用卸荷式带轮结构？

答：如图 1-2 所示，电动机经 V 带将运动传至轴Ⅰ左端的带轮 2，带轮 2 与花键套 1 用螺钉联结成一体，支承在法兰 3 内的两个深沟球轴承上。法兰 3 固定在主轴箱体 4 上，这样带轮 2 可通过花键套 1 带动轴Ⅰ旋转，V 带拉力则经过轴承和法兰 3 传至主轴箱体 4。轴Ⅰ的花键部分只传递转矩，从而避免了因 V 带拉力而使轴Ⅰ产生弯曲变形，即将径向载荷卸给箱体，起到卸荷作用。

本 章 小 结

至此完成了本章的知识学习和项目实训，总结如下。

(1) 主要讲述了两个方面的知识：CA6140 卧式车床主轴箱和溜板箱的机械结构以及车床电气控制的实现。

(2) 通过项目实施，实现了理论图纸到实物的链接，使理论知识得以固化。

(3) 通过实训一，加深了对电气原理的把握程度，强化了电工工具的使用，提升了学习者对实际电气设备故障监测与诊断的能力。

(4) 通过实训二，实现了机床机械结构理论知识的直观化，学习了摩擦离合器的间隙调整。

思考与练习

1. 思考题

(1) CA6140 卧式车床主轴箱中多片摩擦离合器装在第几号轴上？为什么不装在主

轴上？

(2) CA6140卧式车床光杠和丝杠各有什么用途？

(3) CA6140卧式车床主轴箱上的油槽有什么用途？

(4) CA6140卧式车床有几条传动链，其起始元件和末端元件各是哪个元件？

(5) CA6140卧式车床溜板箱自动走刀手柄容易脱落的原因有哪些？

(6) 试分析CA6140卧式车床控制电路发生下列故障时的可能原因。

① 三台电动机均不能启动。

② 主轴电动机启动后，松开启动按钮，电动机停止。

③ 刀架快速移动电动机不能启动。

(7) 主轴为什么要做成空心的？

(8) 试简述摩擦离合器的主要作用。

(9) 怎样调节摩擦离合器的松紧？

(10) 设计电气控制柜时，要考虑哪些功能要求？

2. 实训题

(1) 测绘主轴箱主轴，基本步骤如图1-13所示。

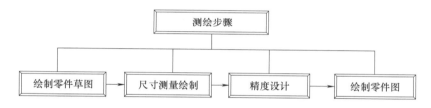

图1-13　测绘步骤

(2) 清理检查CA6140卧式车床电气控制柜，写出检查步骤，列出所需工具。

我 爱 我 国

名人故事——毛主席读书的故事

第 2 章 M1432A 万能外圆磨床机电传动与控制

- 熟知 M1432A 万能外圆磨床的机械结构。
- 掌握 M1432A 万能外圆磨床电气故障诊断及维修方法。
- 掌握 M1432A 万能外圆磨床砂轮主轴的拆装方法。

- 能分析 M1432A 万能外圆磨床运动传动链。
- 会拆卸、清洗、组装 M1432A 万能外圆磨床的砂轮主轴。
- 能分析 M1432A 万能外圆磨床电气控制逻辑。
- 会进行 M1432A 万能外圆磨床电气故障的诊断与维修。

M1432A 万能外圆磨床是典型的机加工设备之一，主要用于磨削阶梯轴的轴肩和端平面。这种磨床属于普通精度级，通用性较大，适用于工具车间、机修车间和单件、小批量生产的车间。那么 M1432A 万能外圆磨床怎样实现其机械运动呢? 又通过怎样的电气电路进行运动控制呢? 下面通过本章的项目逐步进行剖析。

2.1　M1432A 万能外圆磨床机电传动与控制项目说明

1. 项目要点

(1) M1432A 万能外圆磨床机械传动的实现。

(2) M1432A 万能外圆磨床电气控制的实现。

2. 实施条件

(1) 能拆卸和组装的 M1432A 万能外圆磨床裸机。

(2) 与 M1432A 万能外圆磨床配套的电气控制柜或实验电气控制柜。

(3) 配套的技术资料和教学资源。

3. 项目内容及要求

根据所学知识，首先按照机械拆装的方法进行主轴的拆装并清洗更换零件，装配后进行主轴部件的安装，并调试成功。

2.2　基 础 知 识

M1432A 万能外圆磨床是普通精度级的机加工磨削设备，适用于单件、小批量生产中磨削内外圆柱面、圆锥面、轴肩端面等，其主参数为最大磨削直径。

2.2.1　M1432A 万能外圆磨床的机械结构

M1432A 万能外圆磨床的主要结构如图 2-1 所示，主要由床身、头架、工作台、内磨装置、砂轮架、尾座和脚踏操纵板等部分组成。床身 1 为机床的基础支承件，其上面装有工作台、砂轮架、头架、尾座等部件，为使这些部件在工作时保持准确的相对位置，其内部有油池和液压系统。工作台 3 能以液压或手轮驱动，在床身的纵向导轨上做进给运动。工作台由上、下两层组成，上工作台可相对于下工作台在水平面内回转一个不大角度(±10°)以磨削长锥面。头架 2 固定在工作台上，用来安装工件并带动工件旋转。为了磨短的锥孔，头架在水平面内可转动一个角度。尾座 6 可在工作台的适当位置上固定，以顶尖支承工件。装有砂轮主轴及其传动装置的砂轮架 5 安装在床身 1 顶面后部的横向导轨上，利用横向进给机构可实现周期或连续的横向进给运动以及调整位移。为了便于装卸工件及测量尺寸，砂轮架 5 还可以通过液压装置做一定距离的快进或快退运动。装在砂轮架 5 上的内磨装置 4 中装有供磨削内孔用的砂轮主轴部件(内圆磨具)。砂轮架 5 和头架 2 都可绕垂直轴线转动一定角度，以便磨削锥度较大的圆锥面。

M1432A 外圆磨床
——磨床结构

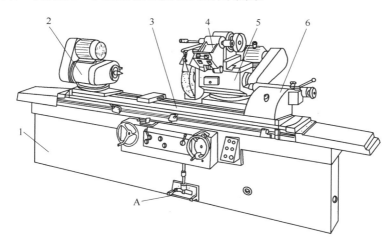

图 2-1　M1432A 万能外圆磨床结构

1—床身；2—头架；3—工作台；4—内磨装置；5—砂轮架；6—尾座；A—脚踏操纵板

1. 砂轮架

M1432A 万能外圆磨床砂轮架的结构如图 2-2 所示，主要由壳体 17、砂轮主轴 3 及其轴承、传动装置与滑鞍 15 等组成。砂轮主轴及其支承部分的结构直接影响工件的加工精度和表面粗糙度，是砂轮架部件的关键部分，因此它应保证砂轮主轴具有较高的旋转精度、刚度、抗震性及耐磨性。

在图 2-2 所示的砂轮架中，砂轮主轴 3 的前、后支承均采用"短三瓦"动压滑动轴承。每个轴承由均匀分布在圆周上的三块扇形轴瓦 10 组成(其长径比为 0.75)，每块轴瓦都支承在球头螺钉 11 的球形端头上，由于球头螺钉 11 中心在轴向偏离轴瓦 10 对称中心，所以当砂轮主轴 3 高速旋转时，在轴瓦 10 与主轴颈之间形成 3 个楔形液压油膜，将砂轮主轴 3 悬浮在轴承中心而呈纯液体摩擦状态。调整球头螺钉 11 的位置，即可调整主轴轴颈和轴瓦 10 之间的间隙，通常间隙应保证在 0.01～0.02mm 之间。调整好以后，用通孔螺钉 13 和拉紧螺钉 12 锁紧，以防止球头螺钉 11 松动而改变轴承间隙，最后用封口螺塞 14 密封。

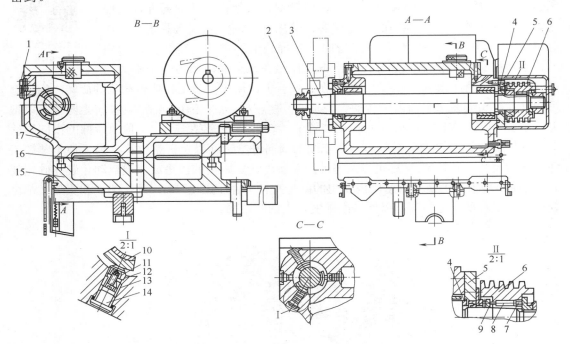

图 2-2　M1432A 万能外圆磨床砂轮架结构

1—油标；2—螺母；3—砂轮主轴；4—止推环；5—轴承盖；6—带轮；7—螺钉；
8—弹簧；9—销钉；10—轴瓦；11—球头螺钉；12—拉紧螺钉；
13—通孔螺钉；14—封口螺塞；15—滑鞍；16—柱销；17—壳体

砂轮主轴的轴向定位过程是：向右的进给力通过砂轮主轴 3 右端轴肩作用在装入轴承盖 5 中的止推环 4 上。向左的进给力则由固定在砂轮主轴 3 右端的带轮 6 中的六个螺钉 7，经弹簧 8 和销钉 9 以及推力轴承，最后也传递到轴承盖 5 上，弹簧 8 的作用是给推力轴承预加载荷，并且当止推环 4 磨损后可自动进行补偿，消除止推滑动轴承的间隙。

砂轮的圆周速度很高(约为 35m/s)，为了保障砂轮运转平稳，装在砂轮主轴 3 上的零件都需仔细校静平衡，整个主轴部件还要校动平衡。此外，砂轮周围必须安装防护罩，以防止意外碎裂时损伤工人及设备。

砂轮架壳体 17 内装有润滑主轴轴承的润滑油，油面高度可通过油标 1 观察。砂轮主轴 3 两端用橡胶油封进行密封。

砂轮架壳体 17 通过 T 形螺钉紧固在滑鞍 15 上，可绕滑鞍 15 上的柱销 16 转动，其转动范围为±30°。磨削时，滑鞍 15 带着砂轮架沿着垫板上的滚动导轨做横向进给运动。

2. 头架

M1432A 万能外圆磨床的头架结构如图 2-3 所示，主要由壳体 15、头架主轴 10 及其轴承、工件传动装置与底座 14 等组成。头架主轴 10 支承在四个 D 级精度的角接触球轴承上，靠修磨垫圈 4、5 和 9 的厚度，可对轴承进行预紧，以保证主轴部件的刚度和旋转精度。轴承用锂基脂润滑，头架主轴 10 的前后端用橡胶油封密封。双速电动机经塔轮变速机构和两组带轮带动工件旋转，而头架主轴 10 按需要可以转动或不转动。带的张紧分别靠转动偏心套 11 和移动电动机座实现。头架主轴 10 上的带轮 7 采用卸荷结构，以减少头架主轴 10 的弯曲变形。

根据不同加工需要，头架主轴 10 有如下三种工作形式。

(1) 工件支承在前后顶尖上磨削时，需拧动螺杆 1 顶紧摩擦环 2，使头架主轴 10 和顶尖固定不能转动。工件则由与带轮 7 相连的拨盘 8 上的拨杆通过夹头带动旋转，实现圆周进给运动。由于磨削时顶尖固定不转，所以可避免因顶尖的旋转误差而影响磨削精度。

(2) 用三爪自定心卡盘或四爪单动卡盘夹持工件磨削时，应拧松螺杆 1，使主轴可自由转动。卡盘装在法兰盘 12 上，而法兰盘 12 以其锥柄安装在主轴锥孔内，并用通过主轴孔的拉杆拉紧。旋转运动由拨盘 8 上的螺钉传给法兰盘 12，同时主轴也随着一起转动。

(3) 自磨主轴顶尖时，也应将主轴放松，同时用连接板 6 将拨盘 8 与主轴相连，使得拨盘 8 直接带动主轴和顶尖转动，依靠机床自身修磨顶尖，以提高工件的定位精度。

头架壳体 15 可绕底座 14 上的柱销 13 转动，调整头架主轴 10 在水平面内的角向位置，其范围为逆时针方向 0°～90°。

3. 尾座

尾座的功用是利用安装在尾座套筒上的顶尖(后顶尖)与头架主轴上的前顶尖一起支承工件，使工件准确定位。某些外圆磨床的尾座可在横向做微量位移调整，以便精确地控制工件的锥度。

M1432A 万能外圆磨床尾座的结构如图 2-4 所示。中小型外圆磨床的尾座一般用弹簧力预紧工件，以使磨削过程中工件因热膨胀而伸长时可自动进行补偿，避免引起工件弯曲变形和顶尖孔过分磨损。预紧力的大小可以调节。利用手把 12 转动丝杠 13，使螺母 14 左右移动，改变弹簧 10 的压缩量，便可以调整顶尖对工件的预紧力。

尾座套筒 2 在装卸工件时的退回可以手动，也可以液动。手动时，可顺时针转动手柄 7，通过轴 8 和轴套 9，由上拨杆 15 拨动尾座套筒 2，连同顶尖 1 一起向后退回；液动时，用脚踏操纵板，操纵液压系统中的换向滑阀，使液压油进入液压缸左腔，推动活塞 5 右移，通过下拨杆 6 和轴套 9 带动上拨杆 15 顺时针转动，拨动尾座套筒 2 和顶尖 1 退回。

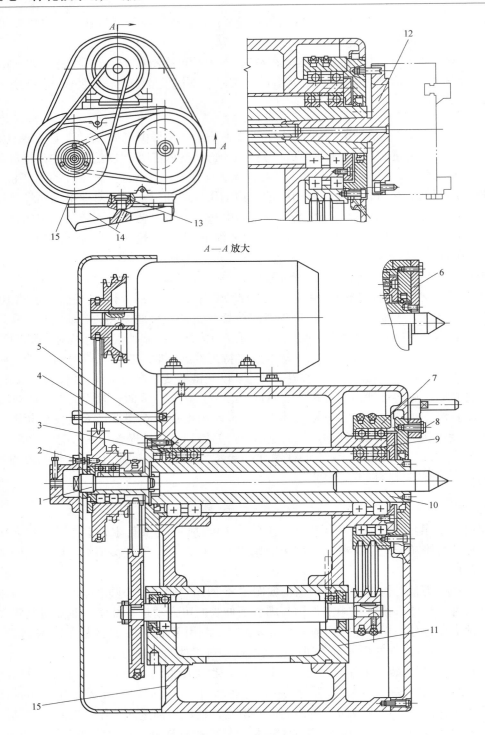

图 2-3　M1432A 万能外圆磨床头架结构

1—螺杆；2—摩擦环；3、4、5、9—修磨垫圈；6—连接板；7—带轮；8—拨盘；
10—头架主轴；11—偏心套；12—法兰盘；13—柱销；14—底座；15—壳体

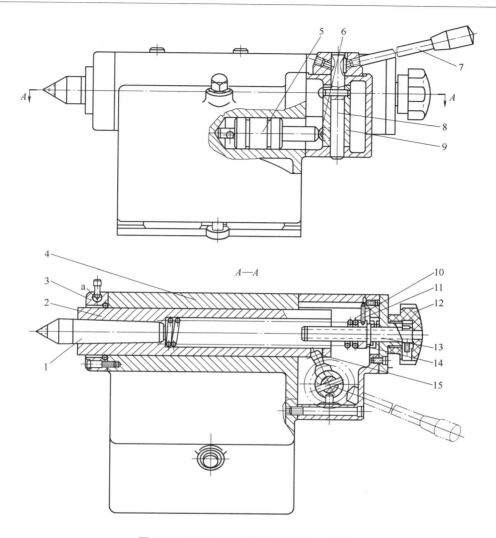

图 2-4　M1432A 万能外圆磨床尾座结构

1—顶尖；2—尾座套筒；3—密封盖；4—壳体；5—活塞；6—下拨杆；7—手柄；8—轴；
9—轴套；10—弹簧；11—销子；12—手把；13—丝杠；14—螺母；15—上拨杆；a—斜孔

尾座套筒 2 前端的密封盖 3 上有一斜孔 a，用于安装修整砂轮的金刚石杆。

4. 横向进给机构

横向进给机构用于实现砂轮架的周期或连续横向工作进给，调整位移和快速进退，以确定砂轮和工件的相对位置，控制被磨削工件的直径尺寸，因此对横向进给机构的基本要求是保证砂轮架有高的定位精度和进给精度。

横向进给机构的工作进给有手动和自动之分，调整位移一般用手动，而定距离的快速进退通常采用液压传动。如图 2-5 所示为可进行自动周期进给的横向进给机构。

1)　手动进给

转动手轮 11，经过用螺钉与其相连接的中间体 17 带动轴Ⅱ，再由齿轮副 50/50 或

机电一体化技术(第2版)

20/80，经 44/88 传动丝杠 16 转动，可使砂轮架 5 做横向进给。手轮 11 转 1 圈，砂轮架 5 的横向进给量为 2mm(粗进给)或 0.5mm(细进给)，手轮 11 的刻度盘 9 上的刻度为 200 格，因此每格的进给量为 0.01mm 或 0.025mm。

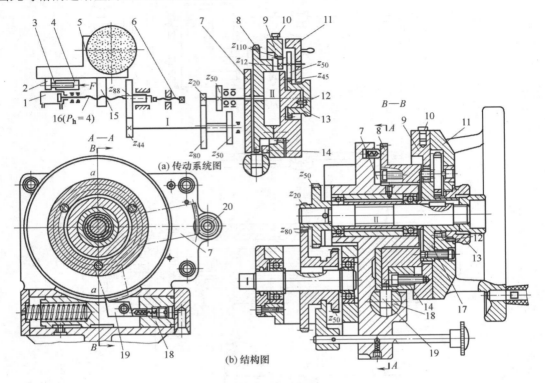

(a) 传动系统图

(b) 结构图

图 2-5　M1432A 万能外圆磨床横向进给机构的结构图

1—液压缸；2—挡铁；3—柱塞；4—闸缸；5—砂轮架；6—刚度定位螺钉；
7—遮板；8—棘轮；9—刻度盘；10—挡销；11—手轮；12—销钉；13—旋钮；
14—撞块；15—螺母；16—丝杠；17—中间体；18—柱塞；19—棘爪；
20—齿轮；F—作用力；P_h—导程

2)　周期自动进给

周期自动进给由进给液压缸的柱塞 18 驱动。当工作台换向、液压油进入液压缸右腔时，推动柱塞 18 向左移动，这时活套在柱塞 18 槽内销轴上的棘爪 19 推动棘轮 8 旋转一个角度。棘轮 8 用螺钉和中间体 17 固定在一起，因此能驱动丝杠 16，实现自动进给一次。进给完毕后，进给液压缸右腔与液压回路接通，于是柱塞 18 在左端的弹簧作用下复位。转动齿轮 20，使遮板 7 转动一个位置，可以改变刻度盘棘爪 19 所能推动的棘轮 8 的齿数，从而改变进给量大小。棘轮 8 上有 200 个齿，正好与刻度盘 9 上的 200 刻度相对应。棘爪 19 最多可推动棘轮过四个棘齿，即相当于刻度盘转过四格。当横向进给至工件所需要的尺寸时，装在刻度盘 9 上的撞块 14 正好处于垂直线 aa 上的手轮 11 中心正下方。由于撞块 14 的外圆与棘轮 8 的外圆大小相同，因此将棘爪 19 压下，使其无法和棘轮 8 相结合，于是横向进给便自动停止。

3)　定程磨削及其调整

在进行批量加工时，为了简化操作、节省辅助时间，通常先试磨一个工件，当磨削到所需要的尺寸后，调整刻度盘位置，使其上与撞块 14 呈 180° 安装的挡销 10 处于垂直线 aa 上的手轮中心正上方，正好与固定在床身前罩上的定位爪相碰。这样，在磨削同一批其余工件时，当转动手轮或液压自动进给至挡销 10 与定位爪相碰时，说明工件已经达到所需的磨削尺寸。

当砂轮磨损或修正后，由挡销 10 控制的工件将变大，这时，必须重新调整砂轮架 5 的行程终点位置，为此，需要调整刻度盘 9 上挡销 10 与手轮 11 的相对位置。调整方法是：拨出旋钮 13，使其与手轮 11 上的销钉 12 脱开后顺时针转动，经齿轮副 48/50 带动齿轮 z_{12} 旋转，z_{12} 与刻度盘 9 上的内齿轮 z_{110} 相啮合，于是刻度盘 9 连同挡销 10 一起逆时针转动。刻度盘 9 转过的格数应根据砂轮直径减少所引起的工件尺寸的变化量来确定。调整好后，将旋钮 13 推入，手轮 11 上的销钉 12 插入其后端面上的销孔中，使刻度盘与手轮连成一个整体。

由于在旋转后端面上沿轴向均布 21 个销孔，而手轮 11 每转一圈的横向进给量为 2mm 或 0.5mm，因此，旋钮 13 每转过一个孔距时，可补偿砂轮架 5 的横向位移量 f_r 为

$$f_r = \frac{1}{21} \times \frac{48}{50} \times \frac{12}{110} \times 2mm \approx 0.01mm \quad (粗进给)$$

$$f_r = \frac{1}{21} \times \frac{48}{50} \times \frac{12}{110} \times 0.5mm \approx 0.0025mm \quad (细进给)$$

4)　快速进退

砂轮架 5 的定距离快速进退运动由液压缸 1 实现。当液压缸的活塞在油压作用下左右移动时，通过滚动轴承座带动丝杠 16 轴向移动，再由螺母 15 带动砂轮架 5 实现快进或快退。快进终点位置的准确定位由刚度定位螺钉 6 保证。为了提高砂轮架 5 的重复定位精度，液压缸 1 设有缓冲装置，以减少定位时的冲击并防止发生振动。

丝杠 16 和螺母 15 之间的间隙既影响进给量精度，也影响重复定位精度，利用闸缸 4 可消除其影响。机床工作时，闸缸 4 接通液压油，柱塞 3 通过挡铁 2 使砂轮架 5 受到一个向左的作用力 F，此力与径向磨削分力同向，与进给力方向相反，使螺母 15 和丝杠 16 始终紧靠在螺纹的一侧，因此螺纹间隙便不会影响进给量和定位精度。

5. 保证加工精度及表面粗糙度的主要措施

万能外圆磨床属于精加工机床，机床的加工精度和表面粗糙度比同尺寸规格的卧式车床要高。例如，在 CA6140 卧式车床上，精车工件外圆的圆度误差允许为 0.01mm，而在 M1432A 万能外圆磨床上，磨削外圆的圆度误差允许为 0.005mm。

万能外圆磨床的加工精度和表面粗糙度较高的原因除了磨削机理和车削机理不同外，在机床机构上也采取了适当的措施，其结构特点如下。

1)　砂轮架部分

(1)　砂轮架主轴轴承采用旋转精度、刚度及抗震性高的多楔动压滑动轴承，并严格要求砂轮架主轴轴承及主轴本身的制造精度。例如，主轴轴径的圆度及圆锥度允许误差为

0.002～0.003mm，前后轴径和前端锥面之间的跳动公差为 0.003mm；轴径和轴瓦之间的间隙经调整，应保证在 0.01～0.02mm 之间。

(2) 采用 V 带直接传动砂轮主轴，传动平稳。

(3) 主要部件砂轮、砂轮压紧盘和带轮，都经过精确的静平衡，电动机还经过动平衡，并安装在隔振地板上。

2) 头架和尾架

(1) 为了使传动平稳，头架的全部传动均采用带传动。

(2) 头架的主轴轴承选择精密的滚动轴承，并通过精确地修磨各垫圈厚度，得到合适的预紧力；另外，用拨盘带动工件旋转时，头架主轴及顶尖固定不转。这些都有利于提高工件的旋转精度及主轴部件的刚度。

(3) 头架主轴上的传动件带轮采用卸荷结构，减少了主轴的弯曲变形。

(4) 尾座顶尖用弹簧力预紧工件，因此，当工件热膨胀时，可由弹簧伸缩来补偿，不会引起工件的弯曲变形。

3) 横向进给部分

(1) 采用滚动导轨及高刚度的进给机构，以提高砂轮架的横向进给精度。

(2) 用液压闸缸来专门消除丝杠与螺母之间的间隙，以提高横向进给精度。

(3) 快进终点由刚度定位件——刚度定位螺钉来准确定位。

4) 其他

(1) 提高主要导向及支承件床身导轨的加工精度，如 M1432A 万能外圆磨床导轨，在水平面内的直线度公差为 0.01/1000mm，而卧式车床的此项公差为 0.018/1000mm。导轨面由专门的低压油润滑，以减少磨损及控制工作台的浮起重，保证工作精度。

(2) 工作台用液压传动，运动平稳，并能实现无级调速，以便选用合适的纵向进给量。

以上措施使磨削精度和表面粗糙度得到了保证。

2.2.2　M1432A 万能外圆磨床运动形式及传动系统分析

为了便于了解和分析机床的传动情况，通常利用机床的传动系统图来论述。机床的传动系统图是表示机床全部运动传动关系的示意图。

1. M1432A 万能外圆磨床运动形式

M1432A 外圆磨床
——运动形式

图 2-6 所示是 M1432A 万能外圆磨床的四种典型加工示意图，由图可以看出外圆磨床可以磨削内外圆柱面、圆锥面，其基本磨削方法有纵向磨削法和切入磨削法两种。

1) 砂轮旋转运动

砂轮旋转运动是磨削加工的主运动，转速较高，通常由电动机 V 带直接带动砂轮旋转。磨削速度变化不大，一般主运动不变速(当砂轮直径因修整而减少较多时，为了获得所需要的磨削速度，可采用更换带轮变速)。

2) 工件圆周进给运动

工件圆周进给运动转速较低，通常由单速或多速电动机经塔轮变速机构传动，也可以用电气或机械无级变速装置传动。

3）工件纵向进给运动

工件纵向进给运动通常采用液压传动，以保证运动平稳性，便于实现无级调速和往复运动循环的自动化。

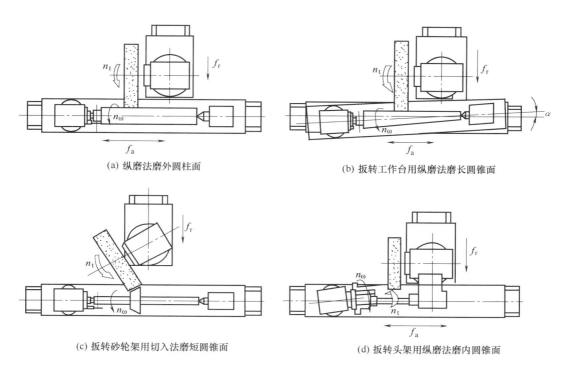

(a) 纵磨法磨外圆柱面　　　　　　　　(b) 扳转工作台用纵磨法磨长圆锥面

(c) 扳转砂轮架用切入法磨短圆锥面　　　(d) 扳转头架用纵磨法磨内圆锥面

图 2-6　M1432A 万能外圆磨床加工示意图

n_ω—工件旋转角速度；n_t—砂轮旋转角速度；f_a—工件纵向进给量；f_r—砂轮横向进给量

4）砂轮周期或连续横向进给运动

砂轮周期或连续横向进给运动由横向进给机构手动或液动实现。

另外，M1432A 万能外圆磨床还有两个辅助运动：砂轮架的横向快速进退和尾座套筒缩回，以便于拆卸安装工件，二者均为液压传动。

图 2-7 所示为 M1432A 万能外圆磨床的传动原理，由机械和液压联合传动。工作台的往复运动、砂轮架的快速进退和周期自动切入进给、尾座顶尖套筒的缩回为液压驱动，其余运动都是机械传动。

2. M1432A 万能外圆磨床传动系统分析

M1432A 万能外圆磨床的机械传动系统如图 2-8 所示。

1）头架拨盘的运动

此传动链用于实现工件的圆周进给运动，头架电动机为双速电动机，在轴 Ⅰ-Ⅱ 之间有三级的 V 带塔轮变速，因此，工件可获得六种转速。

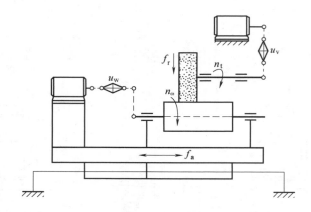

图 2-7 M1432A 万能外圆磨床传动原理

n_ω—工件旋转角速度；n_t—砂轮旋转角速度；f_a—工件纵向进给量；f_r—砂轮横向进给量

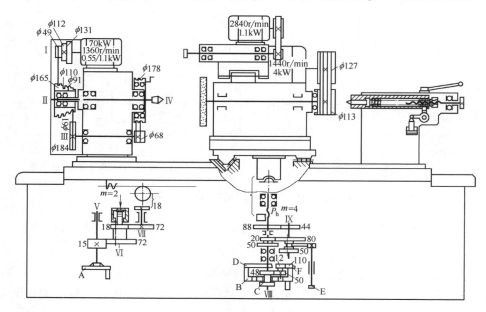

图 2-8 M1432A 万能外圆磨床机械传动系统

A—工作台纵向移动操作手轮；B—砂轮架横向移动操作手轮；C—撞块在刻度盘上位置的调整旋钮
D—刻度盘；E—横向进给调节手柄；F—定程磨削撞块；P_h—丝杠导程

传动路线表达式如下：

$$\text{头架电动机} - \text{I} - \begin{bmatrix} \dfrac{\phi49}{\phi165} \\[2mm] \dfrac{\phi112}{\phi110} \\[2mm] \dfrac{\phi131}{\phi91} \end{bmatrix} - \text{II} - \begin{bmatrix} \dfrac{\phi61}{\phi184} \end{bmatrix} - \begin{bmatrix} \dfrac{\phi68}{\phi178} \end{bmatrix} - \text{拨盘(工件旋转)}$$

2) 砂轮的转动

外圆磨削砂轮主轴只有一种转速，由电动机通过四根 V 带和带轮 [$\phi127/\phi113$] 传动，一般在外圆磨削时磨削速度约为 35m/s。

内圆磨削砂轮主轴由电动机经平带和带轮（[$\phi170/\phi50$] 或 [$\phi170/\phi32$]）传动，获得两种转速。

3) 砂轮架的横向进给运动

砂轮架的横向进给运动通过操作手轮 B 实现，手轮 B 固定在轴Ⅷ上，由手轮至砂轮架的传动路线表达式：

$$\text{手轮B}-\text{Ⅷ}-\begin{bmatrix}\dfrac{50}{50}(\text{粗进给})\\[2mm]\dfrac{20}{80}(\text{细进给})\end{bmatrix}-\text{Ⅸ}-\dfrac{44}{88}-\text{横向进给丝杠}(P_h=4\text{mm})-\text{砂轮架}$$

采用粗进给时，轴Ⅷ-Ⅸ间由齿轮副 50/50 传动，手轮 B 转一圈，砂轮架横向移动 2mm，而手轮刻度盘的圆周分度为 200 格，故每格的进给量为 0.01mm；采用细进给时，传动齿轮副为 20/80，每格的进给量为 0.0025mm。

4) 工作台的手动驱动

用手轮 A 操纵工作台时，传动路线表达式如下：

$$\text{手轮A}-\text{Ⅴ}-\dfrac{15}{72}-\text{Ⅵ}-\dfrac{18}{72}-\text{Ⅶ}-\text{齿轮齿条}(z=18,\ m=2)$$

工作台手轮 A 转一圈，工作台纵向移动量为：$1\times\dfrac{15}{72}\times\dfrac{18}{72}\times18\times2\pi\text{mm}\approx6\text{mm}$。

工作台的液压驱动和手轮驱动之间有互锁装置。当工作台由液压驱动做纵向进给运动时，液压油进入液压缸，推动轴Ⅵ上双联滑移齿轮，使齿轮 18 与轴Ⅶ上的齿轮 72 脱离啮合，此时工作台移动而手轮 A 不转，故可避免因工作台移动带动手轮转动可能引起的伤人事故。

2.2.3 M1432A 万能外圆磨床电气原理图

M1432A 万能外圆磨床电气原理图包括主电路、控制电路及照明等辅助电路，如图 2-9 所示。

1. 电力拖动特点及控制要求

(1) 砂轮电动机只需要单方向旋转。

(2) 内圆磨削和外圆磨削用两台电动机分别拖动，它们之间应有联锁。

(3) 工作台轴向需平稳并能实现无级调速，故采用液压传动；砂轮架快速移动也采用液压传动。

(4) 当内圆磨头插入工件内腔时，不允许快速移动砂轮架，以避免造成事故。

2. 主电路分析

主电路共有五台电动机，其中 M1 是油泵电动机，给液压传动供给压力油；M2 是双速电动机，是带动工件旋转的工件电动机；M3 是内圆砂轮电动机；M4 是外圆砂轮电动机；M5 是给砂轮和工件供应冷却液的冷却电动机。电路总的短路保护用熔断器 FU1，M1

和 M2 公用熔断器 FU2 做短路保护，M3 和 M2 公用熔断器 FU3 做短路保护。五台电动机均用热继电器做过载保护。

3. 控制电路分析

1) 油泵电动机 M1 的控制

M1432A 万能外圆磨床砂轮架的横向进给、工作台纵向往复进给及砂轮架快速进退等运动都采用液压传动，液压传动需要的压力油由油泵电动机 M1 带动液压油泵供给。

按下启动按钮 SB2，接触器 KM1 线圈获电吸合，KM1 主触头闭合，油泵电动机 M1 启动。按下停止按钮 SB1，接触器 KM1 线圈断电释放，KM1 主触头断开，油泵电动机 M1 停转。

除了接触器 KM1 之外，其余接触器所需的电源都从接触器 KM1 的自锁触头后面接出，所以，只有当油泵电动机 M1 启动后，其余电动机才能启动。

2) 工件电动机 M2 的控制

工件电动机 M2 安装在头架上，头架中有主轴，头架与尾架一起将工件沿轴线顶牢，然后带着工件旋转。根据工件直径的大小和粗磨或精磨的不同，头架的转速是需要调整的，一般采用塔式皮带轮调换转速。

图 2-9 中 SA1 是转速选择开关，分"低""停""高"三档位置。如将 SA1 扳到"低"档的位置，按下油泵电动机 M1 的启动按钮 SB2，M1 启动，通过液压传动使工件电动机 M2 的绕组接成三角形，电动机 M2 低速运转。同理，若将转速选择开关 SA1 扳到"高"档位置，砂轮架快速前进压下开关 SQ1，接触器 KM3 线圈获电吸合，其主触头闭合将工件电动机 M2 接成双 Y 形， M2 高速运转。

SB3 是点动控制按钮，以便对工件进行校正和调试。

磨削完毕，砂轮架退回原处，开关 SQ1 复位断开工件电动机 M2 自动停转。

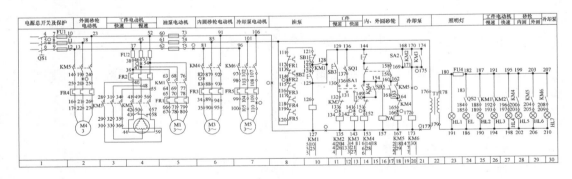

图 2-9　M1432A 万能外圆磨床电气原理图

3) 内圆砂轮电动机 M3 和外圆砂轮电动机 M4 的控制

内圆砂轮电动机 M3 由接触器 KM4 控制，外圆砂轮电动机 M4 由接触器 KM5 控制。内、外圆砂轮电动机不能同时启动，由开关 SQ2 对其实行联锁。当进行外圆磨削时，将砂轮架上的内圆磨具往上翻，其后侧压住位置开关 SQ2，SQ2 的常闭触头断开、常开触头闭合，按下启动按钮 SB5，接触器 KM5 线圈获电吸合，外圆砂轮电动机 M4 启动。当进行内圆磨削时，将内圆磨具翻下，原被内圆磨具压下的位置开关 SQ2 复原，其常开触头恢复断开、常闭触头恢复闭合，按下启动按钮 SB5，接触器 KM4 线圈获电吸合，内圆砂轮电动机 M3 启动。内圆砂轮磨削时，砂轮架是不允许快速退回的，因为此时内圆磨头在工件的内孔，砂轮架若快速移动，易造成损坏磨头及工件报废的严重事故，这时，内圆磨削与砂轮架快速退回联锁。当内圆磨具翻下时，由于位置开关 SQ2 复位，故电磁铁 YA 线圈获电动作，衔铁被吸下，砂轮架快速进退的操纵手柄锁住液压回路，使砂轮架不能快速退回。

4）　冷却泵电动机 M5 的控制

当接触器 KM2 和 KM3 线圈获电吸合时，工件电动机 M2 启动，同时由于 KM2 和 KM3 的常开辅助触头闭合，使接触器 KM6 线圈获电吸合，冷却泵电动机 M5 自动启动。

4. 照明及指示灯线路分析

由变压器 TC 降压后的 36V 电压供应照明。

2.3　M1432A 万能外圆磨床机电传动与控制项目实施过程

2.3.1　工作计划

在项目实施过程中，小组协同编制工作计划，并协作解决难题，相互之间监督计划执行与完成的情况，以养成良好的"组织管理""准确遵守"等职业素养。工作计划如表 2-1 所示。

表 2-1　工作计划

序号	内容	负责人/责任人	开始时间	结束时间	验收要求	完成/执行情况记录	个人体会、行为改变效果
1	研讨任务	全体组员			分析项目的控制要求		
2	制订计划	小组长			制订完整的工作计划		
3	确定拆装流程	全体组员			根据任务研讨结果，确定项目的拆装流程		
4	具体操作	全体组员			根据拆装流程，编写砂轮主轴拆卸方案		
5	效果检查	小组长			检查本组组员计划执行情况和主轴拆卸情况		

续表

序号	内容	负责人/责任人	开始时间	结束时间	验收要求	完成/执行情况记录	个人体会、行为改变效果
6	评估	老师/讲师			根据小组协同完成的情况进行客观评价，并填写评价表		

注：该表由每个小组集中填写，时间根据实际授课(实训)情况，以供检查和评估参考。最后一栏供学习者自行如实填写，作为自己学习的心得体会。

2.3.2 方案分析

为了能有效地完成项目内容(对 M1432A 万能外圆磨床砂轮主轴进行拆装)，需要根据所学知识，全面了解项目，按照规范要求和工艺规程进行工作，项目方案如图 2-10 所示。

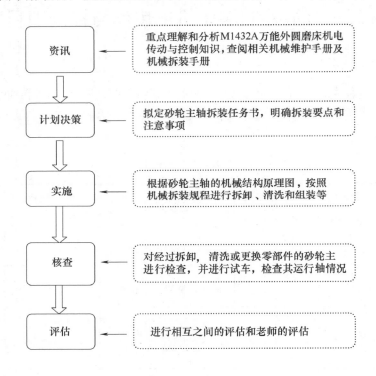

图 2-10 M1432A 万能外圆磨床砂轮主轴拆装项目方案

2.3.3 操作分析

1. 机械设备的拆卸原则和注意事项

实践证明，不了解情况地乱拆卸是错误的，有时还会使故障扩大，造成不应有的时间和经济的损失，因此必须基本确定了故障的部位才能进行拆卸。对机械设备拆卸前必须进行详细检查，做到心中有数，并做好准备工作，在严格诊断、细致分析、周密准备的前提下，才能进行拆卸。

(1) 在详细阅读设备有关图纸和技术资料的基础上，对设备进行仔细观察了解，确定拆卸顺序。要分清可拆卸和不可拆卸的连接件。一般螺钉、键、销、楔、各种锁紧装置、动配合件、过渡配合件都属于可拆卸的，凡是焊接、铆接、扩口和冷冲卷边属于不可拆卸的。

(2) 确定好拆卸地点，准备好拆卸用的工具和材料，做到工作场地清洁，准备工作充分。

(3) 拆卸一般按照与装配系统图相反的顺序进行，应有步骤地组织和管理，决不允许乱拆乱丢。一般先拆卸成部件，然后再由部件拆卸成零件。

(4) 拆下的零件应分类放好。拆卸比较复杂的机器时，为便于检修后迅速装配，对某些零件还应立即进行打印或标记工作，养成井井有条的良好习惯。

(5) 在使用锤击击打零件进行拆卸时，必须垫一硬木或软金属物，切不可直接击打零件。

(6) 在必须拆坏一些零件时，应尽量不损坏价值较高、制造困难的零件。

(7) 表面加工的零件，拆卸后应用木片、木屑等物去掉油泥和脏污，擦洗干净后涂上防锈油；特别重要或精制的零件还应用油纸包装好，以免在放置过程中划伤表面。

(8) 对于细长杆及精密类零件，拆卸后应当垂直挂起或用多点支承，以免弯曲。

(9) 对零件做好可用、待修与报废的检查鉴定和标记工作，为下一步零件修理或更换做好准备。在标定工作中，必须善于了解和总结零件过去的使用情况、磨损与破坏的原因以及零件的使用寿命。

可用零件：经检查和测量后，磨损程度在允许范围内，并无损伤、不需要修理仍可继续使用。

待修零件：经检查和测量后，磨损程度未超过允许范围或有局部损伤，经修复后可恢复其工作性能，可继续使用。

报废零件：经检查和测量后，没有修复的可能或没有修复价值。

(10) 一般零件的拆卸办法有：煤油浸润或泡；将包容件加热(700℃以下)；焊接或连接其他辅助拆卸零件；借助辅助工具进行捶打、拔或压力机压出被包容件。

(11) 拆卸零件时，必须采用安全措施，遵守操作规程，严防发生人身和设备事故。

(12) 如果机械设备比较复杂，检修时间较长，并且对这类机械设备或其部件和组件构造不熟悉，为了便于维修后的装配工作，应对所拆卸的部件或组件编制装配系统图。

2. 零件的拆卸方法

1) 螺纹连接的拆卸

拆卸螺纹连接件时，要注意选用合适的呆扳手或一字改锥，尽量不用活动扳手。弄清螺纹的旋向，一般是逆时针松。

(1) 成组螺纹连接件的拆卸。为了避免连接力集中到最后一个连接螺栓上，拆卸时应先将各螺纹件旋松 1～2 圈，然后按照先四周后中间、十字交叉的顺序逐一拆卸。拆卸前应将零部件垫放平稳，将成组螺纹全都拆卸完成后，才可将连接件拆分。

(2) 锈蚀螺纹的拆卸。①用进口除锈剂或煤油润湿浸泡螺纹连接处，然后轻击振动四周，再行旋出，不能使用煤油的螺纹连接，可用敲击振松锈层。②可以先旋紧 1/4 圈，再退出来，反复拉紧，逐步旋出。③采用气割或锯断的方法拆卸锈蚀螺纹。

(3) 断头螺纹的拆卸。①螺钉断头有一部分露在外面，可在断头上用钢锯锯出沟槽或加焊一个螺母，然后用工具将其旋出；断头螺纹较粗时，可以用錾子沿圆周剔出。②螺钉断在螺孔里面，可在螺钉中心钻孔，打入多角淬火钢杆将螺钉旋出。也可在螺钉中心钻孔，攻反向螺纹，即若断头螺纹为右旋，则攻左旋螺纹；若断头螺纹为左旋，则攻右旋螺纹，拧入反向螺钉将断头螺钉旋出。

2) 滚动轴承拆卸

(1) 使用拆卸器拆卸。一般用一个环形件顶在轴承内圈上，拆卸器的卡爪作用在环形件上，就可以将拉力传给轴承内圈。

(2) 使用压力机拆卸。拆卸轴末端的轴承时，可用两块等高的半圆形垫铁或方铁，同时抵住轴承内、外圈，压力机施压时，着力点要正确。

(3) 使用手锤、铜棒。可以使用手锤、铜棒拆卸滚动轴承。拆卸位于轴末端的轴承时，在轴承下垫以垫块，用硬木棒、铜棒抵住轴端，再用手锤敲击。

(4) 利用热胀冷缩拆卸。尺寸较大的滚动轴承，可以利用热胀冷缩原理。拆卸轴承内圈时，可用热油加热内圈，使内圈膨胀孔径变大，便于拆卸。在加热前用石棉将靠近轴承的那一部分轴隔离开，用拆卸器卡爪钩住轴承内圈，然后迅速将加热到 100℃左右的热油倒入轴承，使轴承内圈加热，随后从轴上开始拆卸轴承。

3) 轴上零件的拆卸

(1) 齿轮副的拆卸。为了提高传动精度，对传动比为 1 的齿轮副，装配时将一外齿轮的最大径向跳动处的齿与另一个齿轮的最小径向跳动处的齿相啮合。为恢复原装配精度，拆卸齿轮副时，应在两齿轮啮合处做出标记。

(2) 轴承及垫圈的拆卸。精度要求高的主轴部件、主轴轴颈与轴承内圈、轴承外圈与箱体孔在轴向的相对位置是经过测量和计算后装配的，因此在拆卸时，应在轴向做出标记，以便于按原始方向装配，保证装配精度。

(3) 轴和定位元件的拆卸。拆卸齿轮箱中的轴类零件时，先松开装在轴上不能通过轴盖孔的齿轮、轴套等零件的轴向定位零件，如紧定螺钉、弹簧卡圈、圆螺母等，然后拆去两端端盖。在了解轴的阶梯方向、确定拆轴时的移动方向，并注意轴上的键能随轴通过各孔之后，才能用木槌打击轴端，将轴拆出箱体。

(4) 铆接、焊件的拆卸。铆接件拆卸时可用锯、錾或者气割等方法割掉铆钉头。焊接件拆卸可用锯、錾或气割切割，也可用小钻头排孔后再錾、再锯等方法。

3. 零件的清洗

零件的清洗包括清除油污、水垢、积炭、锈层等。

1) 清洗方法

一般使用清洗剂清洗零件上的油污，有人工或机械方式清洗，还有擦洗、浸洗、喷洗、气相清洗及超声清洗等方法。

(1) 人工清洗是将零件放在装有煤油、轻柴油或化学清洗剂的容器中，用毛刷刷洗或棉丝擦洗。清洗时，严禁使用汽油；如非用不可，要注意防火。

(2) 机械清洗是将零件放入清洗设备箱中，由传送带输送，经过被搅拌器搅拌的洗涤液，清洗干净后送出清洗箱。

(3) 专用设备喷洗是将具有一定压力和温度的清洗液喷射到工件上，清除油污，喷洗的效率高。

2) 清洗剂

经常使用的清洗剂有碱性化学溶液和有机溶剂。碱性化学溶液是将氢氧化钠、碳酸钠、磷酸钠等化合物按照一定比例配制成的溶液。有机溶剂主要有煤油、轻柴油、丙酮、三氯乙烯。三氯乙烯是一种溶脂能力很强的有机溶剂，稳定性好，对多数金属不产生腐蚀，其毒性比苯、四氯化碳小，适于大批量高净度清洗。

3) 清洗注意事项

(1) 零件清洗后应立即用热水冲洗，防止碱性溶液腐蚀零件表面。

(2) 零件清洗、干燥后应涂机油，防止生锈。

(3) 零件在清洗和搬运过程中，不要碰伤工件表面。清洗后要使油孔、油路畅通，并用塞堵封口，防止污物进入，装配时再取出塞堵。

(4) 使用设备清洗零件时，应保持足够的清洗时间，以保证清洗质量。

(5) 精密零件和铝合金零件不宜采用强碱性溶液清洗。

(6) 采用三氯乙烯清洗时，要在一定装置中按照规定的操作条件进行，工作场地要保持通风干燥，严禁烟火；同时避免与油漆、铝屑和橡胶等相互作用，注意安全。

4. 零件的检查

机械设备拆卸后，需通过检查来确认零件的继续使用、更换或修复。零件检查要综合考虑零件的损坏程度对零件使用性能的影响，如裂纹对强度、创伤对运动、划痕对密封、磨损对配合的影响。零件的检查主要有以下方法。

(1) 目测。对零件表面进行宏观检查，如表面有无裂纹、损伤或腐蚀等。

(2) 耳听。通过机械设备运转发出的声音，判断零件的状况。

(3) 测量。使用测量工具对零件的尺寸、形位精度进行检测，也可测量振动频率。

(4) 实验。某些性能可通过耐压实验、无损检测等方法来确定。

(5) 分析。借助某些检查方法，综合分析后得到零件的状况，如通过金相组织分析了解材料组织、通过射线分析零件的隐蔽缺陷、通过化学分析了解材料的成分等。

5. 零件的修换原则

(1) 根据磨损零件对设备精度的影响情况，决定零件是否修换。如机床导轨、滑座导轨、主轴轴承等基础零件磨损严重，引起被加工工件几何精度超差；相配合的基础零件间隙增大，引起设备振动加剧，影响工件的表面粗糙度时，应对磨损的基础零件进行更换。

(2) 根据磨损零件对设备性能的影响情况，决定零件是否修换。

(3) 重要的受力零件在强度下降接近极限时，应该进行修换。如低速蜗轮由于轮齿不断磨损，齿厚逐渐减薄，超过了强度极限；锻压设备的曲轴、起重设备的吊钩发生表面裂纹时，应该进行修换。

(4) 对磨损零件是修复使用还是更换，主要考虑修换的经济性、工艺性和实用性。

6. 机械装配

机械装配是指按照设计技术要求实现机械零件或部件的连接，将零件、部件合成组件或机械设备。在装配过程中，需要遵循以下规定和要求。

(1) 装配前应熟悉装配图及技术要求，了解机械设备的详细结构，明确每个零件的作用及其相互连接关系，确定装配方法、程序和所需要的工具。

(2) 所有零件必须经过检查合格后方可进行装配。

(3) 清除零件表面的毛刺、毛边、油污和锈蚀等。零件相互配合的表面必须擦洗干净，涂上清洁的润滑油。各配合和摩擦表面不许有损伤，如有轻微擦伤可用砂布、油石或刮刀修理，但注意不要损伤其表面的精度。

(4) 润滑系统和液压系统的清洗，应使用干净的绵绸布，不得使用面纱；必要时可用压气吹洗，保证油路畅通。

(5) 各种密封件装配前必须严格检查，毛毡圈和垫等在装配前应先用机油浸透，各种管路和密封件装配后不得有渗漏现象。

(6) 各种变速和变向机构的装配，必须做到位置正确、操纵灵活，操纵手柄位置应与机器运转要求相符合。

(7) 注意零件上的各种标记，防止装错。

(8) 高速运动机构的外面，不得有凸出的螺钉头、键和销钉头等。

(9) 严防机械设备内掉入工具和其他物品或脏物，暂时停止装配时应将机器遮盖好，裸露的配合表面应当包扎保护。装配结束后应仔细检查，确认无误后方可加盖。

(10) 机械零件的装配必须符合相关技术要求。

7. 项目检验

装配结束，按照技术要求，逐项进行检查验收工作。

试车前应仔细检查各部件连接的可靠性和运动的灵活性，应先手动盘车，如果正常，再送电试运转。试车应从低速逐渐到高速，从轻负荷逐渐到满负荷，并且根据试车情况，停车后进行必要的调整。

2.4 M1432A 万能外圆磨床机电传动与控制项目的检查与评估

2.4.1 检查方法

将装配好的 M1432A 万能外圆磨床砂轮主轴安装到机床上，安装好传动皮带，对各处连接进行检查，然后分别进行以下测试。

(1) 手动盘转主轴，检查旋转灵活情况。

(2) 空载运转，检查各运转部件的运行情况。

(3) 加载运转，检查机床切削质量。

2.4.2　评估策略

评估包括从反馈与反思中获得学习机会，支持学习者技术实践能力向更高水平发展，同时也检测反思性学习者的反思品质，即从实践中学习的能力。

1. 整合多种来源

在本项目中，评估的来源主要包括学习者的项目任务分析能力、电气原理分析、设计布置意识、运行及调试和小组协调能力等。

2. 从多种环节中收集评价证据

本项目在资讯、计划、决策、实施和检查等环节中均以学习者为主体。资讯环节应记录学习者对任务的认识和分析能力；计划环节应记录学习者的参与情况、是否有独特见地、能否主动汇报或请教等；决策环节应考虑学习者的思维是否开阔、是否勇于承担责任；实施环节应考虑学习者勤奋努力的品质、精益求精的意识、创新的理念和操作熟练程度等；检查环节应检验学习者检验问题和解决问题的能力。

综上所述，可制订如表 2-2 所示的评估表。

表 2-2　评估表

评估项目		第一组				第二组				第三组			
		A	B	C	D	A	B	C	D	A	B	C	D
资讯	任务分析能力												
	信息搜索能力												
计划	信息运用能力												
	团结协作												
	汇报表达能力												
	独到见解												
决策	小组领导意识												
	思维开阔												
	勇于承担责任												
实施	勤奋努力												
	精益求精												
	创新理念												
	操作熟练程度												
检查	发现问题												
	解决问题												
	独到见解												

2.5 拓 展 实 训

2.5.1 M1432A 万能外圆磨床电气故障诊断

【实训目的】

掌握 M1432A 万能外圆磨床电气故障诊断的工具使用和诊断方法。

【实训要点】

主电路故障诊断、控制电路诊断和辅助电路诊断。

【预习要求】

熟悉 M1432A 万能外圆磨床的电气原理图，并能进行详细分析。

【实训过程】

依据图 2-9，首先人为设置故障，引导学生进行分析测试。

① 005-008 间断路。所有电动机缺相，控制回路缺相失效。

② 019-020 间断路。外圆砂轮电动机缺一相。

③ 046-047 间断路。工件电动机、油泵电动机缺一相。

④ 075-081 间断路。内圆砂轮电动机、冷却泵电动机缺相。

⑤ 082-083 间断路。内圆砂轮电动机缺一相。

⑥ 109-110 间断路。冷却电动机缺一相。

⑦ 106-127 间断路。控制回路缺一相失效。

⑧ 114-115 间断路。控制回路失效。

⑨ 127-135 间断路。油泵电动机能启动，其他控制均不能实现。

⑩ 133-134 间断路。工件电动机慢速不能启动。

⑪ 141-142 间断路。工件电动机快速不能启动。

⑫ 151-152 间断路。内圆砂轮不能启动。

⑬ 165-166 间断路。外圆砂轮不能启动。

⑭ 171-172 间断路。冷却泵不启动。

⑮ 171-175 间断路。当工件电动机快速启动后，冷却泵不启动。

⑯ 173-177 间断路。变压器缺一相照明灯不亮。

2.5.2 M1432A 万能外圆磨床头架主轴的装配与调整

【实训目的】

掌握头架主轴的结构并熟悉其组装要点。

【实训要点】

如图 2-3 所示，头架由壳体 15、头架主轴 10 及其轴承、工件传动装置与底座 14 等组成。头架主轴 10 支承在四个 D 级精度的角接触球轴承上，靠修磨垫圈 4、5 和 9 的厚度，可对轴承进行预紧，以保证主轴部件的刚度和旋转精度。轴承用锂基脂润滑，头架主轴 10 的前后端用橡胶油封密封。双速电动机经塔轮变速机构和两组带轮带动工件旋转，而头架主轴 10 按需要可以转动或不转动。带的张紧分别靠转动偏心套 11 和移动电动机座实现。头架主轴 10 上的带轮 7 采用卸荷结构，以减少头架主轴 10 的弯曲变形。

【预习要求】

分析磨床头架结构图，熟悉动力传递路线，了解头架主轴 10 的三种工作形式。

【实训过程】

(1)　切断机床动力电源。

(2)　拆卸头架外围壳体和传动皮带，按照机械结构拆卸原则，对头架主轴进行拆解。

①　对主轴各零件进行检查清洗。

②　观察各零件的磨损程度，确定是否更换零件，组装好主轴并安装。

③　进行调整和试车，观察运转情况。

2.6　实训中常见问题解析

(1)　外圆磨床五台电动机均不能启动，试分析原因和检修方法。

答：可能的原因如下。

①　熔断器 FU1 熔断数相。

②　五台电动机中有一台电流超载或热继电器 FR1、FR2、FR3、FR4、FR5 中有常闭点存在接触不良处。

③　接触器 KM1 线圈断线或烧断。

④　控制停止按钮常闭点接触不良或控制按钮 SB1 在按下后接不通电路。

⑤　控制线路某线头松脱。

检修方法如下。

①　用低压验电笔在磨床通入电源的情况下测熔断器 FU1 下桩头三相是否均带有同等的电压；若测得某相熔断器熔断，要更换同规格的熔丝或熔断器。

②　检查五台电动机负载是否超载，或用万用表电阻挡在断开外圆磨床电源的情况下分别测热继电器 FR1、FR2、FR3、FR4、FR5 的动作情况。如某热继电器动作，应对应检查该电动机是否超载，并加以解决；若该电动机不属于过载问题，应检查是否为主接线接触点接触不良，从而引起该热继电器动作；或是该热继电器常闭点本身接触不良，查出原因后，更换同型号同规格的热继电器。

③　用万用表在断开电源的情况下测接触器 KM1 线圈是否断线烧坏或匝间短路，查出 KM1 线圈损坏要更换线圈或更换整个接触器。

④　在断开电源的情况下，用万用表电阻挡测停止按钮 SB2 常闭点能否可靠闭合接通线路，若不能，应更换停止按钮 SB2。如果 SB2 正常，还需进一步检查按钮 SB1 在按下时是否能接通线路，若不能，则需更换按钮 SB1。

⑤　断开电源，细心检查外圆磨床各控制线头，如有松动脱落或烧断处，要重新连接

好线路。

(2) 接触器线圈通电后不吸合或者吸合不紧的原因有哪些？

答：接触器线圈断线或烧坏，电磁铁不能产生电磁吸力，应修理或更换线圈。电源电压过低，电磁线圈吸力不足以克服弹簧的反作用力，应调整电源电压至额定值。控制电路电源接错，线圈额定电压低于控制电源的额定电压。机械机构或动触点卡阻，应调整触点与灭弧罩的位置，取出异物，消除卡阻现象。

(3) 滚动轴承在装配时的常用方法有哪些？要注意哪些要点？

答：常用的装配方法有敲入法、压入法、温差法三种。

注意要点如下。

① 滚动轴承上标有代号的断面应装在可见部位，以便将来更换时查对。

② 轴颈或壳体孔台阶处的圆弧半径应小于轴承的圆弧半径，以保证轴承轴向定位可靠。

③ 在同轴的两个轴承中，必须有一个轴承的外圈或内圈可以在热胀时产生轴向移动。

④ 轴承的固定装置必须可靠，紧固适当。

⑤ 装配过程严格保持清洁，密封严密。

⑥ 装配后，轴承运转灵活，无噪声，工作温升不超过规定值。

⑦ 将轴承安装到轴颈或孔中时，不能通过滚动体传力。

本 章 小 结

至此完成了本章的知识学习和项目实训，总结如下。

(1) 主要讲述了两大方面的知识：M1432A 万能外圆磨床主要部件(砂轮架、头架、尾座、横向进给机构)的机械结构和磨床电气控制的实现。

(2) 通过项目实施，实现了理论图纸到实物的链接，使理论知识得以固化，提升了学生对于机械零部件的拆装技能。

(3) 通过实训一，提高了对电气原理的把握程度，强化了电工工具的使用，提升了学习者对实际电气设备故障监测与诊断的能力。

(4) 通过实训二，强化了机床机械结构理论知识的直观性，学习了主轴类部件的装配和调整。

思 考 与 练 习

1. 思考题

(1) 从传动和结构特点方面简要说明 M1432A 万能外圆磨床为保证加工质量采取了哪些措施。

(2) 磨削外圆时，若用两顶尖支承工件进行磨削，为什么工件头架的主轴不转动？工件是怎样获得旋转运动的？

(3) 磨削外圆时，若工件头架和尾座的锥孔中心在垂直平面内不等高，磨削的工件将产生什么误差？如何解决？

(4) 在 M1432A 外圆磨床上磨削工件，装夹的方法有哪些？

(5) 电动机 M1、M2、M3、M5 中有两台不能启动，试分析其原因。

(6) 电动机 M2 在低速挡能启动运转，但在高速挡却不能运转，试分析其原因。

(7) 试分析冷却泵电动机 M5 不能启动的原因。

(8) 试简述拆卸断头螺纹的方法。

2．填空题

(1) M1432A 万能外圆磨床主要由床身、头架、_____、_____、_____、尾座、脚踏操纵板等部分组成。

(2) M1432A 万能外圆磨床的基本磨削方法有两种：_____、_____。

(3) 尾座的功用是：_____。

(4) M1432A 万能外圆磨床的运动形式有：_____、工件圆周进给运动、_____、_____。

(5) 滚动轴承装配的常用方法有：_____、_____、_____。

3．实训题

(1) 测绘砂轮主轴，基本步骤如图 2-11 所示。

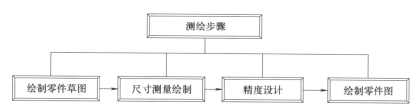

图 2-11 测绘步骤

(2) 清理检查 M1432A 万能外圆磨床的电气控制柜，写出检查步骤，列出所需工具。

我 爱 我 国

名人故事——钱学森的爱国故事

第 3 章　X6132A 卧式升降台铣床机电传动与控制

- 熟知 X6132A 卧式升降台铣床的机械结构。
- 掌握 X6132A 卧式升降台铣床电气控制原理。

- 能分析 X6132A 卧式升降台铣床运动传动链。
- 能分析 X6132A 卧式升降台铣床电气控制逻辑。
- 会进行铣床电气故障的诊断与维修。
- 掌握机床电气故障排除的一般方法。

铣床是一种工艺用途广泛的机床，可以用铣刀加工各种水平面、垂直面和斜面、沟槽、键槽、T 形槽、燕尾槽、螺纹、螺旋槽，以及齿轮、链轮、花键轴、棘轮等各种成形表面。X6132A 卧式升降台铣床是典型的铣削加工设备之一，那么其怎样实现其机械运动呢？又通过怎样的电气电路来进行运动控制呢？下面通过本章的项目逐步进行剖析。

3.1　X6132A 卧式升降台机床机电传动与控制项目说明

1．项目要点

(1) X6132A 卧式升降台铣床机械传动的实现。

(2) X6132A 卧式升降台铣床电气控制的实现。

2．实施条件

(1) 能拆卸和组装的 X6132A 卧式升降台铣床裸机。

(2) 与 X6132A 卧式升降台铣床配套的电气控制柜或实验电气控制柜。

(3) 配套的技术资料和教学资源。

3．项目内容及要求

根据所学知识，首先熟悉铣床的电气控制原理图，然后分析其典型故障及故障的处理方法，并进行归纳总结。

3.2　基　础　知　识

　　X6132A 卧式升降台铣床与一般升降台铣床的主要区别在于：工作台除了能在相互垂直的三个方向上做调整或进给运动外，还可以垂直轴线在±45°范围内回转，从而扩大了机床的工艺范围。

3.2.1　X6132A 卧式升降台铣床的机械结构

　　X6132A 卧式升降台铣床的外形及结构如图 3-1 所示，主要由底座 1、床身 2、悬梁 3、刀杆支架 4、主轴 5、工作台 6、床鞍 7、升降台 8、回转盘 9 等部分组成。床身 2 固定在底座 1 上，用以安装和支承其他部件。床身内装有主轴部件、主变速传动装置及变速操纵机构。悬梁 3 安装在床身 2 的顶部，并可沿燕尾导轨进行前后位置调整。悬梁 3 上的刀杆支架 4 用于支承刀杆，以提高其刚度。升降台 8 安装在床身 2 前侧面垂直导轨上，可做上下移动。升降台内装进给运动传动装置及其操纵机构。升降台 8 水平导轨上装有床鞍 7，可沿主轴轴线方向做横向移动。床鞍 7 上装有回转盘 9，回转盘上面的燕尾导轨上安装有工作台 6。工作台除了可以沿导轨做垂直于主轴轴线方向的纵向移动外，还可以通过回转盘绕垂直轴线±45°范围内进行角度调整，以便铣削螺旋表面。

X6132A 卧式升降台
铣床——机械结构

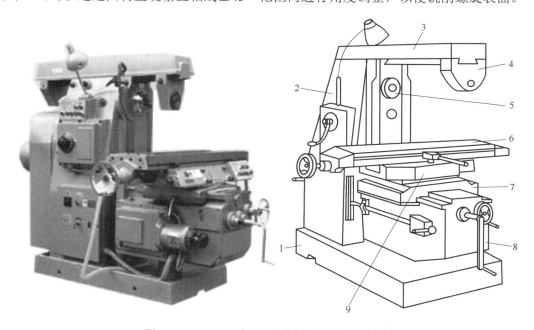

图 3-1　X6132A 卧式升降台铣床的外形及结构

1—底座；2—床身；3—悬梁；4—刀杆支架；5—主轴；6—工作台；7—床鞍；8—升降台；9—回转盘

1. 主轴部件

　　X6132A 卧式升降台铣床的主轴部件如图 3-2 所示，其基本形状为阶梯形空心轴，前端直径大于后端直径，使主轴 1 前端具有较大的变形抗力。主轴 1 前端的 7：24 主轴前锥孔 7 用于安装铣刀刀杆，使其能准确定心，保证刀杆有较高的旋转精度。主轴中心孔穿入拉杆，拉紧并锁定刀杆或刀具，使它们定位可靠。端面键 8 用于连接主轴和刀杆，并传递力矩。

由于铣床采用多齿刀具，引起铣削力周期性变化，从而使切削过程产生振动，因而要求主轴部件具有较高的刚度和抗震性，主轴采用二支承结构。前支承 6 和中间支承 4 分别采用 D 级精度和 E 级精度的圆锥滚子轴承，分别承受向左、向右的进给力和背向力，并保证主轴的回转精度。后支承 2 为 G 级精度的单列深沟球轴承，只承受背向力。调整轴承间隙时，先将悬梁移开，并拆卸床身盖板，露出主轴部件，然后拧松中间支承 4 左侧螺母 11 上的锁紧螺钉 3，用专用勾头扳手勾住螺母 11，再用一短铁棍通过主轴前端的端面键 8 扳动主轴 1 顺时针旋转，使中间支承 4 的内圈向右移动，从而使中间支承 4 的间隙得以消除。如果继续转动主轴 1，使其向左移动，并通过轴肩带动前支承 6 的内圈左移，从而消除前支承 6 的间隙。

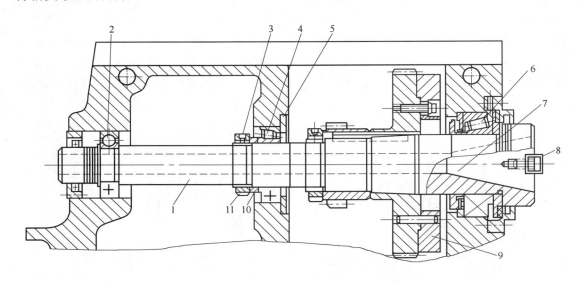

图 3-2　X6132A 卧式升降台铣床主轴部件结构

1—主轴；2—后支承；3—锁紧螺钉；4—中间支承；5—轴承盖；

6—前支承；7—主轴前锥孔；8—端面键；9—飞轮；10—隔套；11—螺母

2. 孔盘变速操纵机构

X6132A 卧式升降台铣床的主运动和进给运动的变速操纵机构均采用孔盘变速操纵机构来控制。

孔盘变速操纵机构控制三联滑移齿轮的工作原理如图 3-3 所示。拨叉 1 固定在齿条轴 2 上，齿条轴 2 和 2′与齿轮 3 啮合。齿条轴 2 和 2′的右端是具有不同直径 D 和 d 的圆柱形成的阶梯轴，直径为 D 的台肩能穿过孔盘上的大孔，直径为 d 的台肩能穿过孔盘上的小孔。变速时，先将孔盘右移，使其退离齿条轴，然后根据变速要求，转动孔盘一定角度，再使孔盘左移复位。孔盘在复位时，可通过孔盘上对应齿条轴之处为大孔、小孔或无孔的不同状态，而使滑移齿轮获得左、中、右三种工作状态，从而达到变速的目的。三种工作状态如下。

(1) 孔盘上对应齿条轴 2 的位置无孔，而对应齿条轴 2′的位置为大孔。孔盘复位时，向左顶齿条轴 2，并通过拨叉 1 将三联滑移齿轮推到左位。齿条轴 2′则在齿条轴 2 及齿轮 3 的共同作用下右移，直径为 D 的台肩穿过孔盘上的大孔，如图 3-3(b) 所示。

(2) 孔盘上对应两齿条轴的位置均为小孔，齿条轴上直径为 d 的小台肩穿过孔盘上的小孔，两齿条轴均处于中间位置，从而通过拨叉使得滑移齿轮处于中间位置，如图 3-3(c) 所示。

(3) 孔盘上对应齿条轴 2 的位置为大孔，而对应齿条轴 2′的位置无孔，这时孔盘顶齿条轴 2′左移，通过齿轮 3 使齿条轴 2 的台肩穿过大孔右移，并使齿轮处于右位，如图 3-3(d) 所示。

对于双联滑移齿轮，其齿条轴只需要一个台肩即可以完成滑移齿轮左右两个工作位置的定位。

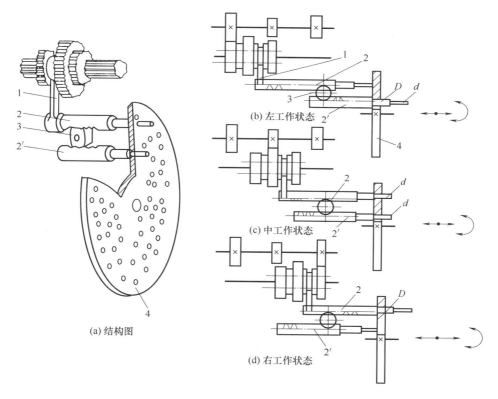

图 3-3　X6132A 卧式升降台铣床孔盘变速操纵机构控制三联滑移齿轮的工作原理

1—拨叉；2、2′—齿条轴；3—齿轮；4—孔盘

图 3-4 所示为 X6132A 卧式升降台铣床的主变速操纵机构。该变速机构操纵了主运动传动链的两个三联滑移齿轮和一个双联滑移齿轮，使主轴获得 18 级转速，孔盘每转 20° 改变一种速度。变速由手柄 1 和速度盘 4 联合操纵。变速时，将手柄 1 向外拉出，手柄 1

绕销 3 摆动而脱开定位销 2；然后逆时针转动手柄 1 约 250°，经操纵盘 5、平键带动齿轮套筒 6 转动，再经过齿轮 9 使齿条轴 10 向右移动，其上拨叉 11 拨动孔盘 12 右移并脱离各组齿条轴；接着转动速度盘 4，经过心轴，一对锥齿轮使孔盘 12 转过相应的角度；最后反向转动手柄 1，通过齿条轴 10，由拨叉 11 将孔盘 12 向左推至原位，并由定位销 2 定位，使各滑移齿轮达到正确的啮合位置。

变速时，为了使滑移齿轮在移位过程中易于啮合，变速机构中设有主电机瞬时点动控制。变速操纵过程中，齿轮 9 上的凸块 8 压下微动开关 7，瞬时接通主电机，使之产生瞬时转动，带动传动齿轮慢速转动，使得滑移齿轮容易进入啮合。

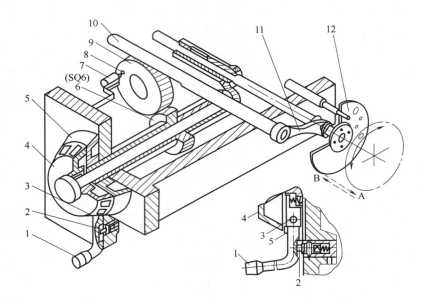

图 3-4　X6132A 卧式升降台铣床主变速操纵机构

1—手柄；2—定位销；3—销；4—速度盘；5—操纵盘；6—齿轮套筒；

7—微动开关；8—凸块；9—齿轮；10—齿条轴；11—拨叉；12—孔盘

3. 工作台及顺铣机构

1) 工作台结构

X6132A 卧式升降台铣床工作台结构如图 3-5 所示，主要由工作台 6、床鞍 1 和回转盘 2 组成。床鞍 1 与升降台通过矩形导轨相配合，工作台可以在升降台导轨上横向移动。工作台不做横向移动时，可以通过手柄 13 经偏心轴 12 的作用将床鞍夹紧在升降台上。工作台 6 可沿回转盘 2 上的燕尾形导轨做纵向移动。工作台 6 连同回转盘 2 一起可绕锥齿轮的轴线 XVIII 回转±45°，并利用螺栓 14 和两块弧形压板 11 固定在床鞍 1 上。纵向进给丝杠 3 的一端通过滑动轴承支承在前支架 5 上，另一端通过圆锥滚子轴承和推力球轴承支承在后支架 9 上。轴承的间隙可以通过调整螺母 10 实现。回转盘 2 的左端安装有双螺母结构，右端装有带端面齿的空套锥齿轮。离合器 M_5 通过花键和花键套筒 8 相连，而花键套筒 8 又通过滑键 7 与铣有长键槽的进给丝杠相连。因此，当 M_5 左移与空套锥齿轮的断面齿啮合时，轴VIII的运动就可以由锥齿轮副、离合器 M_5、滑键 7、花键套筒 8 传递给丝杠，使其转动。由于双螺母不能转动，因而在丝杠旋转时，双螺母做轴向移动，从而带动工作台 6 做纵向进给运动。纵向进给丝杠 3 的左端空套有手轮 4，将手轮向前推进，压缩弹簧，使得端面齿离合器啮合，便可手摇工作台使其纵向移动。纵向进给丝杠 3 的右端有带键槽的轴头，可以安装配换交换齿轮，用于与分度头连接。

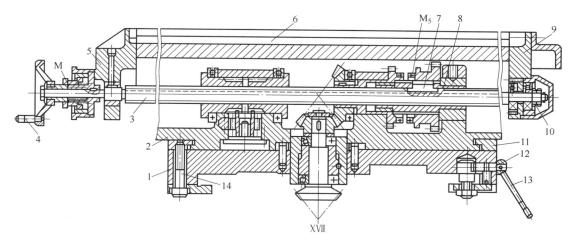

图 3-5　X6132A 卧式升降台铣床工作台结构

1—床鞍；2—回转盘；3—纵向进给丝杠；4—手轮；5—前支架；6—工作台；7—滑键；
8—花键套筒；9—后支架；10—调整螺母；11—压板；12—偏心轴；13—手柄；14—螺栓

2）　顺铣机构

图 3-6 所示为 X6132A 卧式升降台铣床的顺铣机构。铣床在进行切削时，如果进给方向与切削力 F 的水平分力 F_x 方向相反，称为逆铣，如图 3-6(a)所示；如果进给力 F 的水平分力 F_x 方向相同，称为顺铣，如图 3-6(b)所示。如果工作台向右移动，则丝杠螺纹的左侧为工作表面，与螺母螺纹的右侧相接触，如图中 I 处所示。当采用逆铣法加工时，切削水平分力 F_x 方向向左，正好使丝杠螺纹左侧面紧靠在螺母螺纹的右侧面，因而工作台运动平稳；当采用顺铣法加工时，切削水平分力 F_x 方向向右，与进给方向相同，当切削力很大时，丝杠螺纹的左侧面便与螺母的右侧面脱开，使工作台向右窜动。由于铣床是多刃刀具，切削力不断发生变化，因而会导致工作台在丝杠与螺母的间隙范围内来回窜动，影响加工质量。为了解决顺铣时工作台轴向的窜动问题，X6132A 卧式升降台铣床设有顺铣机构，其结构如图 3-6(c)所示。齿条 5 在压弹簧 6 的作用下右移，使冠状齿轮 4 按照箭头方向旋转，并通过左螺母 1 和右螺母 2 外圆的齿轮使二者做相反方向转动，从而使左螺母 1 螺纹左侧与丝杠螺纹右侧紧靠，右螺母 2 的螺纹右侧与丝杠螺纹左侧紧靠。顺铣时，丝杠 3 的进给力由左螺母 1 承受，由于丝杠 3 与左螺母 1 之间摩擦力 f 的作用，使左螺母 1 有随丝杠 3 转动的趋势，并通过冠状齿轮 4 使右螺母 2 产生与丝杠 3 方向旋转的趋势，从而消除了右螺母 2 与丝杠 3 之间的间隙，不会产生轴向窜动；逆铣时，丝杠 3 的进给力由右螺母 2 来承受，二者之间产生较大的摩擦力，因而使右螺母 2 有随丝杠 3 一起转动的趋势，从而通过冠状齿轮 4 使左螺母 1 产生与丝杠 3 反向旋转的趋势，使左螺母 1 螺

纹左侧与丝杠螺纹右侧脱开，减少丝杠的磨损。

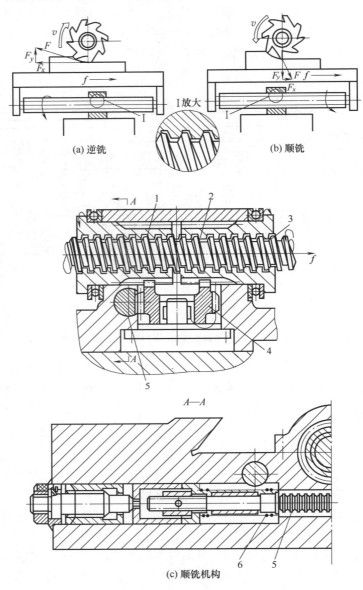

图 3-6　X6132A 卧式升降台铣床顺铣机构

1—左螺母；2—右螺母；3—丝杠；4—冠状齿轮；5—齿条；6—压弹簧；7—切削力；

F_x—切削力水平分力；F_y—切削力垂直分力；v—铣刀线速度；f—摩擦力

4. 工作台的纵向进给操纵机构

X6132A 卧式升降台铣床工作台的纵向进给操纵机构如图 3-7 所示，由手柄 23 来控制，在接通或断开离合器 M_5 的同时，压动微动开关 S_1 或者 S_2，使进给电动机正转或反转，实现工作台向右或向左的纵向进给运动。

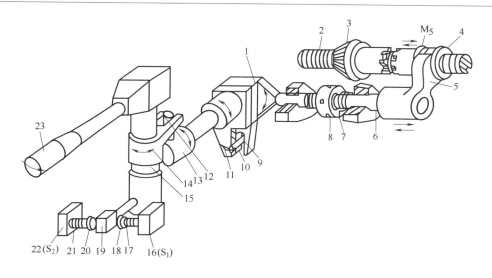

图 3-7　X6132A 卧式升降台铣床工作台的纵向进给操纵机构

1—凸块；2—纵向丝杠；3—空套锥齿轮；4—离合器 M_5 右半部；5—拨叉；6—拨叉轴；

7、17、21—弹簧；8—调整螺母；9、14—叉子；10、12—销子；11—摆块；13—套筒；15—垂直轴；

16—微动开关 S_1；18、20—可调螺钉；19—压块；22—微动开关 S_2；23—手柄

当手柄 23 在中间位置时，凸块 1 顶住拨叉轴 6，使其右移，弹簧 7 受压缩，离合器 M_5 无法啮合，从而使进给运动断开。此时，手柄 23 下部的压块 19 也处于中间位置，使控制进给电动机正转或反转的微动开关 S_1 及 S_2 均处于放松状态，从而使进给电机停止转动。

将手柄 23 向右扳动时，压块 19 也向右摆动，压动微动开关 S_1，使进给电动机正转。同时，手柄中部叉子 14 逆时针旋转，并通过销子 12 带动套筒 13、摆块 11 及固定在摆块 11 上的凸块 1 逆时针旋转，使其突出点离开拨叉轴 6，从而使拨叉轴 6 及拨叉 5 在弹簧 7 的作用下向左移动，并使端面齿离合器 M_5 右半部 4 向左移动，与左半部啮合，接通工作台向右的纵向进给运动。

将手柄 23 向左扳动时，压块 19 也向左摆动，压动微动开关 S_2，使进给电动机反转。此时，凸块 1 顺时针转动，同样不能顶住拨叉轴 6，离合器 M_5 的左、右半部同样可以啮合，接通工作台向左的纵向进给运动。铣床侧面有一个手柄，可以通过杠杆及销子 10 拨动凸块 1 下部的叉子 9，从而使凸块及压块 19 摆动，进而控制纵向进给运动。

5. 工作台的横向和垂直进给操纵机构

图 3-8 所示为 X6132A 卧式升降台铣床工作台的横向和垂直进给操纵机构，手柄 1 有上、下、前、后及中间五个工作位置，用于接通和断开横向和垂直进给运动。前后扳动手柄 1，可通过手柄 1 前端的球头带动轴 4 及与轴 4 用销子连接的鼓轮 7 做轴向移动；上下扳动手柄 1，可以通过毂体 3 上的键槽、平键 2、轴 4 使鼓轮 7 在一定角度范围内转动。在鼓轮 7 两侧安装有四个微动开关，其中 S_3 和 S_4 用来控制进给电机的正转和反转；S_7 用来控制电磁离合器 M_4；S_8 用于控制电磁离合器 M_3。在鼓轮 7 的圆周上，加工出带斜面的

槽。鼓轮 7 在移动或转动时，可通过槽上的斜面使顶销 5、6、8、9 压动或松开微动开关 S_3、S_4、S_8、S_7，实现工作台前、后、上、下的横向或者垂直进给运动。

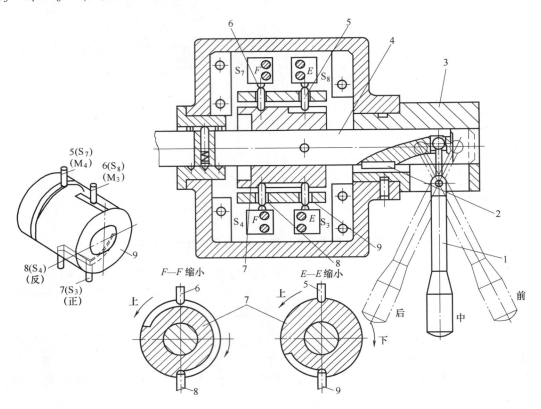

图 3-8 X6132A 卧式升降台铣床工作台的横向和垂直进给操纵机构

1—手柄；2—平键；3—毂体；4—轴；5、6、8、9—顶销；7—鼓轮；
S_3、S_4、S_7、S_8—微动开关；M_3、M_4—电磁离合器

向前扳动手柄 1 时，鼓轮 7 向左移动，顶销 9 被鼓轮上的斜面压下，作用于微动开关 S_3，使进给电动机正转。与此同时，顶销 6 脱开凹槽，处于鼓轮 7 的圆周上，作用于微动开关 S_7，使横向进给电磁离合器 M_4 通电工作，实现工作台向前的横向进给运动。

向后扳动手柄 1 时，鼓轮 7 向右移动，顶销 8 被鼓轮上的斜面压下，作用于微动开关 S_4，使进给电动机反转。与此同时，顶销 6 仍处于鼓轮 7 的圆周上，作用于微动开关 S_7，使横向进给电磁离合器 M_4 通电工作，实现工作台向后的横向进给运动。

向上扳动手柄 1 时，鼓轮 7 逆时针转动，顶销 8 被鼓轮 7 的上斜面压下，作用于微动开关 S_4，使进给电动机反转。顶销 5 处于鼓轮 7 的圆周上，作用于微动开关 S_8，使电磁离合器 M_3 通电工作，实现工作台向上的垂直进给运动。

向下扳动手柄 1 时，鼓轮 7 顺时针转动，顶销 9 被鼓轮 7 的上斜面压下，作用于微动开关 S_3，使进给电动机正转。顶销 5 处于鼓轮 7 的圆周上，作用于微动开关 S_8，使电磁离合器 M_3 通电工作，实现工作台向下的垂直进给运动。

当操作手柄处于中间位置时，顶销 8、9 均处于鼓轮 7 的凹槽中，微动开关 S_3、S_4 均

为放松状态，进给电动机不动作。同时，顶销 5、6 也均处于鼓轮 7 的凹槽中，微动开关 S_7、S_8 处于放松状态，使电磁离合器 M_4、M_5 都处于失电不吸合状态，因而工作台的横向和垂直方向均无进给运动。

3.2.2　X6132A 卧式升降台铣床运动形式及传动系统分析

X6132A 卧式升降台铣床的主运动是主轴的旋转运动，进给运动由工作台沿纵向、横向和垂直三个方向的直线运动来实现。

1. X6132A 卧式升降台铣床主运动

图 3-9 所示为 X6132A 卧式升降台铣床的传动系统，其传动路线如下：

$$主电动机\begin{pmatrix}7.5\text{kW}\\1450\text{r/min}\end{pmatrix}-\frac{\phi150}{\phi290}-\text{II}-\begin{bmatrix}\dfrac{19}{36}\\\dfrac{22}{33}\\\dfrac{16}{38}\end{bmatrix}-\text{III}-\begin{bmatrix}\dfrac{27}{37}\\\dfrac{17}{46}\\\dfrac{38}{26}\end{bmatrix}-\text{IV}-\begin{bmatrix}\dfrac{80}{40}\\\dfrac{18}{71}\end{bmatrix}-\text{V(主轴)}$$

主传动链中有两组三联滑移齿轮和一组双联滑移齿轮，所以，主轴共有 18 级转速。主轴旋转方向的改变由主电动机正反转实现。轴 I 右端装有多片式电磁制动器 M，停车后，多片式电磁制动器 M 线圈接通直流电源，使主轴迅速而平稳地停止转动。

2. X6132A 卧式升降台铣床进给运动

进给运动由进给电动机驱动(1.5kW，1410r/min)，如图 3-9 所示。电动机的运动经一对锥齿轮 17/32 传到轴 IV，然后根据轴 X 上电磁摩擦离合器 M_1、M_2 的啮合情况，分两路传动。如轴 X 上离合器 M_1 脱开、M_2 啮合，则轴 VI 的运动经齿轮副 40/26、44/22 及离合器 M_2 传至轴 X，这条路线实现了工作台的快速移动 III。如轴 X 上离合器 M_2 脱开、M_1 啮合，轴 VI 的运动经齿轮副 20/44 传至轴 VII，再经轴 VII-III VIII、轴 VIII-IX 间两组三联滑移齿轮变速组以及轴 VIII-IX 之间的曲回机构，经离合器 M_1，将运动传至轴 X，这条传递路线可以实现工作台的正常运动。

轴 VIII-IX 间的曲回机构工作原理如图 3-10 所示，轴 X 上的单联滑移齿轮 z49 有三种啮合位置：当滑移齿轮在 a 位置时，轴 IX 的运动直接由齿轮副 40/49 传至轴 X；当滑移齿轮在 b 位置时，轴 IX 的运动经曲回机构齿轮副 18/40-18/40-40/49 传至轴 X；当滑移齿轮位于 c 位置时，轴 IX 的运动经曲回机构齿轮副 18/40-18/40-18/40-18/40-40/49 传至轴 X。所以，通过轴 X 上单联滑移齿轮 z49 的三种啮合位置，可以使曲回机构得到三种不同的传动比，即：

U_a=40/49

U_b=18/40×18/40×40/49

U_c=18/40×18/40×18/40×18/40×40/49

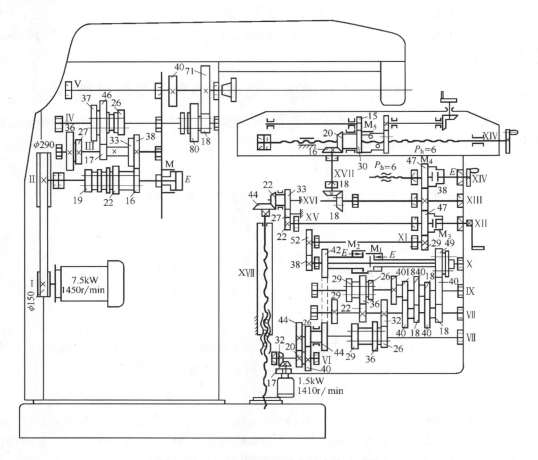

图 3-9 X6132A 卧式升降台铣床传动系统

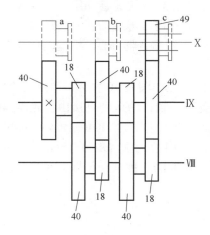

图 3-10 X6132A 卧式升降台铣床曲回机构工作原理

轴 X 的运动可经过离合器 M_3、M_4、M_5 以及相应的传递路线，使工作台实现垂直、横向和纵向移动。其传动路线表达式如下：

$$\left(\begin{array}{c}\text{电动机}\\1.5\text{kW}\\1410\text{r/min}\end{array}\right)-\frac{17}{32}-\text{VI}-\left(\begin{array}{c}\dfrac{20}{44}-\text{VII}-\begin{bmatrix}\frac{29}{29}\\\frac{36}{22}\\\frac{26}{32}\end{bmatrix}-\text{VIII}-\begin{bmatrix}\frac{29}{29}\\\frac{32}{36}\\\frac{32}{26}\end{bmatrix}-\text{IX}-\begin{bmatrix}\dfrac{40}{49}\\\frac{18}{40}\times\frac{18}{40}\times\frac{18}{40}\times\frac{18}{40}\times\frac{40}{49}\\\frac{18}{40}\times\frac{18}{40}\times\frac{40}{49}\end{bmatrix}-\text{M}_1\text{闭合}-\\\dfrac{40}{26}\times\frac{44}{42}-\text{M}_2\text{闭合，实现快速}\end{array}\right)-$$

$$-\text{X}-\frac{38}{52}-\text{XI}-\frac{29}{47}-\begin{bmatrix}\dfrac{47}{38}-\text{XⅢ}-\begin{bmatrix}\frac{18}{18}-\text{X Ⅷ}-\frac{16}{20}-\text{M}_5\text{合}-\text{X Ⅸ(纵向进给)}\\\frac{38}{47}-\text{M}_4\text{合}-\text{X Ⅳ(横向进给)}\end{bmatrix}\\\text{M}_3\text{合}-\text{XⅡ}-\frac{22}{27}-\text{X Ⅴ}-\frac{27}{33}-\text{X Ⅵ}-\frac{22}{24}-\text{X Ⅶ(垂直进给)}\end{bmatrix}$$

理论上讲，铣床在相互垂直的三个方向上均可获得 $3\times3\times3=27$ 种进给量，但由于轴Ⅶ-Ⅸ间的两组三联滑移齿轮变速组的 $3\times3=9$ 种传动比中，有三种是相等的，即：

$$26/32\times32/26=29/29\times29/29=36/22\times22/36=1$$

所以，轴Ⅶ-Ⅸ间的两个变速组只有 7 种不同的传动比。因此轴 X 上的滑移齿轮 z49 只有 $7\times3=21$ 种不同的速度。由此可知，X6132A 卧式升降台铣床的纵向、横向和垂直进给量均为 21 级，纵向和横向的进给量范围在 $10\sim1000\text{mm/min}$，垂直进给量范围在 $3.3\sim333\text{mm/min}$。

3.2.3　X6132A 卧式升降台铣床电气原理图

X6132A 卧式升降台铣床的主轴传动系统装在床身内，进给传动系统在升降台内，由于主轴旋转运动与工作台的进给运动之间不存在速度比例协调的要求，故采用单独传动，即主轴电动机拖动，工作台的工作进给与快速移动都由进给电动机拖动，但经电磁离合器来控制。另外，铣削加工时为冷却铣刀设有冷却泵电动机，如图 3-11 所示。

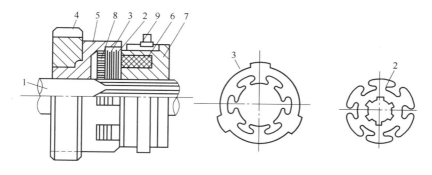

图 3-11　电磁离合器结构

1—主轴；2—主动摩擦片；3—从动摩擦片；4—从动齿轮

5—套筒；6—线圈；7—铁芯；8—衔铁；9—滑环

1. 电磁离合器

电磁离合器又称电磁联轴节，其利用表面摩擦和电磁感应原理，在两个做旋转运动的物体间传递转矩。由于电磁离合器便于远距离控制，能耗小，动作迅速、可靠，结构简单，因此广泛应用于机床的电气控制。

X6132A 卧式升降台铣床主轴电动机停止制动、主轴上刀制动以及进给系统的工作进给和快速移动都由电磁离合器来实现，其结构简图如图 3-11 所示。主要由激磁线圈、铁芯、衔铁、摩擦片及连接件等组成。一般采用直流 24V 作为供电电源。

电磁离合器动作原理为：主轴 1 的花键轴端装有主动摩擦片 2，主动摩擦片可以沿轴向自由移动，因与花键连接，将随主动轴一起转动。从动摩擦片 3 与主动摩擦片交替装叠，其外缘凸起部分卡在与从动齿轮 4 固定在一起的套筒 5 内，因而从动摩擦片可以随同从动齿轮，在主动轴转动时其可以不转。当线圈 6 通电后，将摩擦片吸向铁芯 7，衔铁 8 也被吸住，紧紧压住各摩擦片，依靠主、从动摩擦片之间的摩擦力，使从动齿轮随主动轴转动。线圈断电时，装在内外摩擦片之间的圈状弹簧使衔铁和摩擦片复原，离合器即失去传递力矩的作用。线圈一端通过电刷和滑环 9 输入直流电，另一端可接地。

电磁离合器是一种自动化执行元件，其利用电磁力的作用来传递或中止机械传动中的扭矩。

根据结构不同，电磁离合器可分为摩擦片式电磁离合器、牙嵌式电磁器、磁粉式电磁器和涡流式电磁离合器等。铣床上采用的是摩擦片式电磁离合器。

2. 电力拖动特点及控制要求

1) 主轴拖动电气控制要求

(1) 为适应铣削加工需要，主轴需要调速，为此主轴电动机应选用法兰盘式三相笼型异步电动机，经主轴变速箱拖动主轴，利用主轴变速箱使主轴获得 18 种转速。

(2) 铣床加工方式有顺铣和逆铣两种，分别使用顺铣刀和逆铣刀，要求主轴能正反转，但旋转方向不需要经常变换，仅在加工前预选主轴旋转方向。为此，主轴电动机应能正反转，并由转向旋转开关来选择电动机的旋转方向。

(3) 铣削加工为多刃切削，因此切削时负载产生波动。为减轻负载波动带来的影响，往往在主轴传动系统中加入飞轮，以加大转动惯量，而这样又会对主轴制动带来影响，因而主轴电动机停车时应设有制动环节。同时，为了保证安全，主轴在上刀时，也应使主轴制动。X6132A 卧式升降台铣床采用电磁离合器来控制主轴停车制动和主轴上刀制动。

(4) 为使主轴变速时齿轮顺利啮合，减少齿轮端面的冲击，主轴电动机在主轴变速时应有主轴变速冲动。

(5) 为适应铣削加工时操作者在铣床正面或侧面的操作要求，主轴电动机的启动、停止等控制应能两地操作。

2) 进给拖动电气控制要求

(1) X6132A 卧式升降台铣床工作台运行方式有手动、进给运动和快速移动三种。其中手动为通过操作者摇动手柄使工作台移动；进给运动与快速移动则是由进给电动机拖动，是在工作进给电磁离合器与快速移动电磁离合器的控制下完成的。

(2) 为减少按钮数量，避免误操作，对进给电动机的控制应采用电气开关、机构挂挡相互联动的手柄操纵，即扳动操作手柄的同时压合相应的电气开关，挂上相应传动机构的挡，而且要求操纵手柄扳动方向与运动方向一致，增强直观性。

(3) 工作台的进给有左右的纵向运动、前后的横向运动以及上下的垂直运动，它们都是由进给电动机拖动的，故进给电动机要求正反转。采用的操纵手柄有两个：一个是纵向操作手柄，另一个是垂直与横向操作手柄。前者有左、右、中三个位置，后者有上、下、前、后、中五个位置。

(4) 进给运动的控制也为两地操作方式。所以，纵向操作手柄与垂直、横向操作手柄各有两套，可在工作台正面与侧面实现两地操作，且这两套操作手柄是联动的，快速移动也为两地操作。

(5) 工作台有左右、上下、前后六个方向的运动，为保证安全，同一时间只允许一个方向的运动。因此，具有六个方向的联锁控制环节。

(6) 进给运动由进给电动机拖动。为使变速后的齿轮顺利啮合，减少齿轮端面的撞击，进给电动机应在变速后做瞬时点动。

(7) 为使铣床安全可靠地工作，铣床工作时，要求先启动主轴电动机，然后才能启动进给电动机。停车时，主轴电动机与进给电动机同时停止，或先停进给电动机后停主轴电动机。

(8) 工作台上下、左右、前后六个方向的移动应设有行程限位保护。

3. 电气控制电路原理分析

X6132A 卧式升降台铣床电气原理图如图 3-12 所示。

1) 主电路分析

主电路中共有三台电动机：M1 为主轴电动机，由接触器 KM1 和 KM2 控制正反转；M2 为工作台进给拖动电动机，由接触器 KM3 和 KM4 控制正反转；M3 为刀冷却泵拖动电动机，由继电器 KA3 控制。

2) 主轴电动机 M1 的控制

启动主轴时，先将电源开关 QF 合上，再把主轴转换开关 SA4 转到主轴所需要的旋转方向位置上，然后按下启动按钮 SB3(或 SB4)，继电器 KA1、接触器 KM1(或 KM2)通电吸合，主轴电动机 M1 启动运转。主轴停止时，按主轴停止按钮 SB1(或 SB2)，接触器 KM1(或 KM2)、继电器 KA1 失电释放，主轴电动机 M1 停止转动。同时主轴停止按钮的常开触头 SB1(106-107)接通主轴制动电磁离合器 YC1，主轴迅速停止转动。主轴变速时，变速手柄联动机构短时压下行程开关 SQ5，触头 SQ5-1 接通，接触器 KM1(或 KM2)短时通电吸合，于是，主轴电动机 M1 做短时重复转动，实现了主轴变速时的冲动。注意变速时应以连续较快的速度推回变速手柄，以免电动机转速过高打坏齿轮。

3) 进给运动的电气控制

工作台的上下(垂直)运动和前后(横向)运动由操作手柄控制，手柄的联动机构与行程开关相连接，行程开关 SQ3 控制工作台向前及向下运动，行程开关 SQ4 控制工作台向后及向上运动。SQ3 和 SQ4 的工作状态如表 3-1 所示。

机电一体化技术(第2版)

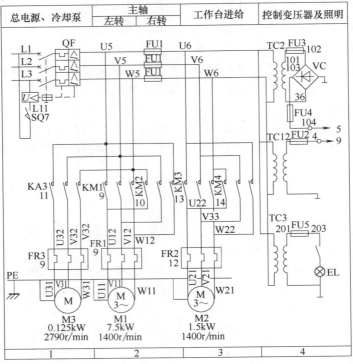

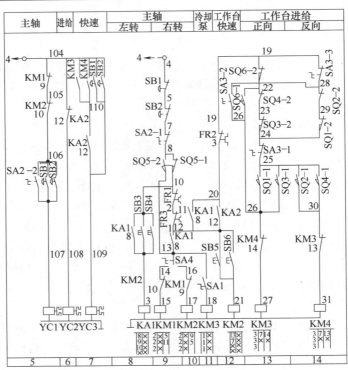

图 3-12　X6132A 卧式升降台铣床电气原理图

工作台的左右(纵向)运动也是由操纵手柄控制，其联动机构控制着行程开关 SQ1 和 SQ2，分别控制工作台向右及向左运动。SQ1 和 SQ2 的工作状态如表 3-2 所示。

表 3-1　SQ3 和 SQ4 的工作状态

触　头		向前向下	停　止	向后向下
SQ3-1	25-26	×	—	—
SQ3-2	23-24	—	×	×
SQ4-1	25-30	—	—	×
SQ4-2	22-23	×	×	—

注：×表示接通，—表示断开。

表 3-2　SQ1 和 SQ2 的工作状态

触　头		向前向下	停　止	向后向下
SQ1-1	25-26	—	—	×
SQ1-2	24-29	×	×	—
SQ2-1	25-30	×	—	×
SQ2-2	28-29	—	×	×

注：×表示接通，—表示断开。

工作台向后、向上手柄压 SQ4 及工作台向左手柄压 SQ2，接通接触器 KM4 线圈，进给电动机 M3 反向旋转，工作台按选择方向做进给运动。

工作台向前、向下手柄压 SQ3 及工作台向右手柄压 SQ1，接通接触器 KM3 线圈，进给电动机 M3 正向旋转，工作台按选择方向做进给运动。

只有在主轴启动以后，进给运动才能启动。未启动主轴时，可进行工作台的快速运动，将操作手柄选择到所需位置，按下快速按钮即可实现快速运动。

变换进给速度时，将进给变速手轮拉至极端位置，在反向推回过程中，借孔盘推动行程开关 SQ6，触头 SQ6-1(22-26)短时接通，接触器 KM3 短时得电吸合，进给电动机作瞬时转动，使齿轮易于啮合。

4)　快速行程的电气控制

工作台的快速运动是由纵向操作手柄、横向及垂直操纵手柄与工作台快速按钮 SB5(或 SB6)配合控制的。在主轴启动后，将操纵手柄置于工作台所需要的进给方向上，再按快速按钮 SB5(或 SB6)，继电器 KA2、接触器 KM3(或 KM4)通电吸合，进给电动机运转。同时，进给电磁离合器失电释放，快速电磁离合器 YC3 通电吸合，因此工作台按选择的方向做快速运动。如果松开按钮 SB5(或 SB6)，继电器 KA2 失电释放，快速电磁离合器 YC3 断电释放，进给电磁离合器 YC2 通电吸合，工作台仍以进给速度按原来方向继续运动。在主轴没有启动的情况下，将工作台操纵手柄扳至选择的方向上，按快速按钮 SB5(或 SB6)，继电器 KA2、接触器 KM3(或 KM4)通电吸合，进给电动机旋转。同时快速电磁离合器 YC3 吸合,工作台按选择的方向做快速运动。松开按钮 SB5(或 SB6),继电器 KA2 失电释放,接触器 KM3(或 KM4)失电释放,进给电动机停止,快速电磁离合器失电释放,工作台停止。

　　5)　主轴上刀制动的控制

主轴上刀、换刀时,将转换开关 SA2 扳至接通位置,SA2 的工作状态如表 3-3 所示。SA2-1 切断了控制电源的电路,使主轴不能启动,SA2-2(106-107)接通主轴电磁离合器 YC1,使主轴处于制动状态。主轴上刀换刀完毕,需要将转换开关 SA2 扳至断开位置,主轴方可启动,否则主轴不能启动。

表 3-3　SA2 工作状态

触　头		主轴上刀	
		接　通	断　开
SA2-1	7-8	—	×
SA2-2	106-107	×	—

　　注:×表示接通,—表示断开。

　　6)　电气线路的联锁与保护

　　(1)　短路保护和过载保护。电源开关 QF1、熔断器 FU1 做主电路短路保护。熔断器 FU3 和 FU4 做电磁离合器电路的短路保护,FU2 做控制电路的短路保护,FU5 做照明电路的短路保护。热继电器 FR1、FR2、FR3 分别做主轴电动机 M1、进给电动机 M2、冷却泵电动机 M3 的过载保护。

　　(2)　左右壁电气门断电保护。左壁电气门由门锁控制断路器 QF1 达到开门断电保护。右壁电气门中行程开关 SQ7 与断路器 QF1 失压线圈相接,当开右门时行程开关 SQ7 触头断开,QF1 失压线圈失电释放,达到开门断电保护。

　　(3)　工作台各进给方向之间的联锁。铣床工作台在同一时间内只允许有一个进给方向的运动。工作台纵向运动,纵向操纵手柄本身就起到了左右联锁的作用。工作台的横向、垂直方向手柄本身也起到了前后上下的联锁作用。工作台的纵向与横向、垂直方向的联锁是用电气方法来实现的,当纵向手柄和横向及垂直向手柄同时扳动时,工作台进给控制线路立即断开。从 X6132A 卧式升降台铣床电气原理图可以看出,19-24 号线之间有两条并联线路,一条由 SQ4-2 和 SQ3-2 组成,另一条由 SQ2-2 和 SQ1-2 组成,如果同时扳动纵向和横向、垂直向两个手柄,则两条并联支路均断开,进给电动机 M3 不能启动,从而达到进给运动方向之间的联锁作用。

3.3　X6132A 卧式升降台铣床机电传动与控制项目实施过程

3.3.1　工作计划

　　在项目实施过程中,小组协同编制工作计划,并协作解决难题,相互之间监督计划执行与完成情况，以养成良好的"组织管理""准确遵守"等职业素养。工作计划如表 3-4 所示。

表 3-4　工作计划

序号	内容	负责人/责任人	开始时间	结束时间	验收要求	完成/执行情况记录	个人体会、行为改变效果
1	研讨任务	全体组员			分析项目的控制要求		
2	制订计划	小组长			制订完整的工作计划		
3	确定分析流程	全体组员			根据任务研讨结果，确定项目的分析流程		
4	具体操作	全体组员			根据分析流程，制定好故障的处理方案		
5	效果检查	小组长			检查本组组员计划执行情况和故障处理列表		
6	评估	老师/讲师			根据小组协同完成的情况进行客观评价，并填写评价表		

注：该表由每个小组集中填写，时间根据实际授课(实训)情况，以供检查和评估参考。最后一栏供学习者自行如实填写，作为自己学习的心得体会见证。

3.3.2　方案分析

为了能有效地完成项目内容，即实现对机床电气故障的诊断与维修，需要熟悉电气故障诊断的一般步骤，熟知电气故障排除的一般方法，掌握电气故障的排除技巧，项目方案如图 3-13 所示。

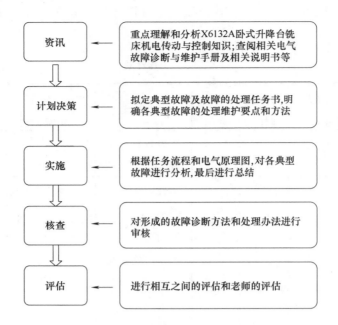

图 3-13　X6132A 卧式升降台铣床电气故障诊断项目方案

3.3.3　操作分析

1. 机床电气故障诊断的一般步骤

1)　调查故障现象

同类故障可能有不同的故障现象,不同类故障也可能有同种故障现象。故障的这种同一性和多样性,给电气故障诊断与处理带来了复杂性。但是,故障现象是检修电气故障的基本依据,是电气故障检修的起点,因此要对故障现象进行仔细观察、认真分析,找出故障现象中最主要的、最典型的方面,搞清故障发生的时间、地点、环境等。

2)　分析故障原因,确定故障部位

利用电工电子基本理论、机床电气原理及机床基本结构等知识,对机床电气设备进行故障诊断,确定设备的电气故障点,如短路点、电气元件损坏等,也包括运行参数变异的确定,如三相不平衡等。

(1) 电路分析。根据调查结果,参考该电气设备的电气原理图进行分析,初步判断出故障产生的部位,然后逐步缩小故障范围,直至找到故障点并加以消除。分析故障时应有针对性,如接地故障一般先考虑电气柜外的电气装置,后考虑电气柜内的电气元件。断路和短路故障,应先考虑动作频繁的元件,后考虑其余元件。

(2) 断电检查。检查前先断开机床总电源,然后根据故障可能产生的部位,逐步找出故障点。检查时应先检查电源线进线处有无碰伤而引起的电源接地、短路等现象,如螺旋式熔断器的熔断指示器是否跳出、热继电器是否动作等,然后检查电气外部有无损坏,连接导线有无断路、松动,绝缘有否过热或烧焦。

(3) 通电检查。断电检查仍未找到故障时,可对电气设备进行通电检查。通电检查时要尽量使电动机和其所传动的机械部分脱开，将控制器和转换开关置于零位，行程开关还原到正常位置，然后用万用表检查电源电压是否正常，有否缺相或严重不平衡，再进行通电检查。检查的顺序为：先检查控制电路，后检查主电路；先检查辅助系统，后检查主传动系统；先检查交流系统，后检查直流系统；合上开关，观察各电气元件是否按要求动作，是否有冒火、冒烟、熔断器熔断的现象，直至查到发生故障的部位。

2. 机床电气故障排除的一般方法

电气故障检修，主要是理论联系实际，具体故障具体分析，常用的检修方法 如下：

1) 直观法

问：机床发生故障后，首先应向操作者了解故障发生时的前后情况，这有利于根据电气设备的工作原理来分析发生故障的原因。一般询问的内容有：故障发生在开车前、开车后还是发生在运行中；是运行中自行停车还是发现异常情况后由操作者停下来的；发生故障时，机床工作在什么工作顺序，按动了哪个按钮，扳动了哪个开关；故障发生前后，设备有无异常现象，如响声、气味、冒烟或冒火等；以前是否发生过类似的故障，是怎样处理的等。

看：仔细查看各种电气元件的外观变化情况，如熔断器内熔丝是否熔断，其他电气元件有无烧坏、发热、断线，导线连接螺丝有否松动，电动机的转速是否正常等。

听：电动机、变压器和有些电气元件在运行时声音是否正常，可以帮助寻找故障的部位。

摸：电机、变压器和电气元件的线圈发生故障时，温度显著上升，可切断电源后用手去触摸。轻拉导线，看连接是否松动。

闻：故障出现后，断开电源，将鼻子靠近电动机、变压器、继电器、接触器、绝缘导线等处，闻闻是否有焦味；如有焦味，则表明电器绝缘层已被烧坏，主要是由过载、短路、三相电流严重不平衡等故障所造成的。

2) 状态分析法

发生故障时，根据电气设备所处的状态进行分析的方法，称为状态分析法。电气设备的运行过程可以分解成若干个连续的阶段或状态。例如，电动机工作过程可以分解成启动、运转、正转、反转、高速、低速、制动、停止等工作状态，电气故障总是发生在某一状态；而这些状态中，各种元件又处于什么状态，这是分析故障的重要依据。例如，电动机启动时，哪些元件工作、哪些触点闭合等。

如图 3-14 所示，KM1、KM2 为交流接触器，SB1 为启动按钮，SB2 为停止按钮。交流接触器 KM1 控制交流接触器 KM2 的吸合线圈，而交流接触器 KM1 的工作状态由SB1、SB2 来控制。SB2 断开，KM1 断开，但 SB2 闭合，KM1 不一定闭合；SB1 闭合，KM1 工作，但 SB1 断开，KM1 由其自身的辅助触点自锁而不断开。如果交流接触器 KM1不能断开，即交流接触器 KM2 出现由合闸状态到跳闸状态变化的故障，则可以对相关的KM1、KM2、SB1、SB2 部件的工作状态进行分析，找出故障原因。

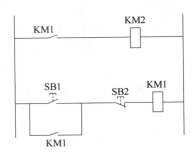

图 3-14　接触器状态分析

3)　单元分割法

一个复杂的电气装置通常是由若干个功能相对独立的单元构成的。检修电气故障时，可将这些单元分割出来，然后根据故障现象，将故障范围限制于其中一个或几个单元，经过单元分割后，查找电气故障就比较方便了。

由继电器、接触器、按钮等组成的断续控制电路，可分为三个单元，简化为如图 3-15 所示。

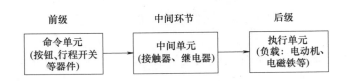

图 3-15　单元分割法

以电动机控制电路为例，前级命令单元由启动按钮、停止按钮、热继电器保护触点等组成；中间单元由交流接触器和热继电器组成；后级执行单元为电动机。若电动机不转动，先检查控制箱内的部件，按下启动按钮，看交流接触器是否吸合。如果吸合，则故障在中间单元与后级执行单元之间(即在交流接触器与电动机之间)，检查是否缺相、断线或者电动机是否有毛病；如果接触器不能吸合，则故障在前级命令单元与中间单元之间(即故障在控制电路部分)。这样，可以中间单元为分界，把整个电路一分为二，以判断故障是在前一半电路还是在后一半电路、是在控制电路部分还是在主电路部分。

4)　回路分割法

一个复杂的电路总是由若干个回路构成的，每个回路都具有特定的功能。电气故障意味着某些功能的丧失，因此故障也总是发生在某个或几个回路中。将回路分割，实际上是简化了电路，缩小了故障查找范围。

5)　推理分析法

推理分析法是根据电气设备出现的故障现象，由表及里，层层分析和推理。电气设备组成部分和功能都有内在的联系，如连接顺序、动作顺序、电流流向、电压分配等都有其规律。顺向推理法一般是指从电源、控制设备及电路到故障设备的分析和查找方法；逆向推理法则采用相反的程序推理，即由故障设备倒推至控制设备及电路、电源等，从而确定故障。

6）电压测量法

电压测量法是指利用万用表测量机床电气线路上某两点间的电压值来判断故障点的范围或故障元件的方法。

（1）分阶测量法。电压的分阶测量法如图 3-16 所示。

检查时，首先用万用表测量 1、7 两点间的电压，若电路正常应为 380V。然后按住启动按钮 SB2 不放，同时将黑色表棒接到点 7 上，红色表棒按 6、5、4、3、2 标号依次向前移动，分别测量 7-6、7-5、7-4、7-3、7-2 各阶之间的电压，电路正常情况下，各阶的电压值均为 380V。如测到 7-6 之间无电压，说明是断路故障，此时可将红色表棒向前移，当移至某点(如点 2)时电压正常，说明此点以前的触头或接线有断路故障。一般是此点后第一个触点(即刚跨过的停止按钮 SB1 的触头)或连接线断路。

（2）分段测量法。电压的分段测量法如图 3-17 所示。

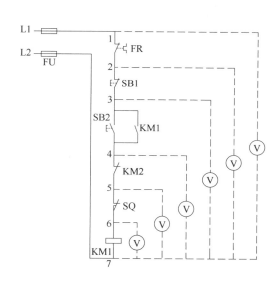

图 3-16　电压分阶测量法

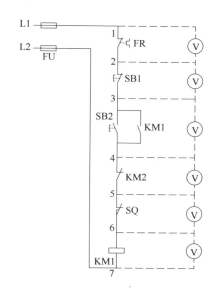

图 3-17　电压分段测量法

检查时，先用万用表测试 1、7 两点，电压值为 380V，说明电源电压正常。然后用红、黑两根表棒逐段测量相邻两标号点 1-2、2-3、3-4、4-5、5-6、6-7 间的电压。如电路正常，按下启动按钮 SB2 后，除 6-7 两点间的电压等于 380V 之外，其他任何相邻两点间的电压值均为零。如按下启动按钮 SB2，接触器 KM1 不吸合，说明发生断路故障，此时可用电压表逐段测试各相邻两点间的电压。如测量到某相邻两点间的电压为 380V 时，说明这两点间所包含的触点、连接导线接触不良或有断路故障。例如，标号 4-5 两点间的电压为 380V，说明接触器 KM2 的常闭触点接触不良。

7）电阻测量法

电阻测量法是指利用万用表测量机床电气线路上某两点间的电阻值来判断故障点的范围或故障元件的方法。

(1) 分阶测量法.电阻的分阶测量法如图 3-18 所示。

检查按下启动按钮 SB2，接触器 KM1 不吸合，说明该电气回路有断路故障。用万用表的电阻挡检测前应先断开电源，然后按下 SB2 不放松，先测量 1-7 两点间 的电阻，如电阻值为无穷大，说明 1-7 之间的电路断路。然后分阶测量 1-2、1-3、1-4、1-5、1-6 各点间电阻值。若电路正常，则该两点间的电阻值为 "0"；当测量到某标号间的电阻值为无穷大，则说明表棒刚跨过的触头或连接导线断路。

(2) 分段测量法。电阻的分段测量法如图 3-19 所示。

检查时，先切断电源，按下启动按钮 SB2，然后依次逐段测量相邻两标号点 1-2、2-3、3-4、4-5、5-6 间的电阻，如测得某两点间的电阻力无穷大，说明这两点间的触头或连接导线断路。例如，当测得 2-3 两点间电阻值为无穷大时，说明停止按钮 SB1 或连接 SB1 的导线断路。

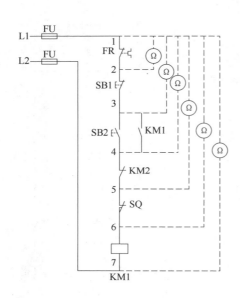

图 3-18　电阻分阶测量法　　　　图 3-19　电阻分段测量法

电阻测量法需要注意以下几点：用电阻测量法检查故障时一定要断开电源；如被测的电路与其他电路并联时，必须将该电路与其他电路断开，否则所测得的电阻值是不准确的；测量高电阻值的电气元件时，将万用表的选择开关旋转至适合电阻挡。

8) 短接法

短接法是指用导线将机床线路中两等电位点短接，以缩小故障范围，从而确定故障范围或故障点。

(1) 局部短接法。局部短接法如图 3-20 所示。

检查时，按下启动按钮 SB2，接触器 KM1 不吸合，说明该电路有故障。检查前先用万用表测量 1-7 两点间的电压值，若电压正常，可按下启动按钮 SB2 不放松，然后用一根绝缘良好的导线，分别短接标号相邻的两点，如短接 1-2、2-3、3-4、4-5、5-6。当短接到某两点时，接触器 KM1 吸合，说明断路故障就在这两点之间。

(2) 长短接法。长短接法是指一次短接两个或多个触头来检查故障的方法，如图 3-21 所示。

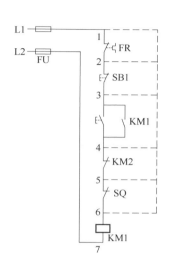

图 3-20　局部短接法　　　　　　　图 3-21　长短接法

当 FR 的常闭触头和 SB1 的常闭触头同时接触不良时，如用上述局部短接法短接 1-2 点，按下启动按钮 SB2，KM1 仍然不会吸合，故可能会造成判断错误。而采用长短接法将 1-6 短接，如 KM1 吸合，说明 1-6 这段电路中有断路故障，然后再短接 1-3 和 3-6，若短接 1-3 时 KM1 吸合，则说明故障在 1-3 段范围内。再用局部短接法短接 1-2 和 2-3，能很快地排除电路的断路故障。

短接法检查需要注意以下几点：短接法是用手拿绝缘导线带电操作的，所以一定要注意安全，避免触电事故发生；短接法只适用于检查压降极小的导线和触头之类的断路故障，对于压降较大的电器，如电阻、线圈、绕组等断路故障，不能采用短接法，否则会出现短路故障；对于机床的某些要害部位，必须保障电气设备或机械部位不会出现事故的情况下才能使用短接法。

3. 电气故障排除技巧

(1) 熟悉电路原理，确定检修方案。当一台设备的电气系统发生故障时，不要急于动手拆卸，首先要了解该电气设备产生故障的现象、经过、范围及原因；熟悉该设备及电气系统的基本工作原理，分析各个具体电路；弄清电路中各级之间的相互联系以及信号在电路中的来龙去脉，结合实际经验，经过周密思考，确定科学的检修方案。

(2) 先机械，后电路。电气设备都以电气-机械原理为基础，特别是机电一体化的先进设备。如果机械部件出现故障，影响电气系统，则许多电气部件的功能就不起作用。因此，不要被表面现象迷惑，电气系统出现的故障有可能是机械部件发生的故障造成的。

(3) 先简单，后复杂。检修故障要先用最简单易行、自己拿手的方法，然后再用复杂、精确的方法去处理。排除故障时，先排除直观、显而易见、简单常见的故障，后排除难度较高、没有处理过的疑难故障。

(4) 先外部调试，后内部处理。外部是指暴露在电气设备外壳或密封件外部的各种开关、按钮、插口及指示灯；内部是指电气设备外壳或密封件内部的电路板、元器件及各种连接导线。在不拆卸电气设备的情况下，利用电气设备面板上的开关、按钮等调试检查，缩小故障范围。应先排除外部部件引起的故障，再检修机内的故障，尽量不要拆卸。

(5) 先不通电测试，后通电测试。

(6) 先公用电路，后专用电路。任何电气系统的公用电路出故障，其能量、信息就无法传送、分配到各具体专用电路，专用电路的功能、性能就不起作用。如机床的电源出故障，整个系统就无法正常运转。

3.4 X6132A 卧式升降台铣床机电传动与控制项目的检查与评估

3.4.1 检查方法

将检修好的铣床进行调试，然后分别进行以下测试，并填写表 3-5:

(1) 主轴电动机 M1 的控制。

(2) 进给运动的电气控制。

(3) 快速行程的电气控制。

(4) 主轴上刀制动的控制。

(5) 电气线路的联锁与保护。

表 3-5　铣床常见故障及处理办法

序号	故障现象	可能原因分析	处理办法

3.4.2 评估策略

评估包括从反馈与反思中获得学习机会，支持学习者技术实践能力向更高水平发展，同时也检测反思性学习者的反思品质，即从实践中学习的能力。

1. 整合多种来源

在本项目中，评估的来源主要包括学习者的项目任务分析能力、电气原理分析能力、设计布置意识、运行及调试和小组协调能力等。

2. 从多种环节中收集评估证据

本项目在资讯、计划、决策、实施和检查等环节中均以学习者为主体。资讯环节应记录学习者对任务的认识和分析能力；计划环节应记录学习者的参与情况、是否有独特见地、能否主动汇报或请教等；决策环节应考虑学习者的思维是否开阔、是否勇于承担责任；实施环节应考虑学习者勤奋努力的品质、精益求精的意识、创新的理念和操作的熟练程度等；检查环节应检验学习者发现问题和解决问题的能力。

综上所述，可制订表 3-6 所示的评估表。

表 3-6　评估表

评估项目		第一组				第二组				第三组			
		A	B	C	D	A	B	C	D	A	B	C	D
资讯	任务分析能力												
	信息搜索能力												
计划	信息运用能力												
	团结协作												
	汇报表达能力												
	独到见解												
决策	小组领导意识												
	思维开阔												
	勇于承担责任												
实施	勤奋努力												
	精益求精												
	创新理念												
	操作熟练程度												
检查	发现问题												
	解决问题												
	独到见解												

3.5　拓 展 实 训

3.5.1　X6132A 卧式升降台铣床电气元件型号及位置认识

【实训目的】

熟悉 X6132A 卧式升降台铣床电气元件的安装位置，熟知其型号及技术参数。

【实训要点】

元器件型号、安装位置及作用。

【预习要求】

熟悉 X6132A 卧式升降台铣床的电气原理图，并能进行详细分析。

【实训过程】

依据图 3-22，引导学生完善表 3-7。

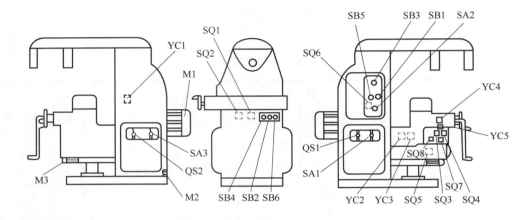

图 3-22　铣床电气位置

表 3-7　X6132 铣床的主要电器设备

序　号	符　号	名称及用途	型号及主要参数
1	M1	主轴电动机	
2	M2	冷却泵电动机	
3	Q1	电源开关	
4	Q2	冷却泵电动机启/停用转换开关	
5	SA1	主轴正反转用转换开关	
6	SA2	主轴制动和松开用主令开关	
7	SA3	圆工作台转换开关	
8	SB1	主轴停止制动按钮	
9	SB2	主轴停止制动按钮	
10	SB3	快速移动按钮	
11	SB4	快速移动按钮	
12	SB5	主轴启动按钮	
13	SB6	主轴启动按钮	
14	SQ1	向右用微动开关	
15	SQ2	向左用微动开关	
16	SQ3	向下、向前用微动开关	
17	SQ4	向上、向后用微动开关	

序　号	符　号	名称及用途	型号及主要参数
18	SQ5	进给变速冲动微动开关	
19	SQ6	主轴变速冲动微动开关	
20	SQ7	横向微动开关	
21	SQ8	升降微动开关	
22	YC1	主轴制动离合器	
23	YC2	进给电磁离合器	
24	YC3	快速移动电磁离合器	
25	YC4	横向进给电磁离合器	
26	YC5	升降电磁离合器	

3.5.2　万能分度头在 X6132A 卧式升降台铣床上的应用

【实训目的】

熟悉万能分度头的基本机构,掌握万能分度头的分度方法。

【实训要点】

图 3-23 所示为 FW250 型万能分度头的外形及传动系统。分度头主轴 9 安装在回转体 8 内,回转体 8 以两侧轴颈支承在底座 10 上,并可绕其轴线沿底座 10 的环形导轨转动,使主轴 9 在水平线以下 6°至水平线以上 90°范围内调整倾斜角度,调整后螺钉 4 将回转体 8 锁紧。主轴前端有一莫氏锥孔,用以安装支承工件的顶尖;主轴前端还有一定位锥面,可用于三爪自定心卡盘的定位及安装。主轴后端莫氏锥孔用于安装交换齿轮轴,并经交换齿轮与侧轴连接,实现差动分度,分度头侧轴 5 可装上配换交换齿轮,以建立与工作台丝杠的运动联系。在分度头侧面可装上分度盘 3,分度盘在若干不同圆周上均布着不同的孔数。通过分度手柄 11 转过的转数及装在手柄槽内的分度定位销 12 插入分度盘上孔的位置,可使主轴转过一定角度,进行分度。

【预习要求】

熟悉铣床的功用及其工作过程,熟悉万能分度头的结构及其分度方法。

【实训过程】

分别采用以下三种常用的分度方法进行分度:

(1) 直接分度法。首先松开主轴锁紧手柄 7,并用蜗杆脱落手柄 6 使蜗杆与蜗轮脱开啮合,然后用于直接传动主轴,并按刻度盘 13 控制主轴的转角,最后用主轴锁紧手柄 7 锁紧主轴,铣削工件表面。

(2) 简单分度法。分度时用分度盘紧固螺钉 1 锁定分度盘,拔出分度定位销 12,转动分度手柄 11,通过传动系统使分度主轴转过所需要的角度,然后将分度定位销 12 插入分度盘 3 相应的孔中。

(3) 差动分度法详细参见分度头使用说明书。

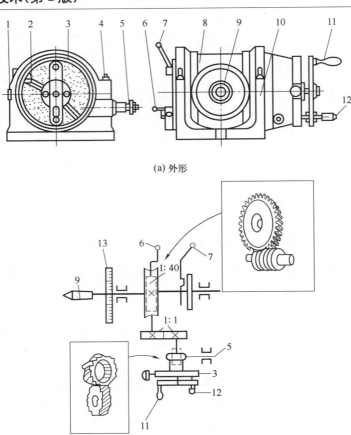

(a) 外形

(b) 传动系统

图 3-23　FW250 型万能分度头的外形及传动系统

1—紧固螺钉；2—分度叉；3—分度盘；4—螺钉；5—侧轴；
6—蜗杆脱落手柄；7—主轴锁紧手柄；8—回转体；9—主轴；
10—底座；11—分度手柄；12—分度定位销；13—刻度盘

3.6　实训中常见问题解析

(1)　为什么 X6132A 卧式升降台铣床要设置顺铣机构？顺铣机构的作用是什么？

答：图 3-6 所示为 X6132A 卧式升降台铣床的顺铣机构。当采用顺铣法加工时，切削水平分力 F_x 方向向右，与进给方向相同，当切削力很大时，丝杠螺纹的左侧面便与螺母的右侧面脱开，使工作台向右窜动。由于铣床是多刃刀具，切削力不断发生变化，因而会导致工作台在丝杠与螺母的间隙范围内来回窜动，影响加工质量。

为了解决顺铣时工作台轴向窜动的问题，X6132A 卧式升降台铣床设有顺铣机构，其结构如图 3-6(c)所示。齿条 5 在压弹簧 6 的作用下右移，使冠状齿轮 4 按照箭头方向旋转，并通过左螺母 1 和右螺母 2 外圆的齿轮使二者做相反方向转动，从而使左螺母 1 螺纹左侧与丝杠螺纹右侧紧靠，右螺母 2 的螺纹右侧与丝杠螺纹左侧紧靠。顺铣时，丝杠 3 的进给力由左螺母 1 承受，由于丝杠 3 与左螺母 1 之间摩擦力 f 的作用，使左螺母 1 有随丝杠 3 转动的趋势，并通过冠状齿轮 4 使右螺母 2 产生与丝杠 3 反向旋转的趋势，从而消除了右螺母 2 与丝杠 3 之间的间隙，不会产生轴向窜动。

(2) 当接通电源开关后，机床开动不起来，开动主轴、进给、快速均无动作，试分析可能的原因。

答：可能的原因如下：

① 熔断器 FU1 松动或熔断，熔断器 FU2 熔断。

② 控制变压器 TC1 损坏或二次接线端断线。

③ 主轴制动开关位置在接通位置。

④ 主轴变速开关 SQ5 未复位或 SQ5-2 未接好。

⑤ 按钮 SB1、SB2、SB3 或 SB4 接触不良或损坏。

⑥ 中间继电器 KA1 线圈损坏。

⑦ 热继电器 FR1、FR3 触头接触不良或过载脱扣。

本 章 小 结

至此完成了本章的知识学习和项目实训，总结如下：

(1) 主要讲述了两大方面的知识：X6132A 卧式升降台铣床的主轴部件，孔盘变速操纵机构，工作台及顺铣机构，工作台的纵向进给、横向进给及垂直进给操纵机构；升降台铣床电气控制的实现。

(2) 通过项目实施，实现了将机床的理论知识与实际的故障诊断维修相链接，使理论知识得以固化和升华。

(3) 通过实训一，加深了对机床电气元件的认识，提升了学习者对实际电气元件的使用技能。

(4) 通过实训二，拓展了铣床机械加工的知识面和机械机构分析能力。

思考与练习

1. 思考题

(1) 试述 X6132A 卧式升降台铣床主轴变速的操作过程，在主轴转与主轴不转时，进行主轴变速，电路工作情况有何不同？

(2) X6132A 卧式升降台铣床进给变速冲动是如何实现的？在进给与不进给时，进行进给变速，电路工作情况有何不同？

(3) X6132A 卧式升降台铣床主轴停车时不能迅速停车，故障何在？如何检查？

(4) 若 X6132A 卧式升降台铣床工作台只能左、右和前、下运动，不能进行后、上运动，故障原因是什么？若工作台能左、右、前、后运动，不能进行上、下运动，故障原因又是什么？

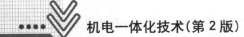

(5) X6132A 卧式升降台铣床主轴可正反转，但无进给及快速移动，试分析故障原因何在？

(6) 什么是逆铣，什么是顺铣？

(7) 电气故障排除有哪些技巧？

2. 填空题

(1) X6132A 卧式升降台铣床与一般升降台铣床的主要区别在于工作台除了能在相互垂直的三个方向上做调整或进给运动外，还可以_____，从而扩大了机床的工艺范围。

(2) 工作台的进给有左右的_____、前后的_____以及上下的垂直运动，它们都是由进给电动机拖动的，故进给电动机要求_____。采用的操纵手柄有两个：一个是纵向操作手柄，另一个是垂直与横向操作手柄。

(3) 机床电气故障排除的方法有：_____
_____。

(4) 常用的分度方法有：_____、_____、_____。

3. 实训题

(1) 依据铣床的机械结构图纸，对 X6132A 卧式升降台铣床主轴进行拆装，并记录主轴上采用的轴承型号及数量。

(2) 列出进行电气故障诊断与维修过程中用到的工具。

我 爱 我 国

精益求精——周家荣的匠心坚守

第 4 章　Z3040 摇臂钻床机电传动与控制

- 熟知 Z3040 摇臂钻床的机械结构。
- 熟知各电气元件在控制电路中的作用。
- 掌握 Z3040 摇臂钻床电气控制原理。

- 能分析 Z3040 摇臂钻床运动传动链。
- 能分析 Z3040 摇臂钻床电气控制逻辑。
- 会进行摇臂钻床电气故障的诊断与维修。
- 会进行摇臂钻床电气控制设计。

　　Z3040 摇臂钻床是典型的机加工设备之一，通常用来加工大而重或多孔的工件，可以进行钻孔、扩孔、铰孔、锪平面及攻螺纹等工作。工作时，工件位置固定好后，调整摇臂位置及钻床主轴位置，使刀具轴线与工件被加工孔轴线重合，然后进行加工。那么 Z3040 摇臂钻床怎样实现其机械运动呢？又通过怎样的电气电路来进行运动控制呢？下面通过本章的项目逐步进行剖析。

4.1　Z3040 摇臂钻床机电传动与控制项目说明

1. 项目要点

(1)　Z3040 摇臂钻床机械传动的实现

(2)　Z3040 摇臂钻床电气控制的实现

2. 项目条件

(1)　能拆卸和组装的 Z3040 摇臂钻床裸机。

(2)　与 Z3040 摇臂钻床配套的电气控制柜或实验电气控制柜。

(3)　配套的技术资料和教学资源。

3. 项目内容及要求

　　根据所学知识和相关规范，首先进行电气控制设计(不包含工艺设计)，然后进行电气控制电路分析，要求能实现摇臂钻床的全部控制功能。

4.2 基 础 知 识

钻床是用途广泛的孔加工机床，可以用钻头直接加工出精度不太高的孔，也可以通过钻孔-扩孔-铰孔的工艺手段加工出精度要求较高的孔，利用夹具还可以加工出要求一定相互位置的孔系。钻床在加工时，工件一般固定不动，刀具则做旋转主运动，同时还做轴向进给运动。在各种钻床中，摇臂钻床具有操作方便、灵活、适用范围广等特点，特别适用于生产中带有多孔大型零件的孔加工，是一般机械加工中常用的机床设备，其中 Z3040 摇臂钻床是典型的机加工设备之一。

4.2.1 Z3040 摇臂钻床的机械结构

Z3040 摇臂钻床的主要结构如图 4-1 所示，主要由底座、立柱、摇臂和主轴箱等部分组成。工件和夹具可安装在底座 1 或工作台 8 上。立柱为双层结构，内立柱 2 安装于底座上，外立柱 3 可绕内立柱 2 转动，并可带着夹紧在其上的摇臂 5 摆动。主轴箱 6 可在摇臂水平导轨上移动。通过摇臂和主轴箱的上述运动，可以方便地在一个扇形面内调整主轴 7 至被加工孔的位置。另外，摇臂 5 可沿外立柱 3 轴向上下移动，以调整主轴箱及刀具的高度。

Z3040 摇臂钻床
——机械结构

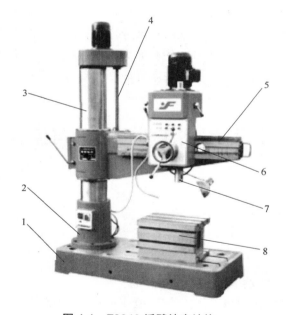

图 4-1 Z3040 摇臂钻床结构

1—底座；2—内立柱；3—外立柱；4—摇臂升降丝杠；
5—摇臂；6—主轴箱；7—主轴；8—工作台

1. 主轴部件

Z3040 摇臂钻床主轴部件的结构如图 4-2 所示。主轴既能做旋转运动，又能做轴向移动，采用的是双层结构，即将主轴 1 通过轴承支承在主轴套筒 2 内，主轴套筒装在主轴箱体的镶套 13 中。传动齿轮可以通过主轴尾部的花键，使主轴旋转。小齿轮 4 可以通过啮合主轴套筒侧面的齿条，使套筒连同主轴一起做轴向移动。与主轴尾部花键相配的传动齿轮以轴承支承在主轴箱体上，而使主轴卸荷。这样既能减少轴弯曲变形，又可使主轴移动方便。

钻床加工时，主轴要承受较大的轴向力，但径向力不大，且对旋转精度要求不太高，因此钻床主轴的径向支承采用两个深沟球轴承，并且不设轴承间隙调整装置。为增加主轴部件的刚度，主轴前端布置了两个深沟球轴承。钻削时产生的向上轴向力，由主轴前端的推力轴承承受，主轴后端的推力轴承主要承受空转时主轴的重量或某些加工方法中产生的向下切削力。推力轴承的间隙可通过后支承上面的螺母 3 进行调整。

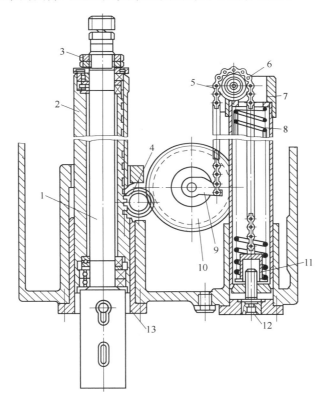

图 4-2　Z3040 摇臂钻床主轴部件结构

1—主轴；2—主轴套筒；3—螺母；4—小齿轮；5—链条；6—链轮；
7—弹簧座；8—弹簧；9—凸轮；10—齿轮；11—套；12—内六角螺钉；13—镶套

主轴前端有一个 4 号莫氏锥孔，用以安装和紧固刀具。在此部位还开有两个横向扁尾孔，上面一个孔可以与刀柄相配，以传递扭矩，并可以用专用的卸刀扳手插入孔中旋转，从而卸下刀具，如图 4-3 所示；下面一个孔用于在特殊加工方式下固定刀具，用楔块穿过扁尾孔将刀具锁紧，以防刀具在向下切削力作用下从主轴锥孔中掉下。

为防止主轴因自重下落，并使操纵主轴升降方便，在摇臂钻床内设有一圆柱弹簧-凸轮平衡机构，如图 4-2 所示。该装置主要由弹簧 8、链条 5、链轮 6、凸轮 9 以及齿轮 10 等组成。弹簧 8 的弹力通过套 11、链条 5、凸轮 9、齿轮 10、小齿轮 4 作用在主轴套筒 2 上，与主轴的质量相平衡。主轴上下移动时，转动齿轮 10 和凸轮 9，并拉动链条 5 改变弹簧 8 的压缩量，使得弹力发生变化，但同时由于凸轮 9 的转动，改变了链条至凸轮 9 及齿轮 10 回转中心的距离，即改变了力臂

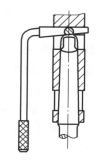

图 4-3　Z3040 摇臂钻床扁尾孔卸刀扳手

大小，从而使力矩保持不变。例如，当主轴下移时，齿轮 10 及凸轮 9 顺时针转动，通过链条 5 使弹簧 8 缩短，从而使弹簧力加大；但同时，由于链条 5 与凸轮 9 回转中心靠近而缩小了力臂，从而使平衡力矩保持不变。平衡力大小可以通过内六角螺钉 12 调整弹簧压缩量来调节。

2. 立柱

Z3040 摇臂钻床的立柱采用圆柱形的内外两层立柱组成，如图 4-4 所示。

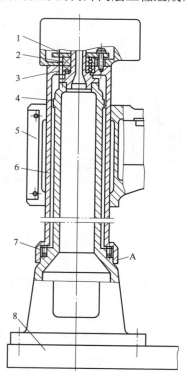

图 4-4　Z3040 摇臂钻床立柱结构

1—平板弹簧；2—推力球轴承；3—深沟球轴承；4—内立柱；

5—摇臂；6—外立柱；7—滚柱链；8—底座；A—圆锥面

内立柱 4 用螺钉固定在底座 8 上，外立柱 6 通过上部的推力球轴承 2 和深沟球轴承 3 及下部的滚珠链 7 支承在内立柱上。摇臂 5 以其一端的套筒部分套在外立柱 6 上，并用花键连接。调整主轴上下位置时，先将夹紧机构松开，此时，在平板弹簧 1 的作用下，使外立柱相对于内立柱向上抬起 0.2～0.3mm，从而使内外立柱下部的圆锥面 A 脱离接触，这时外立柱和摇臂能轻便地绕内立柱转动。摇臂位置调整好后，利用夹紧机构产生的向下夹紧力使平板弹簧 1 变形，外立柱下移并压紧在圆锥面 A 上，依靠摩擦力将外立柱锁紧在内立柱上。

3. 夹紧机构

Z3040 摇臂钻床的主轴箱、摇臂及外立柱在调整好位置后，必须用各自的夹紧机构夹紧，以保证机床在进行切削时有足够的刚度和定位精度。图 4-5 所示为摇臂钻床的摇臂与立柱夹紧机构，主要由液压缸 8，菱形块 15，垫块 17，夹紧杠杆 3、9，连接块 2、10、13、21 等组成。

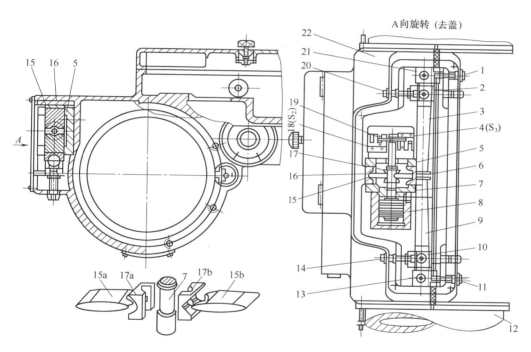

图 4-5　Z3040 摇臂钻床的摇臂与立柱夹紧机构

1、11—夹紧螺钉；2、10、13、21—连接块；3、9—夹紧杠杆；4、18—行程开关；
5—座；6、16—顶块；7—活塞杆；8—液压缸；12—外立柱；14、20—螺钉；15a—左菱形块；
15b—右菱形块；17a—左垫块；17b—右垫块；19—弹簧片；22—摇臂

摇臂 22 与外立柱 12 配合的套筒上开有纵向切口，因而套筒在受力后产生弹性变形而抱紧在立柱上。液压缸内活塞杆 7 的两个台肩间卡装着两个垫块 17a 及 17b。在垫块的 V 形槽中顶着两个菱形块 15a 及 15b。当需要夹紧摇臂时，通过操纵机构，使压力油进入液压缸 8 下腔，活塞杆 7 上移，通过垫块将菱形块抬起，变成水平位置。左菱形块 15a 通过顶块 16 撑紧在摇臂的筒壁上；右菱形块 15b 则通过顶块 6 推动夹紧杠杆 3 和 9。夹紧杠杆

3 和 9 的一端分别通过销钉安装有连接块 21、2、10、13，这四个连接块又分别通过螺钉 1、20、14 和 11 与摇臂套筒切口两侧的筒壁相连接。当夹紧杠杆 3 和 9 被菱形块推动绕销钉摆动时，便通过连接块及紧固螺钉将摇臂套筒切口两侧的筒壁拉紧，从而使摇臂抱紧立柱实现夹紧作用。当活塞杆 7 向上移动到终点时，菱形块略向上倾斜，超过水平位置约 0.5mm，从而产生自锁，以保证摇臂夹紧后，停止供压力油摇臂也不会松开。当压力油进入液压缸 8 上腔，活塞杆 7 向下移动，并带动菱形块恢复原来向下倾斜位置，此时夹紧杠杆不再受力，摇臂套筒依靠自身弹性而松开。

摇臂夹紧力的大小可以通过螺钉 1、20 和 11 进行调整。活塞杆 7 上端装有弹簧片 19，当活塞杆向下或向上移动到终点位置即摇臂处于夹紧或松开状态时，弹簧片触动微型开关 S3 或 S2，发出相应的电信号，通过电液控制系统与摇臂的升降移动保持联锁。

4.2.2　Z3040 摇臂钻床运动形式及传动系统分析

为了便于了解和分析机床的传动情况，通常应用机床的传动系统图来论述。机床的传动系统图是表示机床全部运动传动关系的示意图。

1. Z3040 摇臂钻床运动形式

Z3040 摇臂钻床具有主轴旋转、主轴轴向进给、主轴箱沿摇臂水平导轨的移动、摇臂的摆动以及摇臂沿立柱的升降等五个运动。前两个运动为表面成形运动，后三个为调整位置的辅助运动。

由于钻床轴向进给量以主轴每转一转时，主轴轴向移动量来表示，所以，钻床的主传动系统及进给系统由同一电动机驱动，主变速机构及进给变速机构均装在主轴箱内。

2. Z3040 摇臂钻床传动系统分析

图 4-6 所示为 Z3040 摇臂钻床的传动系统图。

1)　主运动传动链

主电机由轴 I 经齿轮副 35/55 传至轴 II，并通过轴 II 上双向多片式摩擦离合器 M_1 使运动由 37/42 或 36/36×36/38 传至轴 III，从而控制主轴正传或反转。轴 III-VI 间有三组由液压操纵机构控制的双联滑移齿轮组；轴 VI-VII 间有一组内齿式离合器 M_3 变速组，运动可由轴 VI 通过齿轮副 20/80 或 61/39 传至轴 VII，从而使主轴获得 16 级转速，转速范围为 25～2000r/min。当轴 II 上摩擦离合器 M_1 处于中间位置，切断主轴传动联系时，通过多片式液压制动器 M_2 使主轴制动。

主运动传动路线表达式如下：

$$\begin{pmatrix} \text{电动机} \\ 3\text{kW},1440\text{r/min} \end{pmatrix} - \text{I} - \frac{35}{55} - \text{II} - \begin{bmatrix} M_1\uparrow - \dfrac{37}{42} \\ (\text{换向}) \\ M_1\downarrow - \dfrac{36}{36}\times\dfrac{36}{38} \end{bmatrix} - \text{III} - \begin{bmatrix} \dfrac{29}{47} \\ \\ \dfrac{38}{38} \end{bmatrix} -$$

$$- \text{IV} - \begin{bmatrix} \dfrac{20}{50} \\ \\ \dfrac{39}{31} \end{bmatrix} - \text{V} - \begin{bmatrix} \dfrac{22}{44} \\ \\ \dfrac{44}{34} \end{bmatrix} - \text{VI} - \begin{bmatrix} \dfrac{20}{80} \\ \\ M_3 - \dfrac{61}{39} \end{bmatrix} - \text{VII(主轴)}$$

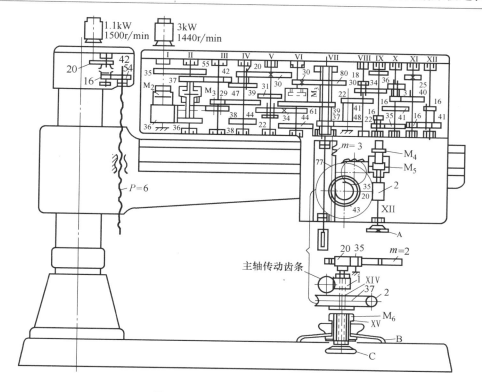

图 4-6　Z3040 摇臂钻床传动系统

2)　轴向进给运动传动链

主轴的旋转运动由齿轮副 37/48×22/41 传至轴Ⅷ，再经过轴Ⅷ-Ⅻ间四组双联滑移齿轮变速组传至轴Ⅻ。轴Ⅻ经过安全离合器 M_5、内齿式离合器 M_4，将运动传至轴 XⅢ，然后经过蜗杆蜗轮副 2/77、离合器 M_6 使空心轴 XIV 上的 z13 小齿轮传动齿条，从而使主轴套筒连同主轴一起做轴向进给运动。

轴向进给运动传动路线表达式如下：

$$
主轴 VII - \frac{37}{48} \times \frac{22}{41} - VIII - \begin{bmatrix} \dfrac{18}{36} \\ \dfrac{30}{24} \end{bmatrix} - IX - \begin{bmatrix} \dfrac{16}{41} \\ \dfrac{22}{35} \end{bmatrix} - X - \begin{bmatrix} \dfrac{16}{40} \\ \dfrac{31}{25} \end{bmatrix} - XI - \begin{bmatrix} \dfrac{16}{41} \\ \dfrac{40}{16} \end{bmatrix} - XII - M_5 -
$$

$$
- M_4(合) - XIII - \frac{2}{77} - M_6(合) - XIV - z13 - 齿条(m=3) - 主轴轴向进给
$$

脱开离合器 M_4，合上离合器 M_6，可用手轮 A 使主轴做微量轴向进给；将 M_4、M_6 都脱开，可用手柄 B 操纵，使主轴做手动进给，或者使主轴做快速上下移动。

主轴箱沿摇臂导轨的移动，可由手轮 C，通过装在空心轴 XIV 内的轴 XV 及齿轮副 20/35，使 z35 齿轮在固定于摇臂上的齿条(m=2)上滚动，从而带动主轴箱沿摇臂导轨移动。

摇臂的升降运动由装在立柱顶部的升降电机(1.1kW)驱动。在松开夹紧机构后，电动机可经减速齿轮副 20/42×16/54 传动升降丝杠旋转，使固定在摇臂上的螺母连同摇臂沿立柱做升降运动。

4.2.3 Z3040 摇臂钻床电气原理图

1. 电力拖动特点及控制要求

(1) 摇臂钻床为了简化机械传动装置，采用四台电动机进行拖动：主轴电动机、摇臂升降电动机、液压泵电动机和冷却泵电动机，这些电动机均采用直接启动的方式启动。

(2) 摇臂钻床为了适应多种形式的加工，要求主轴的旋转及进给运动有较大的调速范围，但在一般情况下多由机械变速机构实现。主轴变速机构与进给变速机构均装在主轴箱内。

(3) 摇臂钻床的主运动和进给运动均为主轴的运动，因此它们可由一台主轴电动机拖动，并通过传动机构分别实现主轴的旋转和进给。

(4) 在加工螺纹时，要求主轴能正反转；但摇臂钻床主轴的正反转一般由机械方法实现，因而主轴电动机只需要单方向旋转。

(5) 摇臂的升降电动机要求能正反转。

(6) 液压泵电动机通过拖动液压泵控制夹紧机构实现夹紧与放松，所以也要求能正反转，并根据要求采用电动控制。

(7) 冷却泵电动机带动冷却泵提供冷却液，只要求单向旋转。

(8) 具有必要的联锁和保护环节以及安全照明、信号指示电路。

2. Z3040 摇臂钻床的电气控制

Z3040 摇臂钻床电气原理图如图 4-7 所示。钻床大部分电气元件都安装在摇臂后面的电器盒中。主轴电动机安装在主轴箱的上方；摇臂升降电动机安装在外立柱的上方；液压泵电动机安装在摇臂后面电器盒的下方；冷却泵电动机安装在底座上。

Z3040 摇臂钻床具有两套液压控制系统：一套是操纵机构液压系统，安装在主轴箱内，由主轴电动机拖动齿轮泵送出压力油，通过操纵机构来实现主轴的正反转、停车制动、空挡、预选及变速；另一套是夹紧机构液压系统，安装在摇臂后面电器盒的下方，由液压泵电动机拖动液压泵送出压力油，以实现主轴箱、立柱和摇臂的夹紧与放松。

图 4-7 中 M1 为主轴电动机，M2 为摇臂升降电动机，M3 为液压泵电动机，M4 为冷却泵电动机。

1) 主轴电动机 M1 的控制分析

主轴电动机 M1 为单方向旋转，按下启动按钮 SB2，交流接触器 KM1 吸合并自锁，主轴电动机 M1 旋转；按下停止按钮 SB1，交流接触器 KM1 释放，主轴电动机 M1 停止旋转。在主轴电动机 M1 启动后，指示灯 HL2 亮，表明主轴电动机在旋转。而主轴的正反转则由机床液压系统的操纵机构配合正反转摩擦离合器实现。热继电器 FR1 作为主轴电动机 M1 的长期过载保护，其整定值应根据主轴电动机 M1 的额定电流进行调整。

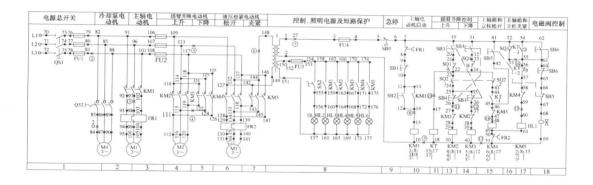

图 4-7   Z3040 摇臂钻床电气原理图

2)   摇臂升降电动机 M2 的控制分析

摇臂钻床在平常或加工工件时，其摇臂始终处于夹紧状态，以保证安全和加工精度的要求。由于被加工工件的外形尺寸不一，有时需要对摇臂钻床的摇臂做上升或下降的调整，但在摇臂上升或下降之前，必须先使摇臂与外立柱处于放松状态，然后摇臂才能进行上升或下降，待上升或下降到位后还需要重新夹紧，而放松与夹紧这一过程是由机床液压系统的夹紧机构来完成的。所以摇臂的升降控制必须与液压系统的夹紧机构紧密配合，其与液压泵电动机 M3 的控制有密切关系。

按下上升(或下降)按钮 SB3(SB4)，时间继电器 KT 吸合，使交流接触器 KM4 得电吸合，液压泵电动机 M3 旋转，压力油经分配阀进入摇臂松开油腔，推动活塞和菱形块使摇臂松开。同时活塞杆通过弹簧片压限位开关 SQ2，使交流接触器 KM4 失电释放，交流接触器 KM2 或(KM3)得电吸合，液压泵电动机 M3 停止旋转，升降电动机 M2 旋转，带动摇臂上升(或下降)。如果摇臂没有松开，限位开关 SQ2 常开触点不能闭合，交流接触器 KM2(或 KM3)就不能得电吸合，摇臂不能升降。当摇臂上升(或下降)到所需位置时，松开按钮 SB3(或 SB4)，交流接触器 KM2(或 KM3)和时间继电器 KT 失电释放，升降电动机 M2 停止旋转，摇臂停止上升(或下降)。

由于时间继电器 KT 失电释放，经 1～3.5s 延时后，其延时闭合的常闭触点闭合，交流接触器 KM5 得电吸合，液压泵电动机 M3 反向旋转，供给压力油，压力油经分配阀进入摇臂夹紧油腔，使摇臂夹紧。同时活塞杆通过弹簧片压限位开关 SQ3，使交流接触器 KM5 失电释放，液压电动机 M3 停止旋转。

行程开关 SQ1a、SQ1b 用来限制摇臂的升降行程，当摇臂升降到极限位置时，SQ1a、SQ1b 动作，交流接触器 KM2(或 KM3)断电，升降电动机 M2 停止旋转，摇臂停止升降。

摇臂的自动夹紧是由限位开关 SQ3 来控制的。如果液压夹紧系统出现故障，不能自动夹紧摇臂或由于 SQ3 调整不当，在摇臂夹紧后不能使 SQ3 的常闭触点断开，都会使液压泵电动机处于长时间过载运行状态，造成损坏。为了防止损坏液压泵电动机，电路中使用热继电器 FR2，其整定值应根据液压泵电动机 M3 的额定电流进行调整。

3)   主轴箱和立柱夹紧与放松控制分析

主轴箱和立柱的放松与夹紧是同时进行的。按下松开(或夹紧)按钮 SB5(或 SB6)，电磁铁 YA 失电不吸合，液压泵电动机 M3 正转或反转，给压力油。压力油经分配阀进入立柱和主轴箱松开(或夹紧)油腔,推动活塞和菱形块使立柱和主轴箱分别松开(或夹紧)。

主轴箱是在摇臂的水平导轨上由手动操作来回移动的,通过推动摇臂可使其与外立柱一起绕内立柱旋转。

利用主轴箱和立柱的夹紧、放松,还可以检查电源相序正确与否,以确保摇臂升降电动机 M2 的正反转接线正确。

4) 液压泵电动机 M3 的控制分析

液压泵电动机 M3 由正反转接触器 KM4、KM5 控制实现正反转,从而带动液压泵使液压系统的夹紧机构实现夹紧与放松。热继电器 FR2 作为其长期过载保护。

5) 冷却泵电动机 M4 的控制分析

Z3040 摇臂钻床的冷却泵电动机 M4 容量较小(0.125kW),未设定长期过载保护,合上或断开开关 SQ2,就可接通或切断电源,实现冷却泵电动机 M4 的启动和停止。

6) 联锁和保护环节分析

(1) 联锁环节。

① 按钮、接触器联锁。在摇臂升降电路中,除了采用按钮 SB3 和 SB4 的机械联锁外,还采用了接触器 KM2 和 KM3 的电气联锁,即对摇臂升降电动机 M2 实现了正反转复合联锁。在液压泵电动机 M3 的正反转控制电路中,接触器 KM4 和 KM5 采用了电气联锁,在主轴箱和立柱的夹紧、放松电路中,为保证压力油不供给摇臂夹紧油路,将按钮 SB5 和 SB6 的常闭触头串联在电磁阀 YV 线圈的电路中,以达到联锁目的。

② 限位联锁。在摇臂升降电路中,行程开关 SQ2 是摇臂放松到位的信号开关,其常开触头串联在接触器 KM2、KM3 的线圈中,在摇臂完全放松到位后才动作闭合,以确保摇臂的升降在其放松后进行。

行程开关 SQ3 是摇臂夹紧到位的信号开关,其在完全夹紧时动作,其常闭触头串联在接触器 KM5 线圈、电磁阀 YV 线圈电路中。如果摇臂没有夹紧,则行程开关 SQ3 的常闭触头闭合保持原状,使得接触器 KM5 线圈、电磁阀 YV 线圈通电,对摇臂进行夹紧,直到完全夹紧为止,行程开关 SQ3 的常闭触头才断开,切断接触器 KM5 线圈、电磁阀 YV 线圈,确保钻削加工精度。

③ 时间联锁。通过时间继电器 KT 延时断开的常开触头和延时闭合的常闭触头,时间继电器 KT 能保证在摇臂升降电动机 M2 完全停止运行后才进行摇臂的夹紧动作,时间继电器 KT 的延时长短由摇臂升降电动机 M2 从切断电源到停止的惯性大小来决定。

(2) 保护环节。

① 短路保护。在主电路中,利用熔断器 FU1 做总电路和电动机 M1、M4 的短路保护,利用熔断器 FU2 做电动机 M2、M3 和控制变压器 T 一次侧的短路保护。在控制电路中,利用熔断器 FU3 做照明回路的短路保护。

② 过载保护。在主电路中,利用热继电器 FR1 做主轴电动机 M1 的过载保护,利用热继电器 FR2 做液压泵电动机 M3 的过载保护。

③ 限位开关。摇臂升降的极限位置保护由组合行程开关 SQ1 来实现。行程开关 SQ1 有两对常闭触头,分别串联在摇臂升降控制电路中,当摇臂上升或下降到极限位置时相应触头动作,切断与其对应的上升或下降接触器 KM2 和 KM3,使摇臂升降电动机 M2 停止旋转,摇臂停止升降,实现极限位置保护。

④　失压(欠压)保护。主轴电动机 M1 采用按钮与自保控制方式，具有失压保护，各接触器线圈自身也具有欠压保护功能。

7)　照明指示电路分析

通过控制变压器 T 降压，分别得到照明及指示灯电路安全电压 36V。照明电路中的照明灯由开关 SA2 控制。在指示回路中，指示灯 HL2 表示主轴电动机工作状态，指示灯 HL3 表示摇臂升降电动机上升工作状态，指示灯 HL4 表示摇臂升降电动机下降工作状态，指示灯 HL5 表示液压松紧电动机松开工作状态，指示灯 HL6 表示液压松紧电动机夹紧工作状态。

4.3　Z3040 摇臂钻床机电传动与控制项目实施过程

4.3.1　工作计划

在项目实施过程中，小组协同编制工作计划，并协作解决难题，相互之间监督计划执行与完成情况，以养成良好的"组织管理""准确遵守"等职业素养。工作计划如表 4-1 所示。

表 4-1　工作计划

序号	内容	负责人/责任人	开始时间	结束时间	验收要求	完成/执行情况记录	个人体会、行为改变效果
1	研讨任务	全体组员			分析项目的控制要求		
2	制订计划	小组长			制订完整的工作计划		
3	确定设计流程	全体组员			根据任务研讨结果，确定电气控制设计流程		
4	具体操作	全体组员			根据设计流程，进行电路设计		
5	效果检查	小组长			检查本组组员计划执行情况和电气控制电路		
6	评估	老师/讲师			根据小组协同完成的情况进行客观评价，并填写评价表		

注：该表由每个小组集中填写，时间根据实际授课(实训)情况，以供检查和评估参考。最后一栏供学习者自行如实填写，作为自己学习的心得体会见证。

4.3.2 方案分析

为了能有效地完成项目内容，需要对电气控制设计进行全面了解，按照规范要求进行工作。电气控制设计的基本环节如图4-8所示。

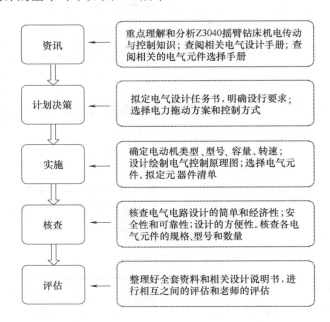

图 4-8 电气控制设计的基本环节(不含工艺设计)

4.3.3 操作分析

1. 电气控制设计的原则

设计工作的首要问题是树立正确的设计思想及工程实践的观点，使设计的产品经济、实用、可靠、先进、使用及维修方便等。在电气控制设计中应遵循以下原则：

(1) 最大限度满足生产机械和生产工艺对电气控制的要求，这是电气控制设计的依据。因此在设计前，应深入现场进行调查，搜集资料，并与生产过程有关人员、机械部分设计人员、实际操纵者多沟通，明确控制要求，共同拟定电气控制方案，协同解决设计中的各种问题，使设计成果满足要求。

(2) 在满足控制要求的前提下，力求使电气控制系统简单、经济、合理、便于操作、维修方便、安全可靠，不盲目追求自动化水平和各种控制参数的高指标。

(3) 正确、合理选用电气元件，确保电气控制系统正常工作，同时考虑技术进步、造型美观等。

(4) 为适应生产发展和工艺改进的需要，设备能力应留有适当余量。

2. 电气控制设计的基本内容

电气控制系统设计的基本内容是根据控制要求，设计和编制出电气设备制造和使用维修中必备的图样和资料。常用的图样有电气原理图、元器件布置图、安装接线图、控制面板图等，资料主要包括元器件清单及设备使用说明书等。

电气控制系统设计包括电气原理图设计和电气工艺设计两部分。以电力拖动控制设备为例，各部分设计主要包括以下内容：

(1) 电气原理图是电气控制系统设计的中心环节，是工艺和编制技术资料的依据，其设计内容如下：

① 拟定电气设计任务书，明确设计要求。

② 选择电力拖动方案和控制方式。

③ 确定电动机类型、型号、容量和转速。

④ 设计电气控制原理图。

⑤ 选择电气元件，拟定元器件清单。

⑥ 编写设计计算说明书。

(2) 电气工艺设计内容如下：

① 根据设计出的电气原理图和选定的电气元件，设计电气设备的总体配置，绘制电气控制系统的总装配图和总接线图。总图反映出电动机、执行电器、电气柜各组件、操作台布置、电源以及检测元器件的分布情况和各部分之间的接线关系及连接方式，以便组装、调试及日常维护维修使用。

② 绘制各组件电气元件布置图与安装接线图，表明各电气元件的安装方式和接线方式。

③ 编写使用维护说明书。

3. 电力拖动方案的确定

电力拖动方式的选择是电气设计的主要内容之一，也是各部件设计的基础和先决条件。一个电气传动系统一般由电动机、电源装置和控制装置三部分组成，设计时应根据生产机械的负载特性、工艺要求及环境条件和工程技术条件选择电力拖动方案。

首先根据生产机械结构、运动情况和工艺要求选择电动机的种类和数量，然后根据各运动部件的调速要求选择调速方案。在选择电动机调速方案时，应使电动机的调速特性与负载特性相适应，以使电动机获得合理充分的利用。

1) 拖动方式的选择

电力拖动方式有单独拖动与集中拖动两种。电力拖动的发展趋势是电动机接近工作机构，形成多电动机的拖动方式。这样，不仅能缩短机械传动链，提高传动效率，便于实现自动控制，而且也能使总体结构得到简化。所以，应根据工艺要求与结构情况来决定电动机数量。

2) 调速方案的选择

一般生产机械根据生产工艺要求都需要调节转速。不同机械有不同的调速范围和调速精度，为满足不同调速性能，应选用不同的调速方案，如机械变速、多速电动机变速和变频调速等。随着交流调速技术的发展，变频调速已成为各种机械设备调速的主流。

3) 电动机的调速性质

机械设备的各个工作机构具有不同的负载特性，如机床的主运动为恒定功率负载运动，而进给运动为恒定转矩负载运动。因此在选择电动机调速方案时，应使电动机的调速性质与拖动生产机械的负载性质相适应，这样才能使电动机性能得到充分发挥。如双速笼型异步电动机，当定子绕组由三角形连接改成双星形连接时，转速增加一倍，功率却增加很少，因此适用于恒定功率传动；对于低速时为星形连接的双速电动机改接成双星形连接后，转速和功率都增加一倍，而电动机输出的转矩保持不变，因此适用于恒定转矩传动。

4. 拖动电动机的选择

拖动电动机的选择包括选择电动机的种类、结构形式及各种额定参数。

1) 电动机选择的基本原则

(1) 电动机的机械特性应满足生产机械要求，要与负载的特性相适应，保证运行稳定且具有良好的启动性能和制动性能。

(2) 工作过程中电动机容量能得到充分利用，温升尽可能达到或接近额定值。

(3) 电动机结构形式要满足机械设计提出的安装要求及周围环境工作条件的要求。

(4) 在满足设计要求的前提下，优先采用结构简单、价格便宜、使用方便的三相异步电动机。

在一般情况下选用三相笼型异步电动机或双速三相电动机；在既要求一般调速又要求启动转矩大的情况下，选用三相绕线型异步电动机；当调速要求高时选用直流电动机或带变频调速的交流电动机来实现。

2) 电动机结构形式的选择

按照生产机械不同的工作制选择连续工作、短时工作及断续周期性工作制的电动机。按照安装方式有卧式和立式两种，由拖动生产机械具体拖动情况来决定。根据不同工作环境选择电动机的保护形式：开启式适用于干燥、清洁的环境；防护式适用于干燥和灰尘不多、无腐蚀性和爆炸性气体的环境；封闭扇冷式适用于潮湿、灰尘多、侵蚀的环境；全封闭式适用于浸入水中的环境；隔爆式适用于有爆炸危险的环境。

3) 电动机额定电压的选择

电动机额定电压应与供电电网的供电电源电压一致。一般低压电网电压为 380V，因此中小型三相异步电动机额定电压为 220/380V。

4) 电动机额定转速的选择

对于额定功率相同的电动机，额定转速越高，电动机尺寸、质量和成本越低，因此在生产机械所需转速一定的情况下，选用高速电动机较为经济；但由于拖动电动机转速越高，传动机构转速比越大，传动机构越复杂，因此应综合考虑电动机与传动机构两方面的因素来确定电动机的额定转速。通常采用较多的是同步转速为 1500r/min 的三相异步电动机。

5) 电动机容量的选择

电动机的容量反映了其负载的能力，与电动机的允许温升和过载能力有关。允许温升是电动机拖动负载时允许的最高温升，与绝缘材料的耐热性能有关；过载能力是电动机所能带动的最大负荷能力，在直流电动机中受整流条件的限制，在交流电动机中由电动机最大转矩决定。

电动机容量的选择方法有两种：一种是分析计算法，另一种是统计类比法。

（1）分析计算法。根据生产机械负载求出其负载平均功率，再按照负载平均功率(按照一定系数)求出初选电动机的额定功率。对于系数的选用，应根据负载变动情况确定。

（2）统计类比法。对于较为简单、无特殊要求、一般性生产机械的电力拖动系统，其电动机容量的选择往往参考同类型或者同工作情况的设备类比选择。

以机床为例，当机床的主运动和进给运动为同一台电动机拖动时，按照主运动电动机容量计算；若进给运动由单独一台电动机拖动并具有快速运动功能时，则电动机容量按照快速移动所需容量计算。快速移动运动部件所需电动机容量可根据表 4-2 中所示数据类比选择。

表 4-2　快速移动运动部件所需电动机容量

机床类型		运动部件	移动速度/(mm/min)	电动机容量/kW
普通车床	D=400mm	溜板	6～9	0.6～1
	D=600mm	溜板	4～6	0.8～1.2
	D=1000mm	溜板	3～4	3.2
摇臂钻床	D=35～75mm	摇臂	0.5～1.5	1～2.8
升降台铣床		工作台	4～6	0.8～1.2
		升降台	1.5～2	1.2～1.5
龙门铣床		横梁	0.25～0.5	2～4
		横梁铣头	1～1.5	1.5～2
		立柱铣头	0.5～1	1.5～2

5. 电气控制电路设计的一般要求

电气控制系统是生产机械的重要组成部分，对生产机械能够正确、安全、可靠地工作起着决定性作用，所以，必须正确、合理地设计电气控制电路。在设计生产机械电气控制电路图时，除应最大限度地满足生产机械加工工艺要求和对控制电路电流、电压的要求之外，还需要注意尽量减少控制电路中的电流、电压种类，控制电压应选择标准电压等级。电气控制电路常用的电压等级如表 4-3 所示。

表 4-3　常用电气控制电路电压等级

控制电路类型		常用电压值/V	电源要求
较简单的交流电力传动的控制电路	交流	380、220	不需要控制电源变压器
较复杂的交流电力传动的控制电路		110、48	采用控制电源变压器
照明及信号指示电路		48、24、6	采用控制电源变压器
直流电力传动的控制电路	直流	220、110	整流器或直流发电机
直流电磁铁及电磁离合器的控制电路		48、24、12	整流器

6. 电气控制电路设计的简单和经济性要求

1）尽量缩短连接导线的长度和导线数量

设计控制电路时，应考虑各电气元件的安装位置，尽可能减少连接导线的数量，缩短连接导线的长度。如图 4-9(a)中的设计方案是不合理的,因为按钮一般安装在操作台上,而接触器安装在电气控制柜中,这样接线需要从电气控制柜中二次引出线,接到操作台的按钮中;而如果采用图 4-9(b)所示接线方式,将启动按钮和停止按钮串接后再与接触器相接,就可以减少一根引出线,且停止按钮与启动按钮之间连接导线大大缩短,因此设计较为合理。

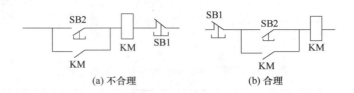

图 4-9   电气元件连接方案

2)   尽量减少电气元件的品种、数量和规格

同一用途的器件尽可能选用相同品牌、型号的产品,并且电器数量应减少到最低限度。

3)   尽量减少电气元件触头的数目

在控制电路中可以通过布尔代数作为工具进行计算,尽量减少触头数量,以提高电路的运行可靠性和经济性。在简化和合并触头过程中,主要合并同类性质的触头,一个触头能完成的动作,不要用两个;但在简化过程中应注意触头的额定容量是否允许、对其他回路有无影响等。例如,图 4-10(a)所示电路可以合并成图 4-10(b)所示电路。

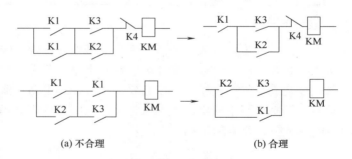

图 4-10   触头的简化与合并

4)   尽量减少通电电器的数目

控制电路运行时,应尽可能减少通电电器的数目,这样可以节能,延长电气元件的使用寿命并减少故障。如图 4-11(a)所示电路改接成图 4-11(b)电路,就可以使时间继电器 KT 在完成接触器 KM2 线圈延时通电吸合后自动切除掉。

7. 控制电路工作的安全性和可靠性要求

1)   正确连接电气的线圈

在交流控制电路中,同时动作的两个电气线圈不能串联,如图 4-12(a)所示;即使外加电压是两个线圈额定电压之和,也是不允许的,因为每个线圈上所分配到的电压与线圈阻抗呈正比，由于制造上的差异，因此不可能同时吸合。假如 KM1 先吸合，由于 KM1 磁路闭合，线圈电感量显著增加，因而在该线圈上的电压也相应增加，从而使另一个接触器 KM2 的线圈电压达不到动作电压。因此，两个电磁线圈需要同时吸合时，其线圈应并联连接，如图 4-12(b)所示。

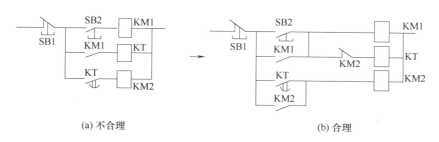

(a) 不合理　　　　　　　　　　　　(b) 合理

图 4-11　减少通电电器数目

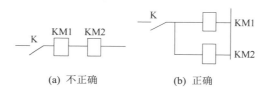

(a) 不正确　　　　　　(b) 正确

图 4-12　线圈的连接

在直流控制电路中，两电感值相差悬殊的直流电压线圈不能并联连接，如图 4-13(a)所示直流电磁铁 YA 线圈与直流电压继电器 KA 线圈并联是不正确的。虽然在接通直流电源时可以正常工作，但在断开直流电源时，由于 YA 线圈的电感量比 KA 线圈的电感量大很多，因此在断电时，继电器很快释放，但电磁铁线圈产生的自感电动势可能使继电器又吸合，一直到继电器电压再次下降到释放值为止，这样就造成了继电器的误动作。为此，可将其改成图 4-13(b)所示电路。

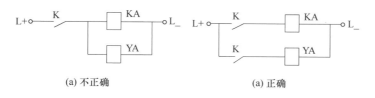

(a) 不正确　　　　　　　　　　　　(a) 正确

图 4-13　电磁铁线圈与继电器线圈的连接

2)　正确连接电气元件的触头

设计时，应使分布在电路中不同位置的同一电气触头接到电源的同一相上，以避免在电气触头上引起短路故障。如图 4-14(a)所示，行程开关 SQ 的常开、常闭触头分别接在电源的不同电位点上，当触头断开产生电弧时，如果两触头相距很近，则有可能在两触头之间出现飞弧造成电源短路。此外，绝缘不好也会造成电源短路。因此，应将共用同一电源的所有接触器、继电器以及执行电气线圈的一端钮均接在电源的同一侧，而这些电气的控制触头通过线圈的另一端钮再接电源的另一侧，如图 4-14(b)所示。

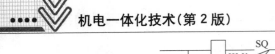

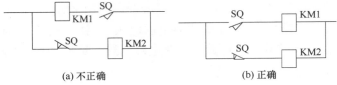

图 4-14　触头的连接

3)　防止寄生电路

在控制电路的动作过程中，意外接通的电路称为寄生电路。图 4-15(a)所示为一个具有指示灯和热继电器保护的正反转控制电路，在正常工作时，能完成正反向启动、停止和信号指示；但当热继电器 FR 动作时，电路就出现了寄生电路，如图中虚线所示，使得正向接触器 KM1 不能可靠释放，起不到保护作用。但如果将指示灯与其相应的接触器线圈并联，如图 4-15(b)所示，就可以防止寄生电路的出现。

4)　在控制电路中控制触头应合理布置

当一个电气需在若干个电气接通后方可接通时，切忌用图 4-16(a)中所示电路，因为该电路只要有一对触头接触不良，就会使电路不能正常工作；若改接成图 4-16(b)所示电路，则每个电气的接通只需要一对触头控制，工作较为可靠，故障检查也较为方便。

5)　应考虑控制电路中继电器触头的接通与分断能力

若容量不够，应在电路中增加中间继电器或增加电路中触头的数量；若需增加接通能力，可以用多触头并联；若需增加分断能力，可以用多触头串联。

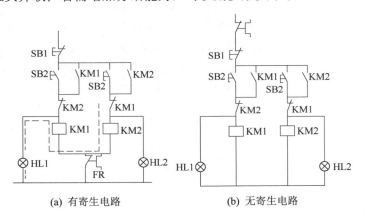

(a) 有寄生电路　　　　　　　　(b) 无寄生电路

图 4-15　寄生电路

6)　避免发生触头"竞争""冒险"现象

当控制电路状态发生变换时，常伴随电路中电气元件的触头状态发生变化。由于电气元件总有一定的固有动作时间，对于一个时序电路来说，往往发生不按时序动作的情况，触头争先吸合，就会得到几个不同的输出状态，这种现象称为电路的"竞争"；而对于开关电路，由于电气元件的释放延时作用，也会出现开关元件不按要求的逻辑功能输出，这称为"冒险"现象。

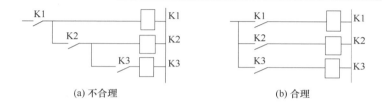

(a) 不合理　　　　　　　　(b) 合理

图 4-16　触头的合理布置

"竞争"与"冒险"都会造成控制电路不按要求动作，引起控制失灵。为此，应选用动作时间小的电器，当电气元件的动作时间影响到控制电路动作程序时，可采用时间继电器来配合控制，这样可以清晰地反映元件动作时间和其之间的配合，消除"竞争"与"冒险"现象。

7) 采用电气与机械联锁

对频繁操作的可逆控制电路，正反向接触器之间不仅要采用电气联锁，还要加入机械联锁，以确保电路的安全运行。

8. 应具有完善的保护环节

电气控制电路在事故情况下，应能保证操作人员、电气设备、生产机械的安全，并能有效防止事故的扩大，为此，电气控制电路应具有完善的保护环节。常用的有漏电保护、短路保护、过载、过电流、过电压、欠电压与零电压、弱磁、联锁与限位保护等；必要时应考虑设置电压正常、安全、事故及各种运行指示灯，反映电路工作情况。

9. 要考虑操作、维修与调试的方便

电气控制电路设计应从操作与维修人员的工作角度出发，力求操作简单、维修方便。如操作回路较多，既要电动机正反转运转又要调速时，不宜采用按钮控制而应采用主令控制器控制。为检修电路方便，应设置隔离电器，避免带电操作。为调试电路方便，可采用转换控制方式，如从自动控制转换为手动控制。为调试方便可采用多点控制等。

10. 电气控制电路设计的方法简介

设计电气控制电路的方法有两种：一种是分析设计法；另一种是逻辑设计法。

分析设计法是根据生产工艺要求选择一些成熟的典型基本环节来实现这些基本要求，而后再逐步完善其功能，并适当配置联锁和保护等环节，使其组合成一个整体，成为满足控制要求的完整电路。这种设计方法比较简单，容易被人们掌握，但是要求设计人员必须掌握和熟悉大量的典型控制环节和控制电路，同时具有丰富的设计经验，故又称为经验设计法。采用分析设计法初步设计出的控制电路可能有多种，需认真比较分析，反复修改简化，甚至要通过实验加以验证，才能得出符合设计要求且较为合理的控制电路设计方案。即便如此，采用分析设计法设计出的电路也不一定是最简单的，所用的电气元件也不一定是最少的，所得出的方案还会存在改进的余地。

逻辑设计法是利用逻辑代数这一数学工具设计电气控制电路。在控制电路中继电器和接触器的线圈的通电与断电、触头的闭合与断开都是由两个相互对立的物理状态组成的。在逻辑代数中，将这种具有两个对立物理状态的量称为逻辑变量，用逻辑"1"和逻辑

"0"表示这两个对立的物理状态。

在继电接触器控制电路中，表示触头状态的逻辑变量称为输入逻辑变量，表示继电器接触器线圈等受控元件的逻辑变量称为输出逻辑变量，输入、输出变量之间的相互关系称为逻辑函数关系。这种相互关系表明了电气控制电路的结构，所以，根据控制要求，将这些逻辑变量关系写出其逻辑函数关系式，再运用逻辑函数基本公式和运算规律对逻辑函数式进行化简，然后根据化简了的逻辑关系式画出相应的电路结构图，最后再做进一步的检查和优化，以期获得较为完善的设计方案。采用逻辑设计法设计的电路图既符合工艺要求，电路也最简单、工作可靠、经济合理，但其设计过程比较复杂，在生产实际所进行的设备改造中往往采用分析设计法。

在此以常用的分析设计法为例说明电气控制电路的设计工作过程。

1) 分析设计法的基本步骤

电气控制电路是为整个电气设备和工艺过程服务的，所以在设计前应深入现场收集资料，对生产机械的工作情况做全面了解，并对正在运行的同类或相近的生产机械及控制进行调查、分析，综合制定出具体、详细的工艺要求，征求机械设计人员和现场操作人员意见，作为电气控制电路设计的依据。分析设计法设计电气控制电路的基本步骤如下：

(1) 按工艺要求提出的启动、制动、反向和调速等要求设计主电路。

(2) 根据所设计出的主电路，设计控制电路的基本环节，即满足设计要求的启动、制动、反向和调速等基本控制环节。

(3) 根据各部分运动要求的配合关系及联锁关系，确定控制参量并设计控制电路的特殊环节。

(4) 分析电路工作中可能出现的故障，加入必要的保护环节。

(5) 综合审查，仔细检查电气控制电路动作是否正确；关键环节可做必要实验，进一步完善和简化电路。

2) 分析设计法设计举例

下面以横梁升降机构的电气控制设计为例来说明采用分析设计法设计电气控制电路的方法与步骤。

在龙门刨床上装有横梁升降机构，加工工件时，横梁应夹紧在立柱上，当加工工件高低不同时，横梁应先松开立柱然后沿立柱上下移动，移动到位后，横梁应夹紧在立柱上。所以，横梁的升降由横梁升降电动机拖动，横梁的放松、夹紧动作由夹紧电动机、传动装置与夹紧装置配合来完成。

(1) 横梁升降机构的工艺要求。横梁上升时，先使横梁自动放松，当放松到一定程度时，自动转换成向上移动，上升到所需位置后，横梁自动夹紧，即横梁上升时，自动按照放松横梁—横梁上升—夹紧横梁的顺序进行。

横梁下降时，为防止横梁歪斜，保证加工精度，消除横梁的丝杠与螺母的间隙，横梁下降后应有回升装置，即横梁下降时，自动按照放松横梁—横梁下降—横梁回升—夹紧横梁的顺序进行。

横梁夹紧后，夹紧电动机自动停止转动。

横梁升降应设有上下行程的限位保护，夹紧电动机应设有夹紧力保护。

（2）　电气控制电路设计过程。

①　主电路设计。横梁升降机构分别由横梁升降电动机 M1 与横梁夹紧放松电动机 M2 拖动，且两台电动机均为三相笼型异步电动机，均要求实现正反转。因此采用 KM1、KM2、KM3、KM4 四个接触器分别控制 M1 和 M2 的正反转，如图 4-17(a)所示。

②　控制电路基本环节的设计。由于横梁升降为调整运动，故对 Ml 采用点动控制。又由于一个点动按钮只能控制一种运动，故用上升点动按钮 SB1 与下降点动按钮 SB2 来控制横梁的升降。但在移动前要求先松开横梁，移动到位松开点动按钮时又要求横梁夹紧，也就是说点动按钮要控制 KM1～KM4 四个接触器，所以引入上升中间继电器 KA1 与下降中间继电器 KA2，再由中间继电器去控制四个接触器。于是设计出横梁升降电气控制电路草图之一，如图 4-17(a)和图 4-17(b)所示。

③　设计控制电路的特殊环节。如图 4-18 所示，横梁上升时，必须使夹紧电动机 M2 先工作，将横梁放松后，发出信号，使 M2 停止工作，同时使升降电动机 M1 工作，带动横梁上升。按下上升点动按钮 SB1，中间继电器 KA1 线圈通电吸合，其常开触头闭合，使接触器 KM4 通电吸合，M2 反转启动旋转，横梁开始放松；横梁放松的程度采用行程开关 SQ1 控制，当横梁放松到一定程度，撞块压下 SQ1，用 SQ1 的常闭触头断开来控制接触器 KM4 线圈的断电，常开触头闭合控制接触器 KM1 线圈的通电，KM1 的主触头闭合使 M1 正转，横梁开始做上升运动。

升降电动机拖动横梁上升至所需位置时，松开上升点动按钮 SB1，中间继电器 KA1 接触器 KM1 线圈相继断电释放，接触器 KM3 线圈通电吸合，使升降电动机停止工作，同时使夹紧电动机开始正转，使横梁夹紧。在夹紧过程中，行程开关 SQ1 复位，因此 KM3 应加自锁触头，当夹紧到一定程度时，发出信号切断夹紧电动机电源。这里采用过电流继电器控制夹紧的程度，即将过电流继电器 KA3 线圈串接在夹紧电动机主电路任一相中。当横梁夹紧时，相当于电动机工作在堵转状态，电动机定子电流增大，将过电流继电器的动作电流整定在两倍额定电流左右，当横梁夹紧后电流继电器动作，其常闭触头将接触器 KM3 线圈电路切断。

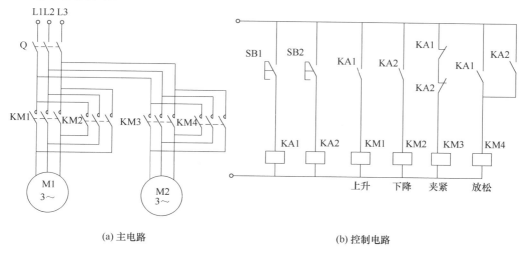

（a）主电路　　　　　　　　　　　　　　　（b）控制电路

图 4-17　横梁升降电气控制电路设计草图(一)

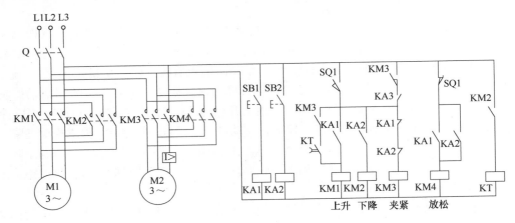

图 4-18　横梁升降电气控制电路设计草图(二)

　　横梁的下降仍按先放松再下降的方式控制，但下降结束后需有短时间的上升运动。该上升运动可采用断电延时型时间继电器进行控制。时间继电器 KT 的线圈由下降接触器 KM2 常开触头控制，其断电延时断开的常开触头与夹紧接触器 KM3 常开触头串联后并联于上升电路继电器 KA1 常开触头两端。这样，当横梁下降时，时间继电器 KT 线圈通电吸合，其断电延时断开的常开触头立即闭合，为上升电路工作做好准备。当横梁下降至所需位置时，松开下降点动按钮 SB2。KM2 线圈断电释放，时间继电器 KT 线圈断电，夹紧接触器 KM3 线圈通电吸合，开始横梁夹紧。此时，上升接触器 KM1 线圈通过闭合的时间继电器 KT 常开触头及 KM3 常开触头而通电吸合，开始横梁回升，经一段时间延时，延时断开的常开触头 KT 断开，KM1 线圈断电释放，上升运动结束，而横梁仍保持夹紧，夹紧到一定程度，过电流继电器动作，夹紧运动停止。

　　④ 联锁保护环节设计。横梁上升限位保护由行程开关 SQ2 来实现；下降限位保护由行程开关 SQ3 来实现；上升与下降的互锁、夹紧与放松的互锁均由中间继电器 KA1 和 KA2 的常闭触头来实现；升降电动机短路保护由熔断器 FU1 来实现；夹紧电动机短路保护由熔断器 FU2 实现；控制电路的短路保护由熔断器 FU3 来实现。图 4-19 所示为完善后的横梁升降电气控制电路。

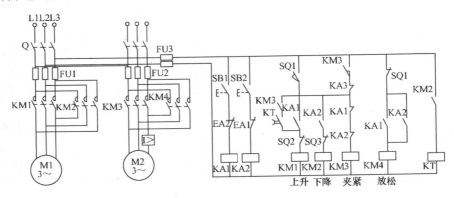

图 4-19　完善后的横梁升降电气控制电路

11. 常用控制电气——接触器的选择

选用接触器时，应使其技术数据能满足控制电路的要求：

(1) 根据接触器控制的负载性质来相应选择直流接触器还是交流接触器；一般场合选用电磁式接触器，对频繁操作的带交流负载的场合，可以选用带直流电磁线圈的交流接触器。

(2) 根据接触器所控制负载的工作任务来选择相应类别的接触器。

(3) 根据主触头所控制负载电路的额定电压来确定接触器主触头的额定电压。

(4) 一般情况下，接触器主触头的额定电流应大于或等于负载或电动机的额定电流，当用于电动机频繁启动、制动或正反转的场合时，一般可将其额定电流降一个等级来选用。

(5) 接触器线圈的额定电压应等于控制电路的电源电压。

(6) 在三相交流系统中一般选用三极接触器，即三对常开主触头，当需要同时控制中性线时，则选用四极交流接触器。在单相交流和直流系统中常用两极或三极并联接触器。交流接触器通常有三对常开主触头和四至六对辅助触头，直流接触器通常有两对常开主触头和四对辅助触头。

(7) 交、直流接触器额定操作频率一般有 600 次/h、1200 次/h 等几种。一般来说，额定电流越大，则操作频率越低，可根据实际需要选择。

12. 常用控制电气——电磁式继电器的选择

继电器是各种控制系统的基础元件，应根据继电器的功能特点、适用性、使用环境、工作制、额定工作电压及额定工作电流来选择。电磁式继电器的常用类型与用途如表 4-4 所示。

表 4-4　电磁继电器的常用类型与用途

类　型	动作特点	主要用途
电压继电器	当电路中的电压达到规定值时动作	用于电动机失压或欠压保护、制动或反转制动
电流继电器	当电路中的电流达到规定值时动作	用于电动机的过载、短路保护，直流电动机磁场控制及弱磁保护
中间继电器	当电路中的电压达到规定值时动作	其触头数量多，起信号放大作用
时间继电器	当延时到达时动作	用于时间延时的控制

1) 电磁式电压继电器的选择

根据在控制电路中的作用，电压继电器分为过电压继电器和欠电压继电器两种类型。

交流过电压继电器选择的主要参数是额定电压和动作电压，动作电压按系统额定电压的 1.1～1.2 倍调定。交流欠电压继电器常用一般交流电磁式电压继电器，其选用只要满足一般要求即可，对释放电压值无特殊要求；而直流欠电压继电器吸合电压按其额定电压的 30%～50%调定，释放电压按其额定电压的 7%～20%调定。

2) 电磁式电流继电器的选择

根据负载所要求的保护作用，电流继电器分为过电流继电器和欠电流继电器两种类型。过电流继电器又有交流过电流继电器与直流过电流继电器，但对于欠电流继电器只有直流欠电流继电器，用于直流电动机及电磁吸盘的弱磁保护。

过电流继电器的主要参数是额定电流和动作电流，其额定电流应大于或等于被保护电动机的额定电流，动作电流应根据电动机的工作情况按其启动电流的 1.1～1.3 倍调定。一般绕线型转子异步电动机的启动电流按 2.5 倍额定电流考虑，笼型异步电动机的启动电流按 4～7 倍额定电流考虑。直流过电流继电器动作电流按直流电动机额定电流的 1.1～3.0 倍调定。

欠电流继电器选择的主要参数是额定电流和释放电流，其额定电流应大于或等于直流电动机及电磁吸盘的额定励磁电流；释放电流整定值应低于励磁电路正常工作范围内可能出现的最小励磁电流，一般释放电流按最小励磁电流的85%调定。

3) 电磁式中间继电器的选择

选用中间继电器时，应使线圈的电流种类和电压等级与控制电路一致，同时，触头数量、种类及容量应满足控制电路要求。若一个中间继电器触头数量不够，可将两个中间继电器并联使用，以增加触头数量。

13. 常用控制电气——热继电器的选择

热继电器主要用于电动机的过载保护，因此应根据电动机的型号、连接形式、工作环境、启动情况、负载情况、工作制及电动机允许过载能力等综合考虑，既要充分发挥电动机的过载能力，又要保证在电动机的短时过载或启动间热继电器不会动作。

1) 热继电器结构形式的选择

对于星形连接的电动机，只要选用正确、调整合理，使用一般不带断相保护的三相热继电器就能反映一相断线后的过载，对电动机断相运行就能起保护作用。对于三角形连接的电动机，则应选用带断相保护的三相结构热继电器。

2) 热继电器额定电流的选择

原则上按被保护电动机的额定电流选取热继电器。对于长期正常工作的电动机，热继电器中热元件的整定电流值为电动机额定电流的 95%～105%；对于过载能力较差的电动机，热继电器热元件整定电流值为电动机额定电流的 60%～80%。

对于不频繁启动的电动机，应保证热继电器在电动机启动过程中不产生误动作，若电动机启动电流不超过其额定电流的 6 倍，并且启动时间不超过 6s，可按电动机的额定电流来选择热继电器。

对于短时工作制的电动机，首先要确定热继电器的允许操作频率，然后再根据电动机的启动时间、启动电流和通电持续率来选择热继电器。

14. 常用控制电气——时间继电器的选择

选用时间继电器，主要考虑以下几点：

(1) 电流种类和电压等级：电磁阻尼式和空气阻尼式时间继电器，其线圈的电流种类和电压等级应与控制电路相同；电动式与晶体管式时间继电器，其电源的电流种类和电压等级应与控制电路相同。

(2) 根据控制电路的要求来选择通电延时型或者是断电延时型继电器。

(3) 根据控制电路要求来选择延时闭合型或延时断开型触头形式以及触头数量。

(4) 延时精度：电磁阻尼式时间继电器适用于延时精度要求不高的场合；电动机式或晶体管式时间继电器适用于延时精度要求高的场合。

(5) 延时时间应满足电气控制电路的要求。

(6) 时间继电器的操作频率不宜过高，否则会影响其使用寿命，甚至会导致延时动作失调。

15. 常用控制电气——熔断器的选择

熔断器主要根据其类型、额定电压、额定电流及熔体的额定电流来选择。

(1) 熔断器类型应根据电路要求、使用场合及安装条件来选择，其保护特性应与被保护对象的过载能力相匹配。对于容量较小的照明和电动机，一般是考虑其过载保护，可选用熔体熔化系数小的熔断器；对于容量较大的照明和电动机，除考虑过载保护外，还应考虑短路时的分断短路电流能力。若短路电流较小时，可选用低分断能力的熔断器；若短路电流较大时，可选用高分断能力的熔断器；若短路电流相当大时，可选用有限流作用的熔断器。

(2) 熔断器的额定电压应大于或等于线路的工作电压，额定电流应大于或等于所装熔体的额定电流。

(3) 对于照明线路或电热设备等没有冲击电流的负载，应选择熔体的额定电流等于或稍大于负载的额定电流。

16. 常用控制电气——开关电器的选择

1) 刀开关的选择

刀开关主要根据使用场合、电源种类、电压等级、负载容量及所需极数来选择。

(1) 根据刀开关在线路中的作用和安装位置选择其结构形式。若用于隔断电源时，应选用无灭弧罩的产品；若用于分断负载时，则应选用有灭弧罩且用杠杆来操作的产品。

(2) 根据线路电压和电流来选择。刀开关的额定电压应大于或等于所在线路的额定电压；刀开关额定电流应大于负载的额定电流，当负载为异步电动机时，其额定电流应取为电动机额定电流的 1.5 倍以上。

(3) 刀开关的极数应与所在电路的极数相同。

2) 组合开关的选择

组合开关主要根据电源种类、电压等级、所需触头数及电动机容量来选择，选择时应掌握以下要点：

(1) 组合开关的通断能力并不是很高，因此不能用来分断故障电流。对用于控制电动机可逆运行的组合开关，必须在电动机完全停止转动后才允许反方向接通。

(2) 组合开关接线方式有多种，使用时应根据需要正确选择相应产品。

(3) 组合开关的操作频率不宜太高，所控制负载的功率因数也不能低于规定值，否则组合开关要降低容量使用。

(4) 组合开关本身不具备过载、短路和欠电压保护，如需这些保护，必须另设其他保护电器。

3) 低压断路器的选择

低压断路器主要根据保护特性要求、分断能力、电网电压类型及等级、负载电流、操作频率等方面来选择。低压断路器的额定电压和额定电流应大于或等于线路的额定电压和额定电流。热脱扣器整定电流应与被控制电动机或负载的额定电流一致。欠电压脱扣器的额定电压应等于线路的额定电压。过电流脱扣器瞬时动作整定电流由式(4-1)确定：

$$I_z \geqslant K I_s \tag{4-1}$$

式中：I_z 为瞬时动作整定电流(A)；I_s 为线路中的尖峰电流，若负载是电动机，则 I_s 为启动电流(A)；K 为考虑整定误差和启动电流允许变化的安全系数，当动作时间大于 20ms 时，取 K=1.35，当动作时间小于 20ms 时，取 K=1.7。

4) 电源开关联锁机构

电源开关联锁机构与相应的断路器和组合开关配套使用，用于接通电源、断开电源和柜门开关联锁，以达到在切断电源后才能打开门、将门关闭好后才能接通电源的效果，实现安全保护。电源开关联锁机构有 DJL 系列和 JDS 系列。

17. 常用控制电气——控制变压器的选择

控制变压器用于降低控制电路或辅助电路电压，以保证控制电路的安全可靠。控制变压器主要根据一次和二次电压等级及所需要的变压器容量来选择，考虑以下几点：

(1) 控制变压器一二次电压应与交流电源电压、控制电路电压和辅助电路电压相符合。

(2) 控制变压器容量选择。变压器长期运行时，最大工作负载时变压器的容量应大于或等于最大工作负载所需要的功率；控制变压器容量应使已吸合的电器在启动其他电器时仍能保持吸合状态，而启动电器也能可靠地吸合。

4.4　Z3040 摇臂钻床机电传动与控制项目的检查与评估

4.4.1　检查方法

绘制出标准电气控制图，按照钻床要实现的功能逐一核查，有条件的情况下，将控制电路制作成电气控制柜，与 Z3040 机床对接，然后分别进行以下测试：

(1) 主轴电动机 M1 的控制分析。

(2) 摇臂升降电动机 M2 的控制分析。

(3) 主轴箱和立柱夹紧与放松控制分析。

(4) 液压泵电动机 M3 的控制分析。

(5) 冷却泵电动机 M4 的控制分析。

(6) 联锁和保护环节分析。

(7) 照明指示电路分析。

4.4.2　评估策略

评估包括从反馈与反思中获得学习机会，支持学习者技术实践能力向更高水平发展，同时也检测反思性学习者的反思品质，即从实践中学习的能力。

1. 整合多种来源

在本项目中，评估的来源主要包括学习者的项目任务分析能力、电气原理分析、设计布置意识、运行及调试和小组协调能力等。

2. 从多种环节中收集评估证据

本项目在资讯、计划、决策、实施和检查等环节中均以学习者为主体。资讯环节应记录学习者对任务的认识和分析能力；计划环节应记录学习者的参与情况、是否有独特见地、能否主动汇报或请教等；决策环节应考虑学习者的思维是否开阔、是否勇于承担责任；实施环节应考虑学习者勤奋努力的品质、精益求精的意识、创新的理念和操作熟练程度等；检查环节应检验学习者发现问题和解决问题的能力。

综上所述，可制订表 4-5 所示的评估表。

表 4-5　评估表

评估项目		第一组				第二组				第三组			
		A	B	C	D	A	B	C	D	A	B	C	D
资讯	任务分析能力												
	信息搜索能力												
计划	信息运用能力												
	团结协作												
	汇报表达能力												
	独到见解												
决策	小组领导意识												
	思维开阔												
	勇于承担责任												
实施	勤奋努力												
	精益求精												
	创新理念												
	操作熟练程度												
检查	发现问题												
	解决问题												
	独到见解												

4.5　拓展实训——Z3040 摇臂钻床电气故障诊断

【实训目的】

掌握 Z3040 摇臂钻床电气故障诊断的工具使用和诊断方法。

【实训要点】

主电路故障诊断、控制电路诊断和辅助电路诊断。

【预习要求】

熟悉 Z3040 摇臂钻床的电气原理图,并能进行详细分析。

【实训过程】

依据图 4-7,首先人为设置故障,引导学生进行分析测试:

(1) 081-088 间断路。全部电动机缺一相。

(2) 083-084 间断路。冷却泵电动机缺一相。

(3) 097-098 间断路。主轴电动机缺一相。

(4) 115-124 间断路。摇臂电动机下降时缺一相。

(5) 113-132 间断路。液压电动机缺一相,控制变压器缺相,控制电路失效。

(6) 144-148 间断路。变压器缺一相,控制回路失效。

(7) 001-003 间断路。控制回路失效。

(8) 014-015 间断路。主轴启动失效。

(9) 016-018 间断路。除主轴能启动外,其他控制均失效。

(10) 017-022 间断路。摇臂升降控制失效。

(11) 026-027 间断路。摇臂上升控制失效。

(12) 036-037 间断路。摇臂下降控制失效。

(13) 040-051 间断路。摇臂、主轴箱、立柱松紧控制失效。

(14) 047-048 间断路。摇臂、主轴箱、立柱松开控制失效。

(15) 059-060 间断路。摇臂、主轴箱、立柱夹紧控制失效。

(16) 053-055 间断路。摇臂自动夹紧控制失效。

4.6 实训中常见问题解析

(1) 摇臂不能升降的原因解释。

答:从摇臂升降的电气控制原理可知,摇臂升降的前提是摇臂完全放松,即此时的行程开关 SQ2 动作,液压泵电动机 M3 已停止旋转,这时摇臂升降电动机 M2 才可以开始启动。下面从行程开关 SQ2 有无动作来分析摇臂不能升降的原因。

若行程开关 SQ2 不动作,常见故障原因多为行程开关 SQ2 的安装位置不当或发生位移以及 SQ2 自身损坏。这样摇臂虽已放松,但行程开关 SQ2 仍不会动作,致使摇臂不能升降;但有时会出现因液压系统发生故障的情况,致使摇臂没有完全放松,从而无法使行程开关 SQ2 动作。因此,要做好机械、液压方面的配合,调整好行程开关 SQ2 的位置并安装牢固,及时更换损坏的行程开关。

如果液压泵电动机 M3 的电源相序不小心接反,那么按下摇臂上升按钮 SB3,则液压泵电动机 M3 首先反转,使摇臂夹紧,这时的行程开关 SQ2 更不会动作,摇臂也不可能上升。所以在机床大修或安装完毕后,必须认真检查电源相序,并判断液压泵电动机 M3 的正反转方向。

(2)　摇臂升降后不能夹紧的原因解释。

答：摇臂升降后应能自动夹紧，而夹紧动作的结束由行程开关 SQ3 控制。如果摇臂升降后不能夹紧，则说明摇臂升降控制电路能够工作，只是夹紧力不够。这主要是由于行程开关 SQ3 的安装位置不当或者发生松动移位而过早动作，使得液压泵电动机 M3 在摇臂还没有充分夹紧时就停止旋转。

(3)　液压系统常见故障。

答：除了电气控制系统会出现故障外，液压系统也会发生故障。如果电磁阀心卡住或油路堵塞，将造成液压控制系统失灵，也会造成摇臂无法升降。因此，在维修过程中，首先应正确判断是电气控制系统故障还是液压系统故障，然后再相互配合共同排除故障。

本 章 小 结

至此完成了本章的知识学习和项目实训，总结如下：

(1)　主要讲述了两大方面的知识：Z3040 摇臂钻床的主要机械结构和摇臂钻床电气控制的实现。

(2)　通过项目实施，传递了电气控制电路的设计与实施的相关知识，实现了理论知识到实践设计的链接，使理论知识得以固化和升华。

(3)　通过实训，加深了对于电气原理的把握程度，强化了电工工具的使用，提升了学习者对实际电气设备故障监测与诊断的能力。

思考与练习

1．思考题

(1)　在 Z3040 摇臂钻床电路中，时间继电器 KT 和电磁阀 YV 在何时动作？

(2)　在 Z3040 摇臂钻床电路中，有哪些联锁与保护，为什么要采用这些措施，试举例说明。

(3)　Z3040 摇臂钻床主轴箱上的油槽有什么用途？

(4)　试说明 Z3040 摇臂钻床主轴上采用的轴承型号，怎样进行游隙的调整。

(5)　试说明 Z3040 摇臂钻床主轴平衡机构的工作原理。

(6)　电气控制设计中应遵循哪些原则？

2．填空题

(1)　钻床在加工时，工件一般_____，刀具则做_____，同时还做轴向的进给运动。

(2)　为增加主轴部件的刚度，主轴前端布置了两个_____。钻削时产生的向上轴向力，由主轴前端的_____承受。

(3)　摇臂钻床为了简化机械传动装置，采用了四台电动机进行拖动，分别是：主轴电

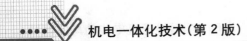

动机;_____;_____;冷却泵电动机。这些电动机均采用直接启动的方式启动。

3. 实训题

(1) 根据本章所讲知识,并查阅相关资料,绘制液压系统原理图,结合电气控制详细说明工作过程。

(2) 清理检查 Z3040 摇臂钻床电气控制柜,写出检查步骤,列出所需工具。

我 爱 我 国

精益求精——胡双钱的精湛技艺

第5章 升降电梯机电传动与控制

知识目标

- 熟知升降电梯的机械机构。
- 熟知升降电梯安全装置的工作原理。
- 知晓升降电梯的驱动系统和电气控制系统。

技能目标

- 会分析电梯各机械系统的工作过程。
- 会进行电梯典型机械故障的分析和排除。
- 会进行电梯典型电气故障的分析和排除。

任务导入

升降电梯是典型的起重运输设备之一。电梯种类繁多,包括乘客电梯、载货电梯、病床电梯、杂物电梯、住宅电梯、客货电梯以及特种电梯等,而与人们生活息息相关的乘客电梯即升降电梯怎样实现其机械运动呢?又通过怎样的电气电路来进行运动控制呢?下面通过本章的项目逐步进行剖析。

5.1 升降电梯机电传动与控制项目说明

1. 项目要点

(1) 电梯的各部件结构组成及功用。
(2) 电梯的常见故障原因分析和处理方法。

2. 项目条件

(1) 能拆卸和组装的升降电梯模型。
(2) 与升降电梯模型配套的实验电气控制柜。
(3) 配套的技术资料和教学资源。

3. 项目内容及要求

根据所学知识,熟悉和分析电梯的机械结构与安全装置,会根据电梯的故障现象判断产生故障的原因,并能提出处理故障的方案,掌握常见的处理方法。

5.2 基础知识

自 1857 年世界第一台载人电梯问世以来，电梯作为高楼的重要垂直运输工具，已应用得越来越广泛。我国的电梯制造业经历了从无到有、从小到大的发展过程，目前已经成为世界上最大的电梯生产国和最大的电梯需求国家之一。同时，电梯技术也在不断发展，传动效率高、低能耗、智能变频技术、智能群控技术及蓝牙技术等新技术的应用为电梯的发展提供更新的动力。

升降电梯机
电传动与控制

5.2.1 升降电梯的机械结构

电梯是机械电气结合紧密而又复杂的产品，一般包括曳引系统、导向系统、门系统、轿厢系统、质量平衡系统、电力拖动系统、电气控制系统及安全保护系统。如图 5-1 所示为升降电梯的整体结构。

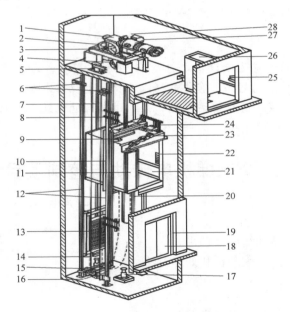

图 5-1 升降电梯结构

1—减速箱；2—曳引轮；3—曳引机底座；4—导向轮；5—限速器；6—导轨支架；

7—钢丝绳；8—开关碰铁；9—紧急终端开关；10—轿架；11—轿门；12—导轨；

13—对重；14—补偿链；15—补偿链导轮；16—张紧装置；17—缓冲器；18—厅门；

19—呼唤盒；20—随行电缆；21—轿壁；22—操作盘；23—开门机；24—井道传感器；

25—电源开关；26—电气控制柜；27—曳引电动机；28—制动器

其中曳引电动机、限速器、极限开关、控制柜与型号柜、机械选层设备、电源接线板及排风设备一般安装在机房中。导轨、对重装置、缓冲装置、钢丝绳张紧装置、随行电缆和分线盒等安放在井道中。门系统主要包括轿厢门、层门、开门机构、联动机构、门锁等。轿厢用以运送乘客或货物的电梯组件。

电力拖动系统由曳引电动机、供电系统、速度反馈装置、调速装置等组成。曳引电动机是电梯的动力源，根据电梯配置可采用交流电动机或直流电动机；供电系统是为电动机提供电源的装置；速度与反馈装置是为调速系统提供电梯运行速度信号的，一般采用测速发电机或速度脉冲发生器，与电动机相连；调速装置对曳引电动机实行调速控制。

电气控制系统由操纵装置、位置显示装置、控制屏、平层装置以及选层器等组成。操纵装置包括轿厢内的按钮操作箱或手柄开关箱、层站召唤按钮、轿顶和机房中的检修应急操作箱。

安全保护系统包括机械和电气的各类保护。

1. 电梯曳引机

电梯曳引机通常由电动机、制动器、减速箱及底座等组成。拖动装置的动力不用中间的减速箱而直接传到曳引轮上的曳引机称为无齿轮曳引机，无齿轮曳引机的电动机电枢同制动轮和曳引轮同轴直接相连；而拖动装置的动力通过中间减速箱传到曳引轮的曳引机称为有齿轮曳引机。

无齿轮曳引机一般是以直流电动机作为动力，由于去掉了减速机这一中间环节，因而其传递效率高、噪声小、传动平稳，但是能耗大、造价高、维修不方便，限制了其应用。

有齿曳引机的基本结构如图 5-2 所示，主要包括曳引电动机、制动器、减速机、曳引轮和盘车手轮，其技术较为成熟，已经广泛应用到速度小于 2m/s 的电梯中。

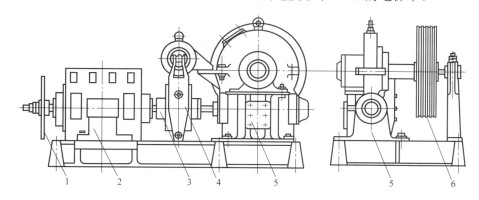

图 5-2　有齿曳引机的基本结构

1—惯性轮；2—电动机；3—联轴器；4—制动器；5—减速机；6—曳引轮

1)　电梯用交流电动机

电梯用电动机的特性要求要具有大的起动转矩；起动电流要小；电动机应有平坦的转矩特性；为了保证电梯的稳定性，在额定电压下，电动机的转差率在高速时应不大于 12%，在低速时应不大于 20%；要求噪声小，脉动转矩小。

2)　电梯上常用的交流电动机形式

主要形式有单速电动机、双速电动机、三速电动机。单速电动机是指单速笼型感应电动机，一般用于杂物梯、简易电梯，其额定转速为 1500r/min。

国内广泛采用的是双速双绕组笼型感应异步电动机。双速单绕组可以通过改变电动机接线方式来实现两种速度。双速双绕组电动机是在电动机定子中设置高速绕组和低速绕组两组绕组，以两种速度适应曳引要求。

3) 蜗轮蜗杆传动

目前速度不大于 2.5m/s 的有齿轮曳引机的减速箱大多采用蜗轮蜗杆，其主要优点是：传动平稳，运行噪声小；结构紧凑，外形尺寸小；传动零件少；具有较好的抗击载荷特性。

蜗轮轴支承方式：蜗轮副的蜗杆位于蜗轮上面的称为上置式，位于蜗轮下面的称为下置式。上置式的优点是箱体比较容易密封，容易检查，不足之处是蜗杆润滑比较差。

常用的蜗轮蜗杆齿形有圆柱形和圆弧回转面两种。

蜗杆蜗轮在选择材料时要充分考虑到其传动特点，蜗杆应选择硬度高、刚性好的材料，蜗轮应选择耐磨和减摩性能好的材料。

由于蜗杆传动的摩擦损失功率较大，损失的功率大部分转化为热量，使油温升高。过高的油温会大大降低润滑油的黏度，使齿面之间的油膜破坏，导致工作面直接接触产生齿面胶合现象。为了避免产生润滑油过热现象，设计的蜗轮箱体应满足从蜗轮箱散发出的热量大于或至少等于动力损耗的热量。

4) 斜齿轮传动

在设计电梯用斜齿轮时应考虑交应变力、冲击弯曲应力、点蚀与磨损、振动和噪声等方面因素。

2. 曳引轮和曳引绳

电梯曳引轮是悬挂曳引钢丝绳的轮子，由曳引电动机通过减速机带动旋转。曳引轮运转时，通过曳引绳和曳引导轮之间的摩擦力，驱动轿厢和对重装置上下运动。曳引轮一般用球墨铸铁制造，上面开有绕钢丝绳的绳槽。曳引轮的直径一般在 $\phi 350 \sim \phi 750$mm，是根据电梯曳引钢丝绳的直径及电梯轿厢速度等条件确定的。曳引轮上的绳槽数，根据电梯的额定载荷质量而定。

曳引绳承受着电梯的全部质量，并在电梯运行中绕着曳引轮、导向轮或反绳轮单向或交变弯曲，同时曳引绳在绳槽中也承受着较高的比压，所以要求电梯用曳引绳具有较高的强度、挠性和耐磨性。

3. 制动器

为了提高电梯的可靠性和平层准确度，曳引机需要安装制动器；而且，电梯制动系统应具有一个机电式制动器，当主电路断电或控制电路断电时，制动器必须动作。切断制动器电流，至少应由两个独立的电气装置来实现。

电磁制动器是电梯常用的制动器，是电梯安全运行的重要装置。当电动机通电旋转时，电磁制动器能及时松闸，电动机停止的瞬间能立即抱闸，是保证电梯轿厢准确平层和有效停止的关键部件。电磁制动器使用时的关键是注意调整闸瓦的间隙和合适的制动力，使其动作准确。

电磁制动器有交流和直流两种，其中直流电磁制动器工作性能稳定、噪声小。图 5-3 所示为电磁制动器的结构，主要包括制动电磁铁、制动臂、制动闸瓦、制动弹簧等。

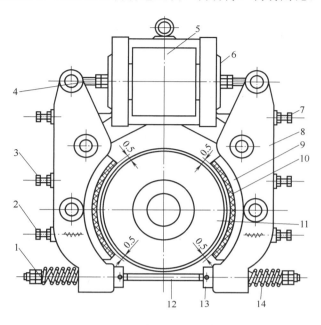

图 5-3　电磁制动器结构

1—制动弹簧调节螺母；2—闸瓦定位弹簧调节螺钉；3—闸瓦调节螺钉；4—铁心调整螺母；

5—电磁铁；6—电磁铁心；7—制动臂定位螺栓；8—制动臂；9—制动闸瓦；

10—制动衬料；11—制动轮；12—制动弹簧调节螺杆；13—手动松闸装置；14—制动弹簧

电磁制动器安装在电动机轴与蜗杆轴相连的制动轮处。当电梯处于静止状态时，电动机中无电流，电磁制动器的电磁线圈因与电动机并联，也无电流，两个铁心间没有吸引力，制动闸瓦在制动弹簧的作用下，将制动轮抱紧，保证了电梯的静止。当电动机通电旋转时，电磁线圈得电，电磁铁心吸合，带动制动臂克服制动弹簧的作用力，使制动闸瓦张开，与制动轮脱开，使电梯在无制动作用力的情况下运行。

制动器的制动作用由导向的压缩弹簧或重锤来实现，制动力矩应足以使以额定速度运行并载有 125%额定负载的轿厢制停。

4. 减速机

有齿轮曳引机在电梯额定速度不大于 2.5m/s 时，减速机大多采用蜗轮蜗杆传动。这种减速机有两种形式：一种是蜗杆位于蜗轮之上(上置式)，如图 5-4 所示；另一种是蜗杆位于蜗轮之下(下置式)，如图 5-5 所示。

曳引电动机通过联轴器与蜗杆相连，蜗轮与曳引轮通过主轴相连，从而实现了运动的正反向传递。

我国电梯曳引机减速机中的蜗杆蜗轮，大都采用延长渐开线蜗杆。减速机安放在电动机曳引轮转轴之间，蜗杆蜗轮的啮合性能良好，可以实现平稳传动。

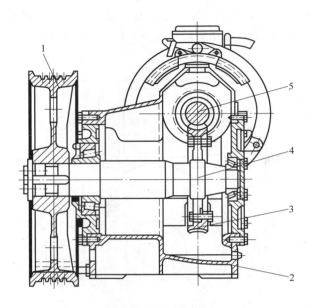

图 5-4 蜗杆上置式减速机

1—曳引轮；2—箱体；3—蜗轮；4—主轴；5—蜗杆

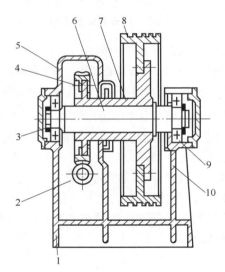

图 5-5 蜗杆下置式减速机

1—下箱体；2—蜗杆；3—轴承挡盖；4—蜗轮；5—上箱体；
6—主轴；7—连接套；8—曳引轮；9—轴承；10—机座

5. 轿厢、平衡系统与导引系统

在曳引电梯中，轿厢和对重悬挂于曳引轮两侧。轿厢是运送乘客或货物的承载部件，也是唯一乘客能看到的电梯结构部件；使用对重的目的是为了减轻电动机的负担，提高曳引效率。卷筒驱动和液压驱动的电梯很少用对重，因为这两种电梯轿厢均可以靠自重作用下降。

1) 轿厢的组成

轿厢一般由轿厢架、轿底、轿壁、轿顶等主要构件组成。各类电梯的轿厢基本结构相同，但由于用途不同在具体结构及外形上有一定的差异。

轿厢架是轿厢的主要承载构件，由立柱、底梁、上梁和拉条组成。

轿厢体由轿底板、轿厢壁、轿厢顶和轿厢门等组成。

一般轿内设有如下部分或全部装置：操纵电梯用的按钮操作箱；显示电梯运行方向及位置的轿内指示板；通信联络用的警铃、电话或对讲系统；风扇或抽风机等通风设备；保证有足够照明度的照明器具；标有电梯额定载重量、额定载客数及电梯制造厂名称或相应识别标志的铭牌；电源及有无司机操纵的钥匙开关等。

2) 对重

对重是曳引电梯不可缺少的部件，其可以平衡轿厢的质量和部分电梯负载重量，减少电动机功率的损耗。

3) 补偿装置

电梯在运行中，轿厢侧和对重侧的钢丝绳以及轿厢下随行电缆的长度在不断变化。随着轿厢和对重位置的变化，这个总质量将轮流地分配到曳引轮的两侧。为了减少电梯传动中曳引轮所承受的载荷差，提高电梯的曳引性能，宜采用补偿装置。

补偿装置悬挂在轿厢和对重下面，当电梯上升和下降时，其长度变化正好与曳引绳相反。当电梯位于最高位置时，曳引绳大部分在对重侧，而补偿装置却大部分在轿厢侧；当轿厢位于最低位置时，则情况刚好相反，从而起到了平衡作用，保证了对重的相对平衡。

补偿装置的形式有补偿链、补偿绳或补偿缆。

4) 导轨

导轨通过导轨架固定在井道壁上，导轨的位置限定了轿厢和对重的位置，是轿厢上下运行的轨道，导轨的主要作用是为轿厢和对重在垂直方向运动时导向，限制轿厢和对重在水平方向的移动。安全钳动作时，导轨作为被夹持的支承件，支承轿厢或对重，防止由于轿厢的偏载而产生的倾斜。

导轨通常采用机械加工方式或冷轧加工方式制作，分为"T"形导轨和"Ω"形导轨。

导轨每段长度一般为 3~5m，导轨两端部中心分别有榫和榫槽，导轨端缘底面有一加工平面，用于导轨连接板的连接安装，每根导轨端部至少要用四个螺栓与连接板固定。

5) 导靴

导靴是使轿厢和对重沿着导轨运行的装置，轿厢导靴安装在轿厢上梁和轿底安全钳座下面，对重导靴安装在对重架上部和底部，一般每组四个。导靴的主要类型有滑动导靴和滚动导靴两种。

滑动导靴主要用在额定速度为 2m/s 以下的电梯，有弹性滑动导靴和刚性滑动导靴。滚动导靴主要用在高速电梯中，也可应用于中等速度的电梯。

6. 电梯门系统

电梯有层门和轿厢门。层门设在层站入口处，根据需要，井道在每层楼设一个或两个出入口，不设层站出入口的层楼称盲层。层门数与层站出入口相对应。轿厢门与轿厢随动，是主动门，层门是被动门，如图5-6所示为层门(厅门)结构。

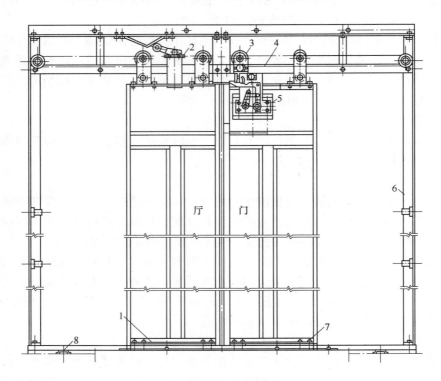

图 5-6　对开式层门(厅门)结构

1—层门地坎；2—锁停装置；3—吊门轮；4—门导轮；
5—门联锁；6—门架立柱；7—门滑块；8—固定预埋件

电梯门主要有滑动门和旋转门两类，目前普遍采用的是滑动门。滑动门按其开门方向又可分为中分式、旁开式和直分式三种。

1) 门的结构形式

电梯的门由门扇、门滑轮、门地坎、门导轨架等部件组成。层门和轿门都由门滑轮悬挂在门的导轨(或导槽)上，下部通过门滑块与地坎相配合。

电梯的层门和轿门均应是封闭无孔的，特殊情况除外。不论是轿门和层门，其机械强度均应满足：当门在锁住位置上，用 300N 的力垂直作用在门扇的任何位置，且均匀分布在 $5cm^2$ 的圆形面上，其弹性变形应不大于 15mm；当外力消失后，应无永久变形，且启闭正常。

轿门导轨架安装在轿厢顶部前沿，层门导轨架安装在层门门框上部，门滑轮安装在门扇上部。

门地坎和门靴是门的辅助导向件，与门导轨和门滑轮配合，使门的上下两端均受导向和限位。门在运动时，门靴顺着地坎槽滑动。有了门靴，门扇在正常外力作用下就不会倒向井道。

2）门的传动装置——自动开门机

门的关闭和开启的动力源是门电动机，在我国广泛使用的自动门机构采用直流 110V 的永磁电动机为动力源。通过传动机构驱动轿门运动，再由轿门带动层门一起运动。门电动机采用切换电阻调速时，则由安装在曲柄轮转动轴上的行程开关来实现。

自动开关门机构的形式较多，在客梯中一般采用中分封闭式结构。中分封闭结构多采用曲柄连杆拖动。自动开关门机构在开关过程中，速度是变化的，且关门的平均速度低于开门的平均速度。开门的基本过程是：低速起动运行→加速至全速运行→减速运行→停机，惯性运行至门全开。关门的基本过程是：全速起动运行→第一级减速运行→第二级减速运行→停机，惯性运行至门全闭。

双臂式自动开门机构是使用较为广泛的一种中分式开门机构，结构如图 5-7 所示。其原动力为直流电动机，以两级 V 带传动减速，第二级减速的带轮就是曲柄轮，曲柄轮通过杠杆和摇杆带动轿厢左右两扇门运动。曲柄轮顺逆旋转各 108°，能使左右两扇门同时开启或闭合，完成开关门动作。曲柄轮上平衡锤的作用是抵消关门后的自开趋势。

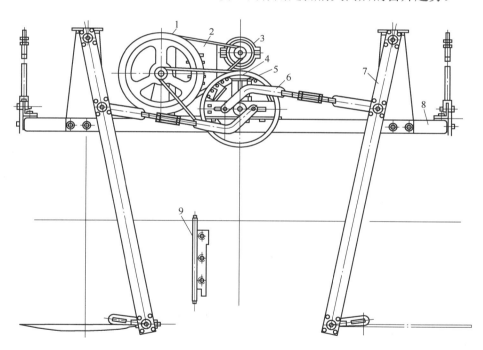

图 5-7 双臂式自动开门机构

1—带轮；2—电阻箱；3—电动机；4—行程开关；
5—曲柄轮；6—连杆；7—摇杆；8—开门机架；9—门刀

3）门的传动装置——联动机构

为了节省井道空间，电梯门大多是用二扇、三扇或四扇，极少使用单扇门。在门的开关过程中，当采用单门刀时轿门只能通过门系合装置直接带动一扇层门，层门门扇之间的运动协调是靠联动机构来实现的，包括中分式层门联动机构和旁开式层门联动机构。

4）门的传动装置——层门自闭合装置

电梯大部分事故出在门系统上，其中，由于门不应打开造成的事故最为严重。所以在轿门驱动层门的情况下，当轿厢在开锁区域以外时，层门无论因何种原因开启，都应有一种装置能确保层门自动关闭。这种装置可以利用弹簧或重锤的作用，强迫层门闭合。目前重锤式用得较多，重锤式始终用同样的力关门，而弹簧式在门关闭终了时的力较弱。

5）门的传动装置——自动门锁机构

电梯层门的开和关，是通过安装在轿门上的开门刀片来实现的，如图 5-7 中门刀 9。每个层门上都有一把门锁，有些中分式层门上各装一把门锁。层门关闭后，门锁的机械锁钩啮合，同时层门电气连锁触头闭合，电梯控制回路接通，此时电梯才能起动运行。

自动门锁是一种机电连锁装置，门关闭后，既可将门锁紧，防止从厅门外将厅门扒开出现危险，又可以保证只有厅门、轿门完全关闭后才能接通电路，电梯方可行驶，从而保证了电梯的安全。

图 5-8 所示为层门固定式门刀自动门锁的结构简图。

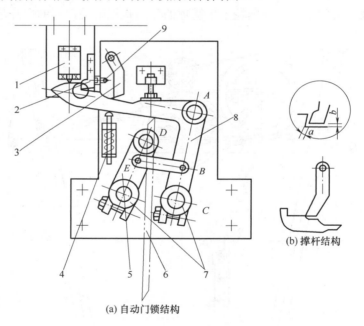

图 5-8 层门固定式门刀自动门锁结构

1—行程开关；2—锁钩；3—撑杆；4—复位弹簧；5—摆杆；
6—门刀；7—橡胶轮；8—锁臂；9—限位螺钉

电梯运行时，当轿厢到达某一楼层时，安装在轿厢上方的门刀进入门锁的两个橡胶轮之间。当轿厢门开启时，带动门刀向右移动。门刀进而推动锁臂绕 A 轴逆时针旋转，使得锁臂首先脱离锁钩，这一过程就是开锁，开锁过程结束后就是层门开启过程。在图 5-8 中，锁臂绕 A 点转动，摆杆绕 D 点转动，连接 B 点和 E 点的杆子称为连杆。当门刀推动橡胶轮转动时，会使锁臂转过一定角度，并通过连杆传递到摆杆。由于 AB 远大于 DE，所以摆杆摆动的角度会大于锁臂的摆动角度；因此会使摆杆的摆动速度大于锁臂的摆动速度，很快摆杆上的橡胶轮便会与门刀接触，形成两个橡胶轮把门刀夹在中间的结果。此时，门刀便不能继续推动锁臂旋转，从而利用锁臂推动层门门扇的开启。与此同时，撑杆在自重的作用下下摆，卡住锁臂，为关门做好准备，防止关门过程迟滞以及关门不严。

关门时，由门刀推动摆杆上的橡胶轮，由于锁臂被撑杆卡住，不能回摆，因此层门门扇会在门刀的推动下关闭。当关闭到位时，由限位螺钉将撑杆顶回，锁臂在复位弹簧的作用下落锁，同时接通行程开关完成关门、落锁及门扇闭合验证的过程。

6) 门入口的安全保护装置

乘客电梯轿门的入口应设置安全保护装置，以免在关门过程中夹伤人。正在关闭的门扇受阻时，门能自动重开。

常用的门入口安全保护装置有接触式保护装置(又称安全触板)、非接触式保护装置、光电式保护装置、超声波监控装置、电磁感应式保护装置等。

5.2.2　升降电梯的安全装置

电梯的安全性除了充分考虑结构的合理性、可靠性和电气控制及拖动的可靠性外，还应具有防范各种可能发生危险的安全装置。首先应将乘客的安全作为首先考虑的因素，同时也要对电梯本身和所载货物以及电梯所在的建筑结构进行保护。

1. 电梯运行的安全措施实施要求

为了确保乘客和电梯设备的安全，杜绝人身伤害事故的发生，电梯应该具有以下安全措施。

(1) 有限速器、安全钳等超速保护装置。

(2) 有相序保护断电器对供电系统断相和错相进行保护。

(3) 有缓冲器等防撞底缓冲装置。

(4) 有强迫减速开关、终端限位开关、终端极限开关等进行超越上下极限工作位置时的保护装置。

(5) 有门锁和连锁装置等厅门门锁与轿门电气连锁装置，确保门不关闭，电梯不能运行。

(6) 井道底坑有通道时，对重应有防止超速或端绳下落的装置。

(7) 停电或电气系统发生故障时，应有能使轿厢缓慢移动的装置。

(8) 轿厢内应设有警铃和电话设备，一旦发生故障，能及时报警求援。

(9) 不正常状态处理系统有手动盘车、自备发电机等装置，轿厢应有安全窗、轿门应设有手动开门设备等。

(10) 厅门、轿门应设门光电装置、门电子检测装置或门安全触板等门的安全装置，确保门开启闭合时的安全。

2. 超速保护装置——限速器

电梯由于控制失灵、曳引力不足、制动器失灵或制动力不足及超载断绳等原因均会造成轿厢超速和坠落。防超速和端绳的保护装置是安全钳-限速器系统，二者成对使用。限速器的作用是检测速度，而安全钳的作用是限制轿厢或对重的运动。也就是说，限速器是在轿厢或对重快速坠落时停止限速器绳的运动，安全钳是在出现轿厢或对重坠落的情况下将它们固定在导轨上，避免发生坠落。

安全钳与限速器系统的工作结构如图 5-9 所示。正常工作时，限速器绳与轿厢同步上下运行，这时连杆系统不动作；当轿厢(或对重)急速下坠时，限速器将限速器绳卡住使其不能运行，而轿厢则在自身质量的作用下下滑，这一动作使得连杆系统动作，而连杆又使安全钳动作，紧紧抱住导轨，阻止轿厢继续下滑。

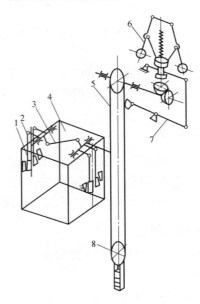

图 5-9　限速器与安全钳的工作结构

1—安全钳楔块；2—楔块拉条；3—联动机构；4—轿厢；

5—钢丝绳；6—限速器；7—连杆系统；8—胀紧栓

1)　轿厢常见的坠落原因

(1)　曳引钢丝绳因各种原因折断。

(2)　轿厢绳头板或对重绳头板与轿厢横梁或对重焊接处开焊，用销钉定位连接的销钉磨断。

(3)　蜗轮蜗杆的轮齿、轴、键、销折断。

(4)　曳引摩擦轮绳严重磨损，平衡失调，加之轿厢超载，造成钢丝绳和曳引轮打滑。

(5)　轿厢严重超载，平衡失调，制动器失灵。

(6)　由于平衡对重偏轻或轿厢自重偏轻，使得轿厢与对重平衡失调，造成钢丝绳在曳引轮上打滑。

2)　限速器的结构

限速器按其动作原理不同可分为摆锤式和离心式两种，一般常用离心式限速器。

摆锤式限速器是利用绳轮上的凸轮在旋转过程中与摆锤一端的滚轮接触，由于摆锤摆动的频率与绳轮的转速有关，所以当摆锤的振动频率超过一预定值时，摆锤的棘爪进入绳轮的止停爪内，从而使限速器停止运转。

离心式限速器又可分为甩锤式和甩球式两种，其特点是结构简单、可靠性高、安装所需空间小。离心式限速器是以旋转所产生的离心力来反映电梯的实际速度。 图 5-10 所示为甩锤式离心限速器结构，图 5-11 所示为甩球式离心限速器结构。

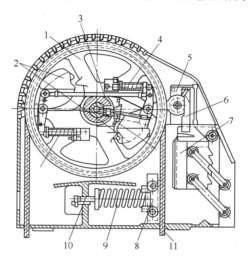

图 5-10　甩锤式离心限速器

1—限速器绳轮；2—甩块(锤)；3—连杆；4—螺旋弹簧；5—超速开关；
6—锁栓；7—摆动钳块；8—固定钳块；9—压紧弹簧；10—调节螺栓；11—限速器绳

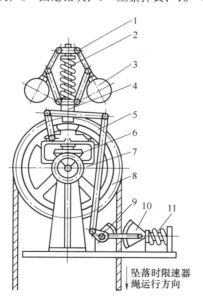

坠落时限速器
绳运行方向

图 5-11　甩球式离心限速器

1—转轴；2—转轴弹簧；3—甩球；4—活动套；5—杠杆；6—锥齿轮 1；
7—锥齿轮 2；8—绳轮；9—钳块 1；10—钳块 2；11—绳钳弹簧

以图 5-10 为例,当电梯运行时,轿厢通过钢丝绳带动限速器的绳轮转动,轿厢的运行速度越大,甩块的离心力就越大。当轿厢的运行速度达到其额定速度的 115%以上时,甩块在离心力的作用下被甩开,首先是超速开关动作,使电梯制动器失电抱闸;如果绳轮转速进一步加快,则甩块会撞击锁栓,使其松开摆动钳块。摆动钳块下落后与固定钳块一起将限速器绳夹住,限速器绳便不能继续运行,以保证可靠触发安全钳的工作。

在设计、选用和检修限速器时,应注意以下问题:限速器动作速度;限速器绳的预张紧力;限速器绳在绳轮中的附着力或限速器在动作时的张紧力;限速器动作的响应时间。

3. 超速保护装置——安全钳

电梯安全钳的作用是当轿厢(或对重)高速下坠时,对其进行刹车,以保证安全。凡是由钢丝绳或链条悬挂的电梯轿厢均应设有安全钳。安全钳安装于轿厢之上,随着轿厢一起沿着导轨运行,当出现曳引钢丝绳断裂等情况导致轿厢坠落时,安全钳会在限速器的驱动下抱紧导轨,使轿厢刹车,以保证乘客和电梯的安全。

安全钳可分为瞬时式安全钳和渐进式安全钳,其中瞬时式安全钳又包括楔块型瞬时式安全钳、偏心块型瞬时式安全钳、滚柱型瞬时式安全钳三种。

当限速器采用甩块式时,与其配套的是瞬时动作安全钳,如图 5-12 所示,其特点是制动距离短,轿厢承受冲击严重。

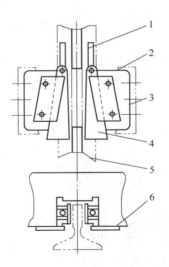

图 5-12　瞬时动作安全钳

1—拉杆;2—安全嘴;3—轿厢架下梁;4—楔块;5—导轨;6—盖板

正常工作时,楔块与导轨两侧的间隙保持在 2~3mm,当拉杆被提起时,钳座随着轿厢下落,相当于楔块顺着钳座斜面上滑,从而使楔块与导轨之间的间隙消失,使得楔块夹住导轨。工作过程如图 5-9 所示。

渐进式安全钳如图 5-13 所示,导轨从两个楔块中间通过,在限速器没有动作之前,轿厢可以自由运行。其特点是楔形块与导轨的接触是渐进的,具有较小的冲击,制停距离远,轿厢平稳。

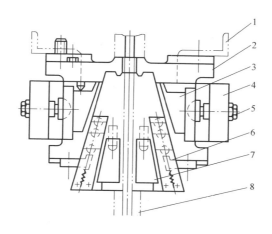

图 5-13　渐进式安全钳

1—轿厢架下梁；2—壳体；3—塞铁；4—安全垫；5—调整螺栓；6—滚筒器；7—楔块；8—导轨

4. 轿厢和对重用缓冲器

缓冲器是电梯极限位置的安全装置，当电梯超越底层或顶层时，由缓冲器吸收或消耗电梯的能量，从而使轿厢或对重安全减速至停止。

一般缓冲器均设置在底坑内，有的缓冲器装于轿厢或对重底部随其运行，因此在底坑内必须设置高度至少为 0.5m 的支座。

强制驱动电梯还应在轿厢顶部设置可在行程上限位置起作用的缓冲器；如装有对重，应在对重缓冲器被完全压缩之后，才使装于轿厢上部的缓冲器动作。

1) 缓冲器的类别和性能要求

电梯用缓冲器有蓄能型和耗能型两种主要形式。蓄能型缓冲器指的是弹簧缓冲器，主要部件是由圆形或方形钢丝制成的螺旋弹簧，只能用于额定速度不超过 1.0m/s 的电梯。耗能型缓冲器适用于任何额定速度的电梯，当载有额定载荷的轿厢自由下落并以设计缓冲器时所取的冲击速度作用到缓冲器上时，缓冲器应满足平均减速度不大于 $1g$，减速度超过 $2.5g$ 以上的作用时间不应大于 0.04s。

2) 弹簧缓冲器

弹簧缓冲器在受到冲击后，可使轿厢或对重的动能和势能转化为弹簧的弹性变形能，由于弹簧的反作用力，使轿厢或对重减速。当弹簧压缩到极限位置后，弹簧要释放缓冲过程中的弹性变形能，轿厢仍要反弹上升产生撞击，撞击速度越高，反弹速度越大，因此弹簧式缓冲器只适用于额定速度不大于 1.0m/s 的电梯。

弹簧缓冲器一般由缓冲橡胶垫、底座、弹簧、弹簧套组成，如图 5-14 所示。在底坑中并排设置两个，对重底下常用一个。为了适应大吨位轿厢，压缩弹簧由组合弹簧叠合而成。行程高度较大的弹簧缓冲器，为了增强弹簧的稳定性，在弹簧下部设有导套或在弹簧中设导向杆，也可在满足行程的前提下加高弹簧座高度，缩短无效行程。

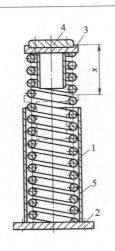

图 5-14　弹簧缓冲器

1—弹簧；2—底座；3—上缓冲器；4—缓冲橡胶垫；5—弹簧套

3)　液压缓冲器

液压缓冲器在制停期间的作用力近似常数，从而使柱塞近似做匀减速运动。

液压缓冲器是利用液体流动的阻尼缓解轿厢或对重的冲击，具有良好的缓冲性能。在使用条件相同的情况下，液压缓冲器所需的行程比弹簧缓冲器减少一半。液压缓冲器的结构如图 5-15 所示，主要包括缓冲垫、复位弹簧、柱塞、节流孔、变量棒及缸体等。

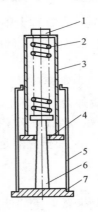

图 5-15　液压缓冲器

1—缓冲垫；2—复位弹簧；3—柱塞；4—节流孔；5—缸体；6—变量棒；7—底座

各种液压缓冲器的构造虽有所不同，但基本原理相同。当轿厢或对重撞击缓冲器时，柱塞向下运动，压缩油缸内的油通过节流孔外溢，在制停轿厢或对重过程中，其动能转化成油的热能，即消耗了电梯的动能，使电梯以一定的减速度逐渐停止下来。当轿厢或对重离开缓冲器时，柱塞在复位弹簧的作用下向上复位。

5.2.3　升降电梯的驱动系统

电梯的电力驱动系统对电梯的起动加速、稳速运行、制动减速起着控制作用，驱动系统的优劣直接影响电梯的起动、制动加减速度、平层精度、乘坐的舒适性等指标。

1. 变极调速系统

电动机极数少的绕组称为快速绕组，极数多的绕组称为慢速绕组。变极调速是一种有极调速，调速范围不大，因为过大地增加电动机的极数，就会显著地增大电动机的外形尺寸。

快速绕组作为起动和稳速之用，而慢速绕组作为制动和慢速平层停车用。

变极调速系统一般采用开环方式控制，线路简单，电动机的造价较低，因而总成本较低；但是电梯的舒适感稍差，一般只适用于额定速度不大于 1m/s 的电梯。

2. 交流调压调速系统

双速梯采用串电阻或电抗起动，变极减速平层，一般起、制动加减速度大，运行不平稳，因此可用晶闸管取代起、制动用电阻或电抗器，从而控制起、制动电流，并实现系统闭环控制。通常采用速度反馈，运行中不断检查电梯运行速度是否符合理想速度曲线要求，以达到起、制动舒适，运行平稳的目的。这种系统由于无低速爬行时间，使电梯的总输送效率大大提高，而且按距离制动直接停靠楼层，电梯的平层精度可控制在 ±10mm 之内。

调压调速电梯也常以制动方式来划分，有如下几种：

(1) 能耗制动型。由晶闸管调压调速和直流能耗制动组成。其制动力矩是由电动机本身产生的，因而可以方便地对起动加速、稳速运行和制动减速，实现全闭环控制。能耗制动型对电动机的制造要求较高，同时由于电动机在运行过程中一直处于转矩不平衡状态，所以其噪声较大，电动机会产生过热现象。

(2) 涡流制动器调速系统。通常由电枢和定子两部分组成，其结构简单、可靠性高。但是由于是开环起动，起动时的舒适感不是很好。

(3) 反接制动方式。电梯减速时，将定子绕组中的两相交叉改变其相序，使定子磁场的旋转方向改变，而转子的转向仍未改变，即电动机转子逆磁场旋转方向运转，产生制动力矩，使转速逐渐降低，此时电动机以反相序运转于第二象限。当速度下降到零时，需立即切断电动机电源，抱闸制动，否则电动机就会自动反转。

3. 变压变频调速系统

交流异步电动机的转速是施加于定子绕组上交流电源频率的函数，均匀且连续地改变定子绕组的供电频率，可平滑改变电动机的同步转速。但是根据电动机和电梯为恒转矩负载的要求，在变频调速时需保持电动机的最大转矩不变，维持磁通恒定，这就要求定子绕组供电电压要做相应的调节。因此，其电动机的供电电源的驱动系统应能同时改变电压和频率，即对电动机供电的变频器要求有调压和调频两种功能。使用这种变频器的电梯常称为 VVVF 型电梯。采用交流变频变压调速拖动系统的电梯，可以比较好地消除交流调压调速拖动系统电梯的缺陷，与采用交流调压调速拖动系统的电梯相比可以节能 40%～50%，与直流拖动电梯比较可以节能 65%～70%。

近年来国内生产的新电梯，以及在对原老电梯的技术改造中，采用这种拖动的技术日趋广泛，在部分电梯品种规格范围内，正在取代直流调速拖动、交流变极调速拖动、交流调压调速拖动系统。变压变频调速电梯拖动原理如图 5-16 所示。

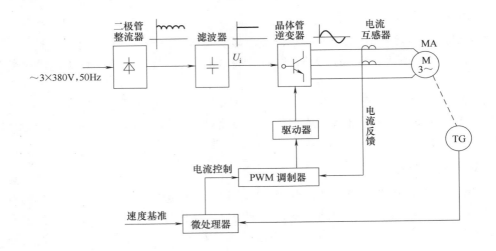

图 5-16　变压变频调速电梯拖动原理

1）　变频器

变频器可分为交-交变频器和交-直-交变频器两大类。交-交变频器的频率只能在电网频率以下的范围内进行变化；交-直-交变频器的频率由逆变器的开关元件的切换频率所决定，即变频器的输出频率不受电网频率的限制。

2）　PWM 控制器

目前，电梯用 VVVF 调速系统大多采用脉宽调制控制器 PWM。PWM 控制器按一定的规律控制逆变器中功率开关元件的通断，从而在逆变器的输出端获得一组等幅而不等宽的矩形脉冲波，用来近似等效于正弦波。

3）　低、中速 VVVF 电梯拖动系统

VVVF 电梯的驱动部分是其核心，也是与定子调压控制方式的主要区别之处。VVVF 驱动控制部分由三个单元组成：第一单元是根据来自速度控制部分的转矩指令信号，对应该供给电动机的电流进行运算，产生出电流指令运算信号；第二单元是将数/模转换后的电流指令和实际流向电动机的电流进行比较，从而控制主回路转换器的 PWM 控制器；第三单元是将来自 PWM 控制部分的指令电流供给电动机的主回路控制部分。

主回路的控制部分构成：将三相交流电变换成直流的整流器部分；平滑该直流电压的电解电容器；电动机制动时，再生发电处理装置以及将直流转换成交流的大功率逆变器部分。

4. 电梯的直流驱动系统

电梯最早使用的就是直流驱动系统，具有速度快、舒适感好、平层精度高等优点，在速度为 2m/s 的电梯系统中应用比较广泛。

　　直流电梯的拖动系统通常有两种：一是用发动机组成的晶闸管励磁的发电机-电动机驱动系统，其原理如图 5-17 所示；二是晶闸管直接供电的晶闸管-电动机系统，主要是由两组晶闸管取代了传统驱动系统中的发电机组，其原理如图 5-18 所示。

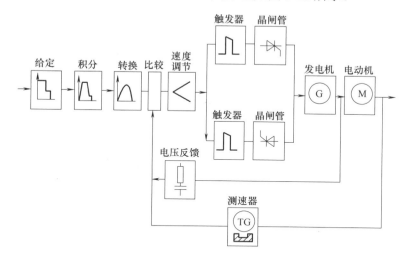

图 5-17　发电机-电动机驱动系统原理

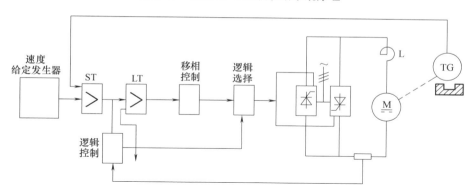

图 5-18　晶闸管-电动机驱动系统原理

5.2.4　升降电梯的电气控制系统

　　不论采用何种控制方式，电梯总是按轿厢内指令和层站召唤信号要求，向上或向下起动、起行、减速、制动、停站。

　　电梯的控制主要是指对电梯原动机及开门机的起动、减速、停止、运行方向、指层显示、层站召唤、轿车内指令、安全保护等指令信号进行管理，操纵是实行每个控制环节的方式和手段。

1. 常规继电器控制的典型控制环节

　　常规继电器控制方式在早期的电梯控制中应用相当广泛，其最大的特点是简单、容易掌握。由于这种控制方式中应用了大量的继电器和接触器，工作时会产生较大的噪声；且继电器的外形尺寸较大，因而电控柜的占地面积也较大。继电器的最大特点是利用接点的通断控制电梯，而众多的继电器会降低整个系统的可靠性，也给维修带来很大的麻烦，同时这种控制方式柔性差。

1) 自动开关门的控制线路

自动门机安装于轿厢顶上，在带动轿门启闭时，还需通过机械联动机构带动层门与轿门同步启闭。为使电梯门在启闭过程中达到快和稳的要求，必须对自动门机系统进行速度调节。当使用小型直流伺服电动机时，可用电阻串并联方法。当用小型交流转矩电动机时，常用加涡流制动器的调速方法。直流电动机调速方法简单，低速时发热较少，交流门机在低速时电动机发热厉害，对三相电动机的堵转性能及绝缘要求均较高。

2) 轿内指令和层站召唤线路

轿内操纵箱上对应每一层楼设一个带灯的按钮，也称指令按钮。乘客入轿厢后按下要到达的目的层站按钮，按钮灯便亮，即轿内指令登记，运行到目的层站后，该指令被消除，按钮灯熄灭。

电梯的层站召唤信号是通过各个楼层门口旁的按钮来实现的。信号控制或集选控制的电梯，除顶层只有下呼按钮、底层只有上呼按钮外，其余每层都有上、下召唤按钮。

3) 电梯的选层定向控制方法

电梯的选层定向控制常用的几种有手柄开关定向、井道分层转换开关定向、井道永磁开关与继电器组成的逻辑电路定向、机械选层器定向、双稳态磁开关和电子数字电路定向、电子脉冲式选层装置定向。

4) 电梯的定向、选层线路

电梯的方向控制是根据电梯轿厢内乘客的目的层站指令和各层楼召唤信号与电梯所处层楼位置信号进行比较，凡是在电梯位置信号上方的轿厢内指令和层站召唤信号，令电梯定上行，反之定下行。

方向控制环节必须注意以下几点。

(1) 电梯要保持最远层楼乘客召唤信号的方向运行。

(2) 轿内召唤指令优先于各层楼召唤指令而定向。

(3) 在司机操纵时，当电梯尚未起动运行的情况下，应让司机有强行改变电梯运行方向的可能性。

(4) 在检修状态下，电梯的方向控制由检修人员直接持续揿按轿内操纵箱上或轿厢顶上的方向按钮，电梯才能运行，而当松开方向按钮，电梯即停止。

5) 楼层显示线路

乘客电梯轿厢内必定有楼层显示器，而层站上的楼层显示器则由电梯生产厂商视情况而定。过去的电梯每层都有显示，随着电梯速度的提高、群控调度系统的完善，现在很多电梯取消了层站楼层显示器，或者只保留基站楼层显示，到达召唤站时采用声光预报板，如电梯将要到达，报站钟发出声音，方向灯闪动或指示电梯的运行方向，有的采用轿内语音报站，提醒乘客。

6) 检修运行线路

为了便于检修和维护，在轿顶安装了一个易于接近的控制装置。该装置中有一个能满足电气安全要求的检修双稳态运行开关，并设有无意操作防护。

检修时应满足下列条件。

(1) 一旦进入检修运行，应取消正常运行、紧急状态下的电动运行和对接装卸运行；只有再一次操作检修开关，才能使电梯重新恢复正常工作。

(2) 上下行只能点动操作，为防止意外，应标明运行方向。

(3) 轿厢检修速度应不超过 0.63m/s。

(4) 电梯运行应仍依靠安全装置，运行不能超过正常的运程范围。

7) 电梯的电气安全保护系统

电梯一般设有超速保护开关，层门锁闭装置的电气连锁保护，门入口的安全保护，上下端站的超越保护，缺相、断相保护，电梯控制系统中的短路保护，曳引电动机的过载保护等保护环节。

8) 电梯的消防控制功能

为使电梯安全运行，电梯还应达到消防控制的基本要求，典型的消防控制系统如下。

(1) 电梯的底层(或基站)设置有供消防火警用的带有玻璃窗的专用消防开关箱；在火警发生时，敲碎玻璃窗，拨动箱内开关，就可使电梯立即返回底层。

(2) 电梯的底层(或基站)设置除有专用消防开关箱外，尚有可供消防员操作的专用钥匙开关，只要接通该钥匙开关就可使已返回底层(或基站)的电梯供消防员使用。

(3) 电梯返回底层(或基站)后，供消防员控制操作的专用钥匙开关设置在轿厢内的操纵箱上。

(4) 消防员专用钥匙开关不是设在轿厢内操纵箱上，而是设置在底层(或基站)外多个召唤按钮箱中的某一个按钮箱上，只要消防员专用钥匙开关工作，即可使一组电梯中的所有电梯均投入消防紧急运行状态。

2. 电梯的 PLC 控制

电梯采用 PLC 进行控制，PLC 具有体积小、耗电少、可靠性高、稳定性好、编程简单、使用方便、工作噪声非常小以及程序更改容易等特点；另外，PLC 程序执行快，可以很快地响应系统提出的请求。由于 PLC 控制系统具有良好的柔性，使得 PLC 在电梯的控制上得到了广泛应用。

PLC 的工作原理是通过对输入信号不断地进行采样(输入信号来自按钮、传感器、行程开关等)，根据事先编制存入 PLC 内存的用户程序，产生相应输出信号(这些输出信号控制被控系统的外部负载，如继电器、指示灯等)。

3. 电梯的微型计算机控制系统

1) 单片机控制装置

利用单片机控制电梯有成本低、通用性强、灵活性大及易于实现复杂控制等优点。

2) 单台电梯的微型计算机控制系统

对于不要求群控的场合，利用微型计算机对单梯进行控制，每台电梯控制器可以配以两台或更多台微型计算机。例如，一台担负机房与轿厢的通信，一台完成轿厢的各类操作控制，还有一台专用于速度控制等。微型计算机控制电梯，主要包括三个部分：电气传动系统控制、信号的传输与控制、轿厢的顺序控制。

3) 群控——多台微型计算机控制系统

为了提高建筑物内多台电梯的运行效率，节省能耗，减少乘客的待梯时间，将多台电梯进行集中统一的控制称为群控。群控目前都采用多台微型计算机控制的系统，其任务是：收集层站呼梯信号及各台电梯的工作状态信息，然后按最优决策最合理地调度各台电梯；完成群控管理机与单台梯控制微型计算机的信息交换；对群控系统的故障进行诊断和处理。目前对群控技术的要求是：如何缩短候梯时间和与大楼的信息系统相对应，并采用电梯专家知识，组成服务周到及具有灵活性的控制系统。

5.3 升降电梯机电传动与控制项目实施过程

5.3.1 工作计划

在项目实施过程中，小组协同编制工作计划，并协作解决难题，相互之间监督计划执行与完成情况，以养成良好的"组织管理""准确遵守"等职业素养。工作计划如表 5-1 所示。

表 5-1 工作计划

序号	内容	负责人/责任人	开始时间	结束时间	验收要求	完成/执行情况记录	个人体会、行为改变效果
1	研讨任务	全体组员			分析项目的控制要求		
2	制订计划	小组长			制订完整的工作计划		
3	确定控制流程	全体组员			根据任务研讨结果，确定项目的控制流程		
4	具体操作	全体组员			根据任务流程，编写故障排除方案		
5	效果检查	小组长			检查本组组员计划执行情况		
6	评估	教师/讲师			根据小组协同完成的情况进行客观评价，并填写评价表		

注：该表由每个小组集中填写，时间根据实际授课(实训)填写，以供检查和评估参考。最后一栏供学习者自行如实填写，作为自己学习的心得体会见证。

5.3.2 方案分析

为了能有效地完成项目内容，即对电梯的机电故障进行排除，需要对电梯机械系统故障的排除与电气故障的排除做全面的了解，按照规范要求进行工作。图 5-19 所示为电梯故障排除的基本思路。

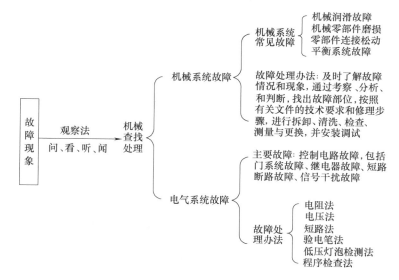

图 5-19 电梯故障排除的基本思路

5.3.3 操作分析

1. 典型机械故障与排除

电梯的机械故障比较少见，据统计只占到全部故障的 10%～15%。由于机械系统的结构特点，一旦发生故障，会造成较为严重的后果，停机修理时间长，还有可能造成人身伤害事故，所以最主要的还是要加强电梯的管理和日常维护。下面就典型的机械部位故障进行分析，如表 5-2～表 5-5 所示。

表 5-2 典型机械故障分析(一)

曳引机故障		
典型故障现象	主要原因分析	故障排除
曳引机振动、产生噪声	(1)曳引机紧固螺栓松动、有脏物进入蜗轮蜗杆减速机，润滑不良； (2)蜗杆推力轴承磨损、锁紧螺母松动、滚动轴承损坏	(1)紧固各处螺栓，定期进行检查，更换润滑油； (2)联系厂家或专业技术人员，进行零部件更换或调整
制动轮左右晃动	(1)联轴器法兰盘松动； (2)联轴器连接螺栓松动	重新紧固，必要时更换零部件
曳引机漏油	(1)减速机各处压盖松动，密封垫圈损坏，机壳有裂纹； (2)电动机端盖与外壳没有压紧或者有裂缝； (3)加油过量	(1)检查电动机和减速机外壳及机座是否有裂纹； (2)调整或更换密封垫，压紧各处压盖； (3)检查油标油位是否正确，最高不要超过 2/3

续表

曳引机故障		
典型故障现象	主要原因分析	故障排除
曳引机轴向窜动	蜗杆推力轴承磨损，安装锁紧不到位	打开后门头盖，调整间隙
电动机与抱闸处有尖叫声	(1)缺油或轴承座内杂质过多； (2)轴承损坏	(1)清理并更换润滑油； (2)清洗更换轴承
减速机的蜗轮蜗杆有咬死现象	(1)减速机严重缺油； (2)润滑油黏度太稀； (3)润滑油内有硬质异物，不干净； (4)蜗轮蜗杆齿隙过小	(1)按照厂家或电梯技术要求添加润滑油； (2)放掉旧油，清洗箱体，更换上符合要求的新油； (3)调整蜗轮副中心距，齿侧间隙控制在1.9～2.5mm
电梯平层后向下溜车	(1)对重太轻、电梯超重、制动力矩太小，曳引绳在槽内打滑； (2)若曳引绳槽无磨损现象，出现空载、半载、满载的溜车距离逐渐增加，则是制动器制动力不够； (3)制动器安装位置不对中，出现抱闸时左右间隙不等或者抱偏	(1)调整制动器的安装位置； (2)调整制动弹簧压缩量
减速机轴承发烫、噪声大	(1)润滑油过量或过少； (2)润滑油太脏，油质差，有结块； (3)轴承安装的配合不当，轴承损坏	(1)更换上新轴承； (2)清洗轴承，换上新润滑油
减速机蜗杆抱轴	(1)箱体缺油，轴承润滑环境恶劣； (2)轴承损坏或压得太紧	(1)检查箱体润滑油，进行添加或更换； (2)调整轴承间隙或更换
电动机温升过高，超过规定值，发烫，有异味	(1)负载持续率超过额定负载持续率，长时间使用慢车绕组运行； (2)电动机绕组局部漏电，轴承润滑不良，与减速机不同轴，造成附加载荷过大，运行断相	(1)改善电动机工作制，使电动机负载持续率与实际相符； (2)调整换速时间，减少慢速绕组使用次数和时间； (3)调整电动机与减速机的安装位置，重新对中； (4)检查电动机三相
电梯在运行中突然停止，不平层，显示开关门正常	(1)安全或门锁电路突然断开； (2)抱闸故障； (3)控制系统问题； (4)曳引机故障	(1)检查安全回路及门锁，控制系统各信号； (2)支承对重，吊起轿厢，松抱闸，手动盘车，松连接分别检查电动机、减速机
电动机运转时抖动，电动机轴与轴套之间有响声，严重时轴头冒烟	(1)润滑油不好或缺润滑油； (2)甩油环失灵，轴颈磨损，间隙过大； (3)电动机与减速机不同轴	(1)检查润滑油量； (2)检查甩油环； (3)清洗更换润滑油； (4)重新校正电动机与减速机同轴度

表 5-3　典型机械故障分析(二)

限速器与安全钳故障		
典型故障现象	主要原因分析	故障排除
限速器绳轮磨损严重	(1)钢丝绳是否有断丝、死弯、油污等现象; (2)拆卸限速器绳,各处间隙是否正常	(1)对照相关要求和标准检查安装质量; (2)重新调整,达到要求
限速器绳与绳轮相对滑移	(1)限速器绳轮槽之间的磨损不规则,曳引力下降,加上电梯起动、制动时产生的惯性力会使摩擦力瞬间降低,造成微量滑移; (2)随着起动、制动次数的增加,滑移趋势增加	观察磨损情况,考虑更换为钢带传送,消除相对滑移
限速器与安全钳误动作	(1)限速器旋转部分或绳轮润滑不够,造成限速器误动作; (2)固定限速器的螺钉松动,使得限速器误动作; (3)安全钳楔块与导轨间隙小于 2mm,当靴衬磨损过大时,安全钳误动作; (4)限速器钢丝绳磨损,制动块磨损,使限速器误动作	(1)限速器轮轴每周加油一次; (2)拧紧固定限速器螺钉,防止其偏斜; (3)调整合理间隙; (4)调整或更换制动块
安全钳动作时轿厢倾斜,振动冲击大	(1)安全钳制动时,制动元件不能同步楔入钳体和导轨之间,造成轿厢倾斜、振动和冲击; (2)提拉机构安装质量不佳,影响了安全钳动作的同步性,影响到制动时的振动冲击和轿厢的倾斜	必须确保安全钳提拉机构的安装质量和元器件的质量,定期校验,更换不合格元器件
电梯每次运行到顶层位置时发生急停,稍后自动停在顶层平层位置	当轿厢运行将到顶层时,限速器钢丝绳因拉长过长,抖动很大,敲打张紧装置处的断绳开关,导致开关时合时闭,却未断开	将断绳开关改造在胀绳轮的底部,使得断绳开关与张紧装置分开

表 5-4　典型机械故障分析(三)

钢丝绳与补偿链故障		
典型故障现象	主要原因分析	故障排除
曳引钢丝绳打滑	(1)曳引轮绳槽磨损严重,钢丝绳与槽底的间隙小于1mm; (2)曳引钢丝绳太长,使电梯运行在最高时,配重搁置在缓冲器上,使钢丝绳打滑; (3)钢丝绳上有过多的渗油,摩擦力不够而打滑	(1)更换曳引轮,或修正曳引轮槽; (2)截断钢丝绳重做绳头; (3)用煤油去除钢丝绳上的油污

钢丝绳与补偿链故障

典型故障现象	主要原因分析	故障排除
钢丝绳外表面磨损快,断丝周期短	(1)轮槽槽形与钢丝绳不匹配,有夹绳现象; (2)绳轮的垂直度超差,曳引轮与抗绳轮的平行度超差; (3)钢丝绳质量差	(1)消除钢丝绳内应力,防止打滚; (2)调整相关零部件的垂直度与平行度; (3)选用合适匹配的槽形与钢丝绳
钢丝绳悬垂于井道后打结、松解、弯曲、蛇状	(1)发货时,钢丝绳解卷的办法不对; (2)钢丝绳打卷存放时间过长,产生永久性变形	(1)采用正确的办法解卷钢丝绳; (2)在挂绳前将钢丝绳放开,使之自由悬垂于井道内,消除内应力
电梯补偿链掉,拖地并有异声	(1)补偿链过长或太短; (2)补偿链有扭曲现象; (3)保养时的润滑有问题; (4)随着曳引钢丝绳的伸长,电梯的补偿链就有可能拖地; (5)严重时有可能会拉坏补偿链支架并损坏井道中其他零部件	(1)按规定要求计算补偿链长度,防止其扭曲; (2)采用合适的润滑方式; (3)重新绑扎补偿链,使其符合要求

表5-5 典型机械故障分析(四)

电梯抖动与振动故障

典型故障现象	主要原因分析	故障排除
机械原因抖动与振动	(1)导轨安装时不垂直,导轨磨损、变形或导轨接头处不平,台阶大于0.15mm; (2)导轨支架松动或压轨板螺栓松动; (3)主机机座与承重梁连接固定螺栓松动,运行时窜动,引起振动; (4)减速机中,蜗轮蜗杆间隙不合适或啮合不良; (5)抱闸间隙不均匀; (6)轿厢底部不水平,负载运行受力不均; (7)轿厢各处连接螺栓有松动; (8)轨距误差较大(>2mm); (9)钢丝绳间受力不均; (10)安全钳动作后,楔块没有复位,运行时有磨轨道现象; (11)轿顶及绳轮轴承内滚珠磨损,运行时有一顿一顿的感觉或反绳轮与两边上梁间隙不一致,有轻微切槽现象; (12)对重与井道内异物有碰撞现象	(1)重新校正导轨,重新磨光修平接头处; (2)重新拧紧各处连接螺栓和螺母; (3)调整减速机蜗轮蜗杆啮合间隙; (4)调整制动器,使两侧间隙均匀并调制到0.5~0.7mm,且两边工作同步,抱闸衬料磨损需要更换; (5)校平轿底; (6)重新调整轨距并达到规定要求; (7)调整钢丝绳受力,使其均匀; (8)重新调整楔块,使之复位,并注意其间隙和提拉力是否符合要求; (9)清除井道杂物

电梯抖动与振动故障

典型故障现象	主要原因分析	故障排除
开关门时门板抖动	(1)轿门或厅门的挂轮磨损严重； (2)轿门门轨道槽中有异物或扭曲变形严重； (3)轿门地坎内有异物； (4)轿门传动机构紧固螺栓松动，连杆变形或扭曲	(1)更换挂轮； (2)清洗导轨并涂抹机油，修复或更换变形导槽； (3)清理异物，保持干净； (4)拧紧传动机构各处螺栓，修复或更换变形连杆
电梯上下行，轿厢出现波动不平稳现象	(1)井道导轨平行度和垂直度超差； (2)导轨支架安装尺寸超差； (3)导靴与导轨间隙过大； (4)轿顶轮松动、安装不平、轴向间隙过大； (5)轿厢变形或位移	(1)将轿厢上的四角固定螺栓均松动一致，让其自然校正，随后逐步拧紧； (2)重新校正并紧固螺栓
电梯在运行中抖动或晃动	(1)曳引机减速箱蜗轮、蜗杆磨损，齿间隙过大； (2)曳引机固定处松动； (3)个别导轨架或导轨松动； (4)滑动导靴的靴衬磨损过大，滚轮也严重磨损； (5)曳引绳松紧差异大	(1)调整减速箱中心距或更换蜗轮、蜗杆； (2)检查地脚螺栓、挡板、压板等，如有松动应拧紧； (3)慢速行车，在轿顶上检查并拧紧； (4)更换滑动导靴的靴衬，更换滚轮导靴或修复滚轮； (5)调整绳头套螺母，使各条曳引绳拉力一致
曳引机大修后振动	修理后，重新组装时蜗杆轴与电动机轴的同轴度偏差过大，导致振动，电动机摇摆	拆开联轴器连接螺栓，松开抱闸装置，中心对中两个半联轴节，注意调节时，只调节电动机

2. 典型电气故障与排除

电梯的电气故障占总故障的 85%～90%，特别是控制电路故障，结构复杂，要迅速排除故障，单凭经验是不够的，还需要技术人员掌握电气控制电路的工作原理及控制环节的工作过程，明确各个电气元器件之间的相互关系及作用，熟知电梯控制通信实现。表 5-6 所示为部分典型的电梯电气故障。

表 5-6 典型电梯电气故障分析

故障现象	可能原因	排除方法
在基站将钥匙开关闭合后，电梯不开门（直流电梯钥匙开关闭合后，发电机不启动）	控制电路的熔丝断开	更换熔丝，并查找原因
	钥匙开关触点接触不良或折断	如接触不良，可用无水酒精清洗，并调整接点弹簧片；如触点折断，则应予以更换
	基站钥匙开关继电器线圈损坏或继电器触点接触不良	如线圈损坏，应更换；如触点接触不良，应清洗修复
	有关线路出了问题	在机房人为使基站开关继电器吸合，视其以下线路接触器或继电器是否动作，如仍不能起动，则应进一步检查，直至找出故障，并加以排除
按下选层按钮后没有信号（灯不亮）	按钮接触不良或折断	修复和调整
	信号灯接触不良或烧坏	排除接触不良或更换灯泡
	选层继电器失灵或自锁触点接触不良	更换或修理
	有关线路断开或接线松开	用万用表检查并排除
	选层器上信号灯活动触点接触不良，使选层继电器不能吸合	调整活动触点弹簧，或修复清理触点
有选层信号，但方向箭头灯不亮	信号灯接触不良或烧坏	排除接触不良或更换灯泡
	选层器上自动定向触点接触不良，使方向继电器不能吸合	用万用表检测，并调整修复
	选层继电器常开触点接触不良，使方向继电器不能吸合	修复及调整
	上、下行方向继电器回路中的二极管损坏	用万用表找出损坏的二极管，并予以更换
按下关门按钮后，门不关	关门按钮触点接触不良或损坏	用导线短接法检查确定，然后修复
	轿厢顶关门限位开关常闭触点和开门按钮的常闭触点闭合不好，从而导致整个关门控制回路有断点，使关门继电器不能吸合	用导线短接法将门控制回路中的断点找到，然后修复
	关门继电器出现故障或损坏	排除或更换
	门电动机损坏或有关线路有断点	用万用表检查电动机及有关线路，并进行修复或更换
	门机构传动带打滑	张紧传动带或更换
电梯已接收选层信号，但门关闭后不能启动	门未关闭到位，门锁开关未能接通	重新开关门，如不奏效，应调整门速
	门锁开关出现故障	排除或更换
	轿门闭合到位，开关未接通	调整和排除
	运行继电器回路有断点或运行继电器出现故障	用万用表检查断点，并排除、修复、更换继电器

故障现象	可能原因	排除方法
门未关，电梯就选层启动	门锁开关触点粘连(对使用微动开关的门锁)	排除或更换
	门锁控制回路短路	检查并排除
到站平层后，电梯门不开	电机回路中的熔丝过松或熔断	拧紧或更换
	轿厢顶开门限位开关闭合不好或触点折断，使开门继电器不能吸合	排除或更换
	开门电气回路出故障或开门继电器损坏	排除或更换
	开门继电器损坏	更换
平层误差大	选层器上的换速触点与固定触点位置不合适	调整
	平层感应器与隔磁板位置不当	调整
	制动器弹簧过松	调整
开门速度变慢	开关门速度控制电路出现故障	检查低速开关门行程开关，排除故障
	开门传动带打滑	张紧传动带
电梯在行驶中突然停车	外电网停电或倒闸换电	如停电时间过长，应通知维修人员采取营救措施
	由于某种原因引起电流过大，总开关熔丝熔断，或自动空气开关跳闸	找出原因，更换熔丝或重新合上空气开关
	门刀碰撞刀轮，使锁臂脱开，门锁开关断开	调整门锁滚轮与门刀位置
	安全钳动作	参见"典型机械故障处理"
电梯冲顶撞底	由于控制部分，如选层器换速触点、选层继电器、井道换速开关、极限开关等失灵，或选层器链条脱落等	查明原因后，酌情修复或更换元器件
	快速运行继电器触点黏住，使电梯保持快速运行，直至冲顶或撞底	冲顶时，由于轿厢惯性冲力很大，当对重被缓冲器撑住时，轿厢会产生急抖动下降，可能会使安全钳动作。此时，应首先拉开总电源，用木柱支承对重。用 3t 手动葫芦吊升轿厢，直至安全钳复位
电梯启动和运行速度有明显下降	制动器抱闸未完全打开或局部未打开	调整
	三相电源中有一相接触不良	检查线路，紧固各触点
	行车上、下接触器触点接触不良	检修或更换
	电源电压过低	调整三个电压，电压值不超过规定值的 ±10%

机电一体化技术(第2版)

续表

故障现象	可能原因	排除方法
预选层站不停车	轿内选层继电器失灵	修复或更换
	选层器上减速动触点与预选静触点接触不良	调整与修复
未选层站停车	快速保持回路接触不良	检查调整快速回路中的继电器与接触器触点，使其接触良好
	选层器上层间信号隔离二极管击穿	更换二极管
局部熔丝经常熔断	该回路导线有接地或电气元件有接地	检查接地点，加强绝缘
	继电器绝缘垫片击穿	加绝缘垫片或更换继电器
主熔丝片经常熔断	熔丝片容量选得小或接触不良	按额定电流更换熔丝片，并压接紧固
	接触器接触不良或被卡阻	检查调整接触器，排除卡阻或更换接触器
	电梯起动、制动时间过长	调整起动、制动时间
门安全触板失灵	触板微动开关出了故障	排除或更换
	微动开关连线短路	检查电路，排除短路点
轿厢或厅门有电麻感觉	轿厢或厅门接地线断开，或者接触不良	检查接地线
	接零系统零线重复接地线断开	接好重复接地线
	线路有漏电现象	检查线路绝缘

5.4 升降电梯机电传动与控制项目的检查与评估

5.4.1 检查方法

首先根据故障现象分析原因，填写表 5-7；再根据所学知识针对具体的电梯故障进行处理，将检修好的电梯进行调试和测试，并填写表5-7。

表5-7 电梯常见故障及处理办法

序　号	故障现象	可能原因分析	处理办法

5.4.2 评估策略

评估包括从反馈与反思中获得学习机会，支持学习者的技术实践能力向更高水平发展，同时也检测反思性学习者的反思品质，即从实践中学习的能力。

1. 整合多种来源

在本项目中，评估的来源主要包括学习者的项目任务分析能力、电气原理分析、设计布置意识、运行及调试和小组协调能力等。

2. 从多种环节中收集评估证据

本项目在资讯、计划、决策、实施和检查等环节中均以学习者为主体。资讯环节应记录学习者对于任务认识和分析能力；计划环节应记录学习者的参与情况、是否有独特见地、能否主动汇报或请教等；决策环节应考虑学习者的思维是否开阔、是否勇于承担责任；实施环节应考虑学习者勤奋努力的品质、精益求精的意识、创新的理念和操作熟练程度等；检查环节应检验学习者发现问题和解决问题的能力。

综上所述，可制订表 5-8 所示的评估表。

表 5-8　评估表

评估项目		第一组				第二组				第三组			
		A	B	C	D	A	B	C	D	A	B	C	D
资讯	任务分析能力												
	信息搜索能力												
计划	信息运用能力												
	团结协作												
	汇报表达能力												
	独到见解												
决策	小组领导意识												
	思维开阔												
决策	勇于承担责任												
实施	勤奋努力												
	精益求精												
	创新理念												
	操作熟练程度												
检查	发现问题												
	解决问题												
	独到见解												

5.5　拓　展　实　训

5.5.1　三层升降电梯的 PLC 程序设计

【实训目的】

掌握 PLC 技术在电梯控制中的应用。

【实训要点】

当电梯停于某层，有一高层呼叫时，电梯上升到呼叫层停止。

当电梯停于某层，有一低层呼叫时，电梯下降到呼叫层停止。

当电梯停于某层，有多个高层呼叫时，电梯先上升到较低的呼叫层，停 3s 后继续上升到高的呼叫层，响应完毕后停止。

当电梯停于某层，有多个低层呼叫时，电梯先下降到较高的呼叫层，停 3s 后继续下降到低的呼叫层，响应完毕后停止。

当电梯处于上升或下降过程中，任何反向的呼叫均无效。

【预习要求】

熟悉升降电梯的基本结构，熟悉 PLC 程序编制。

【实训过程】

(1) 首先用 PLC 程序编译软件编制程序。

(2) 在计算机上进行仿真模拟，或者在 PLC 实验箱上做实验进行验证。

(3) 条件允许的情况下，在电梯模型中应用此程序进行实验。

5.5.2 制动器的调整

【实训目的】

掌握制动器的结构原理和调整方法。

【实训要点】

图 5-3 所示为电磁制动器的结构，对离线的制动器进行间隙调整。

【预习要求】

分析制动器制动的原理，熟知结构，熟悉制动器的调节方法。

【实训过程】

(1) 松开两侧锁紧螺母，调节里侧螺母，使电磁铁心闭合无空隙，定位做好标记。

(2) 将铁心向两侧分别退出约 0.5mm 距离，铁心间的空隙尺寸就是两个铁心总行程。

(3) 调整制动器弹簧伸缩量，通过调整制动弹簧调节螺母来实现。螺母往里旋，制动力矩大，往外松，则制动力矩小。

(4) 调整闸瓦定位弹簧调节螺钉和闸瓦调节螺钉，使两侧间隙符合要求并间隙均匀。测量时用塞尺塞入空隙不少于 2/3 处，测量 8 个点。调整好后，锁紧各部位螺母。

5.6 实训中常见问题解析

(1) 为什么蜗轮蜗杆减速机运转时会很热？

答：由于蜗杆传动的摩擦损失功率较大，损失的功率大部分转换为热量，使油温升高。过高的油温会大大降低润滑油的黏度，使齿面间的油膜破坏，导致工作面直接接触产生齿面胶合现象，因而会产生很多的热量。

(2) 在进行曳引机电动机与蜗杆轴的同轴度调整时，为什么只调整电动机，而不进行减速机的调整？

答：由于曳引机位置是根据井道轿厢和对重位置而确定的，因此以上调整同轴度是在曳引机到位的情况下进行的，所以在进行两者同轴度调整时，要求不动蜗杆轴即减速机的位置，只调整电动机的位置。

本 章 小 结

至此完成了本章的知识学习和项目实训，总结如下：

(1) 本章主要讲述了三大方面的知识：升降电梯机械结构与传动、升降电梯的安全装置及电气控制方式。

(2) 通过项目实施，详细地分析了常见的电梯故障，提高了学习者对于电梯故障处理的基本知识和技能。

(3) 通过实训一，强化了 PLC 可编程控制器的编程知识及怎样应用到电梯控制中，提升了学习者对自动控制的程序设计能力。

(4) 通过实训二，使学习者掌握了制动器的基本调节技能，这也是工况企业常用的技能之一。

思考与练习

1. 思考题

(1) 电梯主要安全开关和装置是什么？

(2) 电梯安全操作的必要条件是什么？

(3) 电梯有哪些不安全状态？

(4) 电梯在不安全状态下，应怎样操作？有哪些注意事项？

(5) 电梯出现不正常现象时，应采取哪些措施？

(6) 电梯检修运行操作时，应注意哪些事项？

(7) 试分析电梯机械原因抖动与振动的原因。

(8) 曳引钢丝绳打滑的主要原因有哪些？

(9) 平层误差大的原因主要有哪些？

2. 填空题

(1) 电梯一般包括曳引系统、导向系统、_____、轿厢系统、_____、电力拖动系统、_____、_____。

(2) 限速器按其动作原理可分为_____和_____两种。

(3) 电梯的电力驱动系统对电梯的起动、运行和制动起着控制作用，常用的驱动的形式有：_____、_____、_____。

(4) 制动轮左右晃动的主要原因有：_____。

(5) 电梯用缓冲器有_____和_____两种主要形式。

3. 实训题

(1) 通过现场观察或动手实践，写出曳引机电动机与蜗杆轴同轴度调整的详细过程，并画出示意图。

(2) 通过拆卸蜗轮蜗杆减速机，熟悉其结构，并写出蜗杆部件的装配顺序，怎样进行蜗杆轴承游隙的调整。

我 爱 我 国

自主创新——奇瑞汽车核心的竞争力

第6章 机械手机电传动与控制

- 熟悉机械手的结构类型和结构组成。
- 熟悉工业机器人的基本组成和技术参数。
- 了解机器人的控制及其主要应用。

- 会分析机械手、机器人的动作过程。
- 会进行简易机械手的初步设计。

在手工装配生产或人工操作过程中，手部是最主要的装配工具，可以非常灵活地将产品、工件从一个地方抓取到另一个地方，能够进行灵活的设备操作。在自动化装配生产线上，有大量场合需要将单个或多个工件快速地从一个位置准确地抓取移动到目标位置。恶劣或危险的工作环境，由于对人身健康有影响，就需要用机械来代替人力，而这些地方都用到了机械手或机器人来完成动作。那么机械手、机器人怎样实现其机械运动呢？又采用了哪些控制方式呢？下面通过本章的项目逐步进行剖析。

6.1 机械手机电传动与控制项目说明

1. 项目要点

(1) 机械手和机器人的动作实现。
(2) 机械手和机器人电气控制的实现。

2. 项目条件

(1) 能拆卸和组装的机械手或机械手实验装置。
(2) 机械手的相关配件、气缸、PLC 及相关配件。
(3) 配套的技术资料和教学资源。

3. 项目内容及要求

设计基于 PLC 的搬运工件机械手，在学习本章的基础上，查阅相关技术资料和产品手册，编写设计方案、编写设计说明书、绘制装配图、编写 PLC 控制程序并进行仿真，制作机械手。

6.2 基 础 知 识

机械手是一种能模仿人手和臂的某些动作功能，用以按固定程序抓取、搬运物件或操作工具的自动操作装置。其可代替人的繁重劳动以实现生产的机械化和自动化，能在有害环境下操作以保护人身安全，因而广泛应用于机械制造、冶金、电子、轻工和原子能等部门。

机械手的机电传动

工业机器人是一种多自由度、多功能的手，广泛应用于恶劣工作环境、危险工作场合、特殊作业场合及自动化生产领域，如焊接机器人、材料运送机器人、检测机器人、装配机器人、喷涂机器人和危险物品拆卸机器人等。

6.2.1 机械手的结构类型

机械手主要由手部和运动机构组成，其外形如图6-1所示。手部是用来抓持工件(或工具)的部件，根据被抓持工件的形状、尺寸、质量、材料和作业要求的不同手部有多种结构形式，如夹持型、托持型和吸附型等。运动机构使手部完成各种转动(摆动)、移动或复合运动来实现规定的动作，改变被抓持工件的位置和姿势。运动机构的升降、伸缩、旋转等独立运动方式，称为机械手的自由度。为了抓取空间中任意位置和方位的物体，需要有六个自由度。自由度是机械手设计的关键参数，自由度越多，机械手的灵活性越大，通用性越广，其结构也越复杂。一般专用机械手有2～3个自由度。

图6-1 机械手外形

机械手的种类很多，按驱动方式不同可分为液压式、气动式、电动式和机械式机械手；按适用范围不同可分为专用机械手和通用机械手；按运动轨迹控制方式不同可分为点位控制和连续轨迹控制机械手等。

机械手通常用作机床或其他机器的附加装置，如在自动机床或自动生产线上装卸和传递工件、在加工中心更换刀具等，一般没有独立的控制装置。有些操作装置需要由人直接操纵，如用于原子能部门操持危险物品的主从式操作手也常称为机械手。

1. 单自由度的机械手

单自由度摆动机械手是结构最简单的机械手，通常由一个摆动运动，即可以直接采用摆动气缸与气动手指或真空吸盘来组成，如 FESTO 公司的 DSR/DSRIJ 系列、SMC 公司的 CRBI 系列机械手。例如，气动手指将工件从取料位置夹取后，摆动气缸旋转 180°，然后气动手指将工件在卸料位置释放。图 6-2 所示为采用气动手指及摆动气缸组成的单自由度摆动机械手实例。

单自由度摆动机械手大量使用在各种自动化专机上，不仅制造成本低廉，而且由于摆动气缸所占用的运动空间较小，因此特别适合于要求自动化专机、结构非常紧凑的场合。

图 6-2　单自由度摆动机械手

2．二自由度平移机械手

1)　二自由度平移机械手结构模型

二自由度平移机械手是工程上最简单且大量使用的自动机械结构，机械手末端为抓取元件，即如前所述的真空吸盘或气动手指，其功能是将工件或产品从一个起始位置送到另一个目标位置。由于只有 X、Y 两个方向的直线运动，所以机械手的全部运动都在一个平面内，因而称为二自由度平移机械手。如图 6-3(a)所示，箭头方向表示其运动方向，两个方向的直线运动都直接由直线运动气缸实现，竖直方向手臂下方为气动手指。

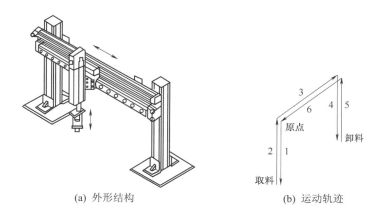

(a) 外形结构　　　　　　　　　　(b) 运动轨迹

图 6-3　二自由度平移机械手

2)　二自由度平移机械手运动过程

二自由度平移机械手的运动较简单，全部运动都在一个平面内。取料点一般为工件自动化输送系统的一个暂存位置，如皮带输送线上工件的暂存位置或者振盘送料装置输料槽末端的止动位置。卸料点一般为机器的装配位置，机械手将工件移送到该位置后释放工件，工件依靠自重下落到装配定位夹具上。原点(即机械手的起始位置)一般在取料点的上方，每个动作循环都从该点开始。

典型的运动过程如下：机械手首先从起始位置下降，吸取(或夹取)工件后上升；然后水平移动到目标位置(卸料点)上方，再下降到目标位置上方，释放工件；最后沿相反路径返回到原起始位置，完成一个动作循环。如图 6-3(b)所示为二自由度平移机械手的运动轨迹，序号表示动作次序，箭头表示运动方向。

综上所述，机械手所完成的实际上是一个上料的动作；若将上述动作反过来，起始位置为装配位置，而目标位置为皮带输送系统或其他输送、存储位置，则机械手所完成的就是一个卸料的动作。用机械手进行上料或卸料都是其最基本的应用。在自动化专机或自动化生产线上，根据装配工作需要，一台机械手既可以在一台设备上只完成上料或卸料的动作，也可以同时完成上料和卸料动作，区别仅在于控制程序不同而已。

3．二自由度摆动机械手

1)　二自由度摆动机械手结构模型

二自由度摆动机械手的动作由竖直方向的直线运动和绕竖直轴的摆动运动两部分组成。在结构上，与二自由度平移机械手的唯一区别是将水平运动改为旋转运动。二自由度摆动机械手同样是工程上大量使用的自动机械结构模块，其功能也是将工件或产品从一个起始位置移送到另一个目标位置，机械手的全部运动不再在一个平面内，因为有一个运动为摆动运动，因而称之为二自由度摆动机械手。这种机械手也大量应用在各种自动化专机上。图 6-4(a)所示为二自由度摆动机械手的结构原理。

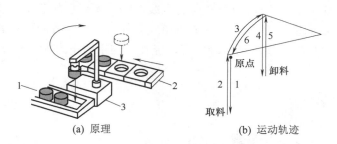

(a) 原理　　　　　　　　(b) 运动轨迹

图 6-4　二自由度摆动机械手

1—工件输送系统；2—工件夹具；3—摆动机械手

最简单的情况就是在机械手末端安装一个吸盘或气动手指，将工件从一个位置吸取或夹取后快速移送到另一位置后释放，在这种情况下，机械手的结构可以非常简单，由普通的直线运动气缸与连杆机构就可以实现。为了进一步简化此类机械手的设计与制造，气动元件制造商专门设计制造了一种将直线运动及摆动运动集成在一起的组合气缸系列，用户直接采用这种系列的气缸就可以实现机械手的运动功能，例如，FESTO 公司的 DSIJ 系列直线摆动组合气缸、SMC 公司的 MRQ 系列直线摆动组合气缸都属于此类气缸。

图 6-5 所示为采用 FESTO 公司 DSL 系列直线摆动组合气缸组成的二自由度摆动机械手实例，其中直线运动、旋转运动分别由一个直线运动气缸和摆动气缸完成，两个气缸串联在一起，手臂末端为真空吸盘。两种运动通过控制系统既可以设计为单独进行，也可以

设计为同时进行，机械手将左侧输料槽末端暂存位置的工件吸取后移送到右侧输送线上的工作定位夹具上，完成上料动作，工件在输送线上进行后续的装配或加工。

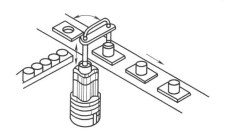

图 6-5　二自由度摆动机械手实例

2)　二自由度摆动机械手运动过程

二自由度摆动机械手的一般动作过程如下：起始位置一般为工件自动化输送系统的一个暂存位置，如皮带输送线上工件的暂存位置或者振盘送料装置输料槽末端的止动位置，如图 6-4(a)、图 6-5 所示；而目标位置同样为装配位置。机械手先下降，吸取或夹取工件，再摆动一定角度，比如 180°，然后下降到装配位置上方，释放工件，最后再按相反路径返回到起始位置，机械手所完成的同样是一个上料动作。如图 6-4(b)所示为二自由度摆动机械手的运动轨迹，序号表示动作次序，箭头表示运动方向。

若将上述动作反过来，起始位置为装配位置上方，而目标位置为皮带输送系统或其他输送、存储位置，则机械手所完成的就是一个卸料的动作。在自动化专机或自动化生产线上，根据工序操作的需要，这种机械手既可以在一台设备上完成上料或卸料的动作，也可以同时完成上料和卸料动作。

在自动化装配设备上，当一台设备上的上料、卸料动作都由同一台机械手先后来完成时，由于装配过程中增加了新的零件，因此有可能改变工件的结构与形状，以致影响到工件的抓取。因此，需要考虑因为工件形状与尺寸的上述变化，是否需要在上料与卸料过程中分别采用不同的抓取方式(吸盘或气动手指)。

4．三自由度的机械手

三自由度机械手较二自由度机械手结构更复杂，是在二自由度机械手的基础上实现的，只是比二自由度机械手增加了一个方向的运动。根据运动组合的差异，三自由度机械手主要有两种形式：①两个相互垂直方向的直线运动与一个摆动运动；②X、Y、Z 三个相互垂直方向的直线运动。

与以上形式相对应，工程上主要有两种类型的三自由度工业机械手：摇臂式自动取料机械手和横行式自动取料机械手。这两种机械手大量应用于注塑机上塑料制品的自动取料，具有很强的代表性。这类机械手与用于其他场合(如自动装配专机、自动装配生产线)的机械手几乎完全一样，用于自动装配场合的自动机械手在结构上要比注塑机自动取料机械手更简单。

1)　摇臂式自动取料机械手

典型的摇臂式自动取料机械手，其运动由 X、Y 两个相互垂直方向的直线运动与一个摆动运动组合而成。摇臂式自动取料机械手一般为小型机械手，配合小型注塑机使用，有单手臂式和双手臂式两种。

(1) 单手臂摇臂式机械手。图 6-6(a)所示为一单手臂摇臂式机械手,一般用于小型注塑模具上模具分型后水口料与塑料件连在一起的场合。如果塑料件的质量较小,就采用安装在手臂末端的夹钳直接将塑料水口料夹住后将整个塑料件(连同水口)一起取出移送到注塑机外,而不需要采用吸盘;当塑料件的质量较大时,通常不采用夹钳将工件夹出,而主要采用吸盘将工件吸取后移出机器外。为了使机械手的取料动作稳定可靠,经常在吸盘架上同时安装一个夹钳,取料时吸盘与夹钳同时动作,夹钳同时将水口料夹住。

(2) 双手臂摇臂式机械手。图 6-6(b)所示为一双手臂摇臂式机械手,由于塑料件的形状尺寸差异,其塑料模具结构也存在很大的差异。当塑料制品与塑料水口料在模具打开(通常称为分型)后不是一体的结构,而是处于分离的状态并且位于不同的模板内时,使用一只手臂难以同时将两部分取出来,因此这种情况下必须同时使用两只手臂取料。

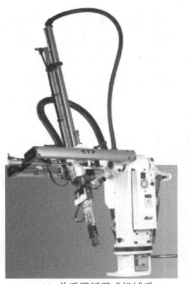 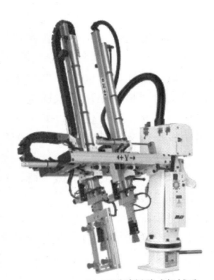

(a) 单手臂摇臂式机械手   (b) 双手臂摇臂式机械手

图 6-6 摇臂式自动取料机械手

在双手臂摇臂式自动取料机械手中,两只手臂的用途是不同的。其中,一只手臂末端安装吸盘架,用于吸取塑料制品,称为主手;另一只手臂末端安装夹钳,用于夹取塑料水口料,称为副手。双手臂自动取料机械手一般用于大中型注塑机,虽然摇臂式机械手也有部分设计成双手臂的情况,但由于摇臂式机械手的特殊结构,使得在结构尺寸较大时会受到限制,难以用于大型注塑机取料。所以,在双手臂三自由度取料机械手中,大都采用 X、Y、Z 三个相互垂直方向的直线运动结构形式,也就是下面要介绍的横行式自动取料机械手。

2) 横行式自动取料机械手

所谓横行式自动取料机械手就是在结构上采用 X、Y、Z 三个相互垂直方向的直线运动搭接而成的取料机械手。图 6-7 所示为典型的注塑机横行式自动取料机械手,其运动由 X、Y、Z 三个互相垂直方向的直线运动组成,也称为三自由度平移机械手。

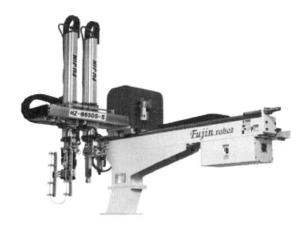

图 6-7　横行式自动取料机械手

　　横行式自动取料机械手的手臂结构与摇臂式自动取料机械手是类似的，所不同的是横行式自动取料机械手的运动全部为直线运动。在结构上横行式自动取料机械手更具有代表性，分为 X、Y、Z 轴三部分，主要用在空间运动距离较大的场合；而摇臂式自动取料机械手则将其中一个直线运动用更简单的摆动运动所代替。

　　3)　三自由度机械手运动过程

　　图 6-7 所示的横行式自动取料机械手，在结构上主要是由 X、Y、Z 轴(主手、副手)、底座四部分采用模块化的方式通过直线导轨机构搭接而成的，其中 X、Y、Z 轴在相互垂直的方向上进行搭接连接。直线导轨机构不仅是运动导向部件，各部分结构的连接也是通过直线导轨机构来实现的。

　　(1)　运动轨迹。在含有两只 Z 轴手臂的情况下，两只 Z 轴手臂的运动轨迹是一样的，只是手臂末端的结构稍有区别，也就是吸盘架与夹钳的区别。主手(副手)典型的运动轨迹如图 6-8 所示，序号表示动作次序，箭头表示运动方向。

　　(2)　运动过程。如图 6-7、图 6-8 所示，主手及副手的运动过程如下。

　　Z 轴手臂末端首先在取料点上方(原点)等待注塑机完成注塑成形过程，此时 Z 轴位于上方，X 轴位于原点。

　　动作 1：当注塑机完成注塑过程，模具分开并顶出塑料工件，露出塑料水口料后，Z 轴手臂沿 Z 方向竖直下降。

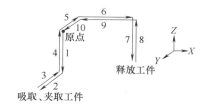

图 6-8　横行式自动取料机械手运动轨迹

　　动作 2：Z 轴主手、副手同时沿水平 Y 方向分别移近工件或水口料，主手吸盘吸取工件，副手夹钳也同时夹紧水口料。

动作 3：Z 轴主手、副手再同时沿水平 Y 方向后退，使工件或水口料脱离塑料模具。

动作 4：Z 轴主手、副手上升，退出模具及注塑机内部空间移动到注塑机上方。

动作 5、动作 6：两个 Z 轴手臂与 Y 轴一起在 X 轴驱动部件的驱动下沿 X 轴方向运动，将 Z 轴手臂移送到注塑机外部卸料点的上方。

动作 7：Z 轴手臂同时向下运动到卸料点位置，且 Z 轴手臂同时进行以下释放动作——Z 轴主手先将吸盘架翻转 90°调整塑料制品姿态方向，然后释放吸盘，将注塑件释放，使注塑件在重力作用下下落到下方的皮带输送线上，最后又将吸盘架翻转 90°返回到竖直状态，Z 轴副手夹钳松开释放塑料水口料。

动作 8：Z 轴手臂同时上升。

动作 9、动作 10：X 轴、Y 轴同时运动，将 Z 轴手臂移送到原点位置，进入待料状态，等待下一次取料循环。

6.2.2 机械手的结构组成

机械手有多种结构类型，其运动模式也各有区别，但与其他自动机械一样，都是一种模块化的结构，均由各种基本的结构模块，各种标准的材料、元件、部件组成的，尤其是机械手采用了大量、简单的运动机构——直线运动机构，因此机械手主要就是由各种直线运动机构组合而成的。各种类型的机械手都具有很多共同特性，通过对机械手上各种具有普遍共性的典型结构进行分析，可以从中找出其共同规律，起到举一反三的作用，帮助读者学习和设计。实际上，机械手的运动过程都类似，只是包含的运动循环有的简单、有的复杂，组成其结构的元件、部件、材料也类似，这样大大简化了设计工作。通过对各种类型机械手的结构进行分析总结，可以发现它们都主要或全部包含了以下结构部分：驱动部件、传动部件、导向部件、换向机构、取料机构、缓冲结构、行程控制部件等，下面将逐一进行介绍。

1. 驱动部件

驱动部件是机械手及各种自动机械的核心部件，如果没有驱动部件，机械手或其他自动机械就无法运动。机械手一般移送不太重的工件，其驱动部件主要为气缸和电动机(变频电动机、步进电动机、伺服电动机)。

1) 气缸驱动

目前，在自动化装备行业中，最著名的气动元件供应商有 FESTO(德国)、SMC(日本)、KOGANEI(日本)等，与其他自动机械一样，在设计时都是直接选用上述公司的标准气动元件。在机械手的设计过程中，因为机械手高速运动的要求，需要尽可能地减轻负载，所采用的气缸必须具有尽可能小的质量，因此一般都选择质量较轻的气缸，在夹钳部位一般选用体积较小、安装灵活方便的多面安装气缸(如 SMC 公司的 CU 系列气缸)来驱动，如图 6-6 中 Z 轴的移动就是靠气缸来实现的。在气缸的选型过程中，要根据具体使用场合的空间、输出力大小、行程、安装条件等要求，选择最适合的系列和规格。图 6-9 所示为 SMC 的驱动气缸。

图 6-9　SMC 的驱动气缸

在作为一般用途的自动上下料机械手上，由于对机械手的运动速度并没有特殊要求，所以直接选用标准气缸即可；但在某些特殊的场合可能需要对气缸进行特殊设计，如注塑机自动取料机械手的运动速度极高，用于这种机械手的气缸就需进行特殊设计。

以注塑机自动取料机械手的气缸为例，其应该具有以下特殊要求：

(1) 由于注塑机为大型贵重设备，节拍时间非常敏感，因此要求机械手取料时间越短越好，这样可以提高注塑机的生产效率。自动取料机械手的运动速度非常快，以致工程上此类机械手有"快手"的称号。

(2) 由于注塑机一般为大型设备，尺寸较大，所以要将工件从注塑机内的模具内取出并移送到机器外，机械手的行程都较大。一般在竖直方向的行程达到 600～1200mm ，所以这种机械手上需要采用大行程的气缸。

(3) 由于气缸的行程较大，气缸的质量就会增大，而质量与速度是相互矛盾的，气缸的质量与机械手其他运动机构的质量一样是非常敏感的，因此需要尽可能地减轻气缸的质量。这就要求在气缸的选型上进行精心选择，如 SMC 公司的 CU 系列轻巧型气缸就很合适，在许多公司制造的注塑机自动取料机械手上都大量采用了这种系列的气缸。在此类机械手上大量采用铝型材或铝合金铸件，目的同样是为了尽可能地减轻质量，提高运动速度。

(4) 机械手与注塑机一样，需要连续生产运行，经常为两班或三班连续运行，工作时间长，要求可靠性极高，不能因机械手出现故障而导致注塑机停机，否则将导致较大的经济损失，因此注塑机自动取料机械手上的气缸需要具有极高的可靠性。机械手要求取料速度非常快，采用普通的气缸就达不到要求，因此需要采用特殊的高速气缸。为了降低活塞的运动阻力，提高密封圈的抗磨损寿命，从而保证气缸的正常工作寿命，气缸内部的密封圈需要采用特殊的材料，目前用于注塑机自动取料机械手的气缸都采用专用的特殊材料密封圈。在大行程的竖直方向较多采用日本 SMC 公司的 RHC 系列高速气缸，该系列气缸最大运动速度可达 3m/s，既具有很轻的质量，同时也具有极好的缓冲性能，其缓冲性能是普通系列气缸的 10～20 倍。

2) 电动机驱动

小型的机械手上负载较小，使用气缸驱动即可；但在大型的机械手上，结构质量增大，负载也较大，因而一般都在负载较大的方向上采用电动机驱动，如图 6-10 所示为电动机驱动连杆式取件机械手。注塑机自动取料机械手的水平 X 轴方向目前基本上都采用电动机驱动，在竖直 Z 轴方向上也部分采用了电动机驱动。由于伺服电动机的使用成本逐渐降低，在机械手中使用伺服电动机的情况越来越普遍。为了降低设备成本，在批量生产的自动机械手中也广泛采用变频电动机代替伺服电动机驱动。

图 6-10　电动机驱动连杆式取件机械手

现代电子制造行业日趋微型化，元器件的体积越来越小，半导体芯片为最典型的例子。在这些产品的封装制造过程中，机械手的结构具有微型化、高速化的特点。在此类自动化制造设备中，目前大多采用小型步进电动机代替气缸作为机械手的驱动部件，如世界最大的半导体装备制造商 ASM 公司的半导体封装设备上就大量采用了这样的结构设计。采用电动机驱动可以直接获得机械手所需的摆动运动，当需要直线运动时，采用齿轮、同步带等机构进行运动转换。

3)　驱动连接结构

不论在使用气缸还是使用电动机的场合，在设计上都需要特别注意气缸、电动机与负载的连接结构。

(1)　电动机与负载轴的连接。当电动机输出轴与负载轴直连时，在两轴的连接部位一般要采用弹性联轴器，原因如下：由于电动机轴与负载轴的实际安装位置经过设计、装配、调整多个环节后很难保证为零误差，如果采用刚性连接，则在电动机轴上附加了弯曲负载，影响电动机的正常工作和使用寿命；弹性联轴器上沿垂直于轴线的方向设计有许多切槽，目的就是为了让其具有足够的柔性，弹性联轴器的作用就是通过联轴器本身的柔性，吸收上述安装误差带来的影响。

(2)　气缸活塞杆与负载的连接。在气缸活塞杆与负载连接处，由于气缸结构上的特殊性，一般情况下气缸只能承受轴向负载，不允许倾斜的径向负载施加到气缸活塞杆上，否则气缸的工作寿命将急剧下降甚至无法工作。为了保证传递给活塞杆的只是轴向负载，工程上一般采用以下两种设计方式来消除径向负载。

①　采用标准的气动柔性连接附件。为了方便使用气缸，气动元件供应商专门设计了一系列标准的气缸连接附件，由于这些连接附件具有一定的运动柔性，因而也称气动柔性接头。柔性接头能够确保气缸与负载连接后使气缸只承受轴向负载，简化了结构设计与气动机构的安装调整。

②　设计专门的连接接头。在工程上也有一些情况不采用标准柔性接头而自行设计专门的连接接头，或者为了降低制造成本，或者因结构空间受到限制，目的都是为了有效地降低或消除气缸活塞杆上可能的径向负载。

2．传动部件

在使用电动机的场合，由于电动机输出的是旋转运动，而机械手经常需要的是直线运动，因此经常需要将电动机的旋转运动通过传动部件转换为所需的直线运动，同时将电动机的输出扭矩转换为所需的直线牵引力。工程上主要采用同步带(同步带轮)、齿轮(齿条)和滚珠丝杠机构等传动部件实现回转运动与直线运动之间的转换。

3．导向部件

导向部件是机械手及各种自动机械的核心部件，如果没有导向部件，各种机构的运动就无法保证精度，整台设备的精度也相应难以保证。

机械手各部分的运动除少数为摆动运动外，绝大部分都为直线运动。机器工作的精度是由各机构的运动精度保证的，为了保证机构运动的精度，就必须具有高精度的导向部件，或者说高精度的导向部件是机械手获得高运动精度的必要条件。在早期的自动机械(包括一般的机加工设备等)中，由于技术发展的原因，基础部件的工业化、标准化水平不高，缺少或没有既灵活、标准化程度高、价格便宜，又具有高精度的专门导向部件，设计人员经常要自行设计制造各种无法互换的导向部件，如 T 形导轨、燕尾槽导轨等，既提高了设计及制造成本，设备的精度又难以达到较高的水平。

随着技术的发展，目前工程上已经有各种高精度的标准化导向部件，常用的标准化导向部件有直线导轨机构、直线轴承/直线轴机构、直线运动单元等。这些标准化、高质量的导向部件可以直接采购，简化了设计、制造与装配，真正实现了快速设计、快速制造，又能达到极高的精度，同时设计与制造的成本也大幅下降。

4．换向机构

换向机构不是每台机械手都必须具有的结构，只在有需要的场合下才使用。在许多场合，机械手吸取或夹取工件时为一种姿态方向，而释放工件时为另外一种姿态方向，因此需要换向机构将工件回转或翻转一定的角度后释放。

1)　回转换向

假如取料时工件为立式姿态，释放时要求为卧式姿态，如果这种翻转换向动作在机械手自动上料后由机器上其他专门机构来实现，则机器的结构会很复杂；而在机械手上料的过程中由机械手完成上述翻转动作，则可以大大简化设备。因此一般都尽可能地在机械手上对工件进行上述回转或翻转等换向动作，使工件改变姿态方向后再释放工件。上述旋转或翻转等换向动作一般都在机械手的末端进行处理。

如果需要使所夹持的工件回转一定的角度(如 90° 或 180°)后再释放，通常的方法是根据需要回转的角度直接选用标准的摆动气缸，将其串联在气动手指的上方，就可以使气动手指实现旋转。

图 6-11(a)所示为一种带回转功能的机械手实例，上方的摆动气缸与下方的直线运动气缸直接串联在一起，可以使气动手指夹住工件并提升上来后再绕竖直轴回转 180°，然后再向下运动并将工件向下释放，因此可以在输送带上实现工件的 180° 回转换向。

由于摆动气缸的价格远高于普通直线气缸，因此在上述需要使所夹持工件回转一定角度后再释放的场合，为了降低制造成本，除采用摆动气缸的设计方案外，工程上还经常采用另一种简单的设计方法，即采用标准的直线运动气缸结合连杆机构来实现，将吸盘或气动手指设计在能绕某一旋转轴旋转一定角度的连杆上，用气缸驱动该连杆转动一定角度，从而实现回转功能。如图 6-11(b)所示的机械手既可以实现 90°回转，又可以降低制造成本。

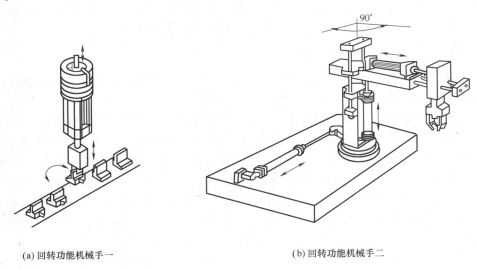

(a) 回转功能机械手一　　　　　　　　　　　　(b) 回转功能机械手二

图 6-11　机械手回转结构

2)　翻转换向

除绕竖直轴方向进行的回转换向外，工程上还经常需要在机械手上对工件进行一定角度的翻转。例如，将以竖直姿态夹取的工件改为以水平姿态释放，这就需要使所夹持的工件翻转 90°后再释放。工程上通常采用标准的直线运动气缸结合连杆机构来实现翻转。在机械手末端设计一种翻转机构，就可以使机械手末端连同吸盘架或气动手指实现 90°翻转，从而实现工件的 90°翻转。

5. 取料机构

机械手作为抓取并移送工件的工具，必须具有取料机构，否则机械手将无法拾取工件。取料机构一般设置在机械手的末端，常用的取料机构有下三种。

1)　真空吸盘吸取

采用真空吸盘直接吸取工件时，小型的工件可能只需要一只吸盘，大型的工件可能需要多只吸盘，因此需要根据工件的形状和质量设计专门的吸盘架，吸盘的大小和位置要根据工件的形状与质量进行设计并经过实验验证。图 6-12 所示为一个吸盘的机械手的应用实例。

对于大型工件，需要采用吸盘架，吸盘架的质量将直接成为机械手的负载。为了提高机械手的有效负载能力，应尽可能减小结构的尺寸与质量，降低制造成本，安装吸盘架的材料必须尽可能轻，所以在工程上都是采用铝合金板材及型材，以减轻吸盘架的质量。

2)　气动手指

如图 6-13 所示，气动手指直接夹取工件，一般根据工件的形状、厚度选取标准的气动手指。

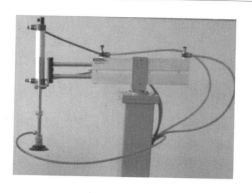

图 6-12　一个吸盘的机械手结构

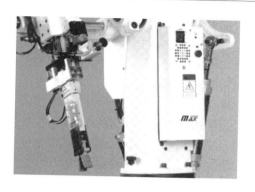

图 6-13　机械手的气动手指外形

选用气动手指的原则如下：

(1)　气动手指的负载能力必须大于待夹持工件或产品的质量。

(2)　气动手指两侧安装夹块后的全开宽度大于工件宽度，全闭宽度小于工件宽度。由于气动手指本身的全开宽度一般都不大，为了夹持较宽的工件必须放大夹持宽度，而夹持微型尺寸的工件又必须缩小夹持宽度，因此需要在手指末端的两侧加装根据工件尺寸专门设计的夹块；同时为了保护工件，避免工件表面被夹伤，夹块的材料一般采用塑料或在夹块表面镶嵌一层橡胶材料。

3)　机械杠杆机构

杠杆机构取料是采用杠杆机构的运动来夹取物件，如图 6-14 所示，其通过采用电动机驱动手部杠杆的运动来实现。

6．缓冲结构

缓冲结构是机械手的必备结构。由于机械手含有运动机构，有些情况下上述机构还是高速运动机构，有启动和停止功能。根据力学原理，任何结构运动速度的变化都会产生惯性力，该惯性力会导致结构的振动响应，这样就会降低机械手末端的工作精度。因此必须采取相应的减振和缓冲措施，以降低机械手末端的振动。缓冲结构与缓冲措施是保证机械手运动平稳的必要措施。

图 6-14　杠杆取料的机械手

7. 行程控制部件

为了保证机械手准确抓取工件、准确卸料，与其他自动化结构一样，各种运动机构(直线运动机构、回转机构、翻转机构等)的运动行程都必须进行精确控制，控制方法与其他自动机构的行程控制方法一样。在气缸驱动的机构中，通常采用的措施如下。

1) 金属限位块

金属限位块实际上就是安装位置可以调整的金属挡块，安装在运动负载的起始端和停止端。当负载碰到金属挡块后就无法再运动，通过调整金属挡块的位置可以精确地调整负载的行程起点和终点。金属限位块通常应用在负载较大的场合。

在负载质量及运动速度较小的情况下，金属限位块还经常采用调整螺栓的方式来代替。在负载运动行程的两端安装可调节的螺栓，对负载进行行程阻挡定位，既简单又实用。

2) 行程开关

采用行程开关控制机械手的行程，就是在运动的极限处通过布置行程开关来实现对机械手的行程控制，如图 6-15 中的 SQ1～SQ7 即为行程开关。

3) 磁感应开关

(1) 磁感应开关在控制系统中的作用。磁感应开关及各种接近开关是配合金属限位块使用的，磁感应开关直接安装在气缸上，作用为感应气缸活塞杆的起始与停止运动位置。当运动负载在气缸驱动下(伸出或缩回)碰到金属行程挡块后，位置经过调整后的磁感应开关同时向 PLC 发出信号，确认气缸已经运动到停止位置，传感器的作用为发出控制信号。

初学气动技术或自动机械的读者很容易对磁感应开关的作用产生误解，认为气缸的运动行程是靠磁感应开关来控制的，而实际上磁感应开关只是一种传感器而已，将活塞已经运动到该位置的信息以信号方式传递给控制系统，真正控制气缸运动行程的机构是前面介绍的金属限位块。磁感应开关在气缸上的位置与金属限位块的位置是匹配的，而且需要进行准确的调整，也就是说，以下动作必须是完全同步实现的：气缸活塞杆运动到要求位置，运动负载在气缸驱动下碰到金属限位块，磁感应开关产生动作并向 PLC 发出信号。

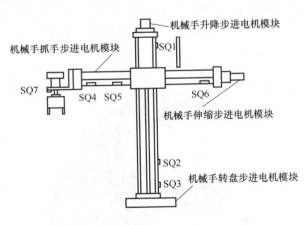

图 6-15　行程开关在机械手中的应用

(2) 磁感应开关的调整。上述三个动作要完全同步才能保证机械手的可靠动作，因此在装配调整时要按照以下顺序进行：首先调整两端金属挡块的位置，保证运动负载的起始位置符合要求。起始位置是以机械手取料和释放的位置为目标位置来调整的，将起始端和停止端金属挡块的位置调整准确并固定后，再调整气缸上磁感应开关的起始端和停止端位置。检查的方法为气缸伸出或缩回到行程终点与起点后，将磁感应开关接通规定的电源，移动磁感应开关位置，当磁感应开关与活塞上的磁环位置对准时，磁感应开关上的红灯会发亮，这就是磁感应开关的合适位置。最后用专用工具将磁感应开关固定。

　　4)　接近开关

　　磁感应开关在气缸上的标准安装固定方式主要为绑带式安装和槽式安装，结构简单且调整方便，在大多数气动机构及机械手的普通机构上都采用这些安装方式。但这些标准安装方式在高速运动的机械手上则存在明显的缺点，因为机构的高速运动使得磁感应开关的位置很容易变化，从而导致系统无法正常工作。因此，在机械手的高速运动机构上，一般不采用在气缸上安装磁感应开关的方式，而是在其他部位安装电感式接近开关，这样可以避免因磁感应开关位置变动而引起的故障及调整。

　　在电机驱动的直线运动场合也需要使用电感式接近开关，当采用电感式接近开关时，需要设计可调整位置的金属感应片。在注塑机自动取料机械手上大量采用了上述电感式接近开关，如图 6-16(a)所示为检测接近开关的金属感应器实例，金属感应器的位置还可以进行调整；如图 6-16(b)所示为电感式接近开关应用实例。

| (a) 检测接近开关的金属感应器 | (b) 电感式接近开关应用 |

图 6-16　接近开关在机械手中的应用

6.2.3　工业机器人的基本组成与技术参数

　　机器人是一种比普通机械手功能更强大、智能化更高的自动化装置，图 6-17 所示为机器人在工业中的应用。

图 6-17　机器人的工业应用

　　机器人是由伺服电机组成的多关节、多自由度的机构，一般为 4、5、6 个自由度(即通常所说的 4 轴、5 轴、6 轴机器人)，因而运动更灵活，能在各种自动化装配中进行装配与物料搬运工作，目前已经在汽车车身的焊接工序中大量使用。但由于其结构较复杂、价格较高，限制了其在工程中的应用。随着价格的下降，机器人必将在国内的制造业中得到更广泛的应用。

工业机器人具有以下优点：减少劳动力成本、提高生产率、改进产品质量、增加制造过程中的柔性、减少材料浪费、控制和加快库存的周转、降低生产成本、消除危险和恶劣的劳动岗位对人的影响。

1. 基本组成

如图6-18所示，工业机器人系统由三大部分六个子系统组成。三大部分是机械部分、传感部分和控制部分，六个子系统是驱动系统、机械结构系统、感受系统、机器人-环境交互系统、人-机交互系统和控制系统。下面将一一介绍这六个子系统。

1) 驱动系统

要使机器人运行起来，就需给各个关节即每个运动自由度安置传动装置，这就是驱动系统。驱动系统可以是液压传动、气动传动、电动传动，或者是把它们结合起来应用的综合系统；可以直接驱动或者通过同步带、链条、轮系、谐波齿轮等机械传动机构进行间接驱动。

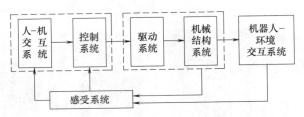

图6-18　工业机器人的基本组成

2) 机械结构系统

工业机器人的机械结构系统由机身、手臂、末端操作器三大件组成，如图6-19所示。每一大件都有若干自由度，构成一个多自由度的机械系统。若机身具备行走机构，则构成行走机器人；若机身不具备行走及腰转机构，则构成单机器人手臂，手臂一般由上臂、下臂和手腕组成；末端操作器是直接装在手腕上的一个重要部件，可以是二手指或多手指的手爪，也可以是喷漆枪、焊具等作业工具。

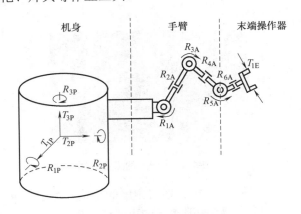

图6-19　工业机器人机械结构

3)　感受系统

感受系统由内部传感器模块和外部传感器模块组成，以获取内部和外部环境状态中有意义的信息。智能传感器的使用提高了机器人的机动性、适应性和智能化的水准。人类的感受系统对感知外部世界信息是极其灵巧的；然而，对于一些特殊的信息，传感器比人类的感受系统更有效。

4)　机器人-环境交互系统

工业机器人-环境交互系统是实现工业机器人与外部环境中的设备相互联系和协调的系统。工业机器人与外部设备集成为一个功能单元，如加工制造单元、焊接单元、装配单元等；当然，也可以是多台机器人、多台机床或设备、多个零件存储装置等集成一个系统去执行复杂任务的功能单元。

5)　人-机交互系统

人-机交互系统是使操作人员参与机器人控制、与机器人进行联系的装置，如计算机的标准终端、指令控制台、信息显示板、危险信号报警器等。归纳起来有两大类：指令给定装置和信息显示装置。

6)　控制系统

控制系统的任务是根据机器人的作业指令程序以及从传感器反馈回来的信号，支配机器人的执行机构去完成规定的运动和功能。假如工业机器人不具备信息反馈特征，则为开环控制系统；若具备信息反馈特征，则为闭环控制系统。控制系统根据控制原理不同可分为程序控制系统、适应性控制系统和人工智能控制系统；根据控制运动的形式不同可分为点位控制和轨迹控制。

2.　技术参数

技术参数是各工业机器人制造商在产品供货时所提供的技术数据。尽管各厂商所提供的技术数据不完全一样，工业机器人的结构、用途等有所不同，且用户的要求也不同，但是工业机器人的主要技术参数一般都应有自由度、重复定位精度、工作范围、最大工作速度、承载能力等。

1)　自由度

自由度是指机器人所具有的独立坐标轴运动的数目，不包括手爪(末端操作器)的开合自由度。在三维空间中描述一个物体的位置和姿态(简称位姿)需要六个自由度；但是，工业机器人的自由度是根据其用途而设计的，可能小于六个自由度，也可能大于六个自由度。例如，PUMA562 机器人具有六个自由度，如图 6-20 所示，可以进行复杂空间曲面的弧焊作业。从运动学的观点看，在完成某一特定作业时具有多余自由度的机器人，就称为冗余自由度机器人，亦可简称冗余度机器人，例如 PUMA562 机器人去执行印刷电路板上接插电子器件的作业时就成为冗余度机器人。利用冗余的自由度可以增加机器人的灵活性，躲避障碍物和改善动力性能。

2)　重复定位精度

工业机器人精度包括定位精度和重复定位精度。定位精度是指机器人手部实际到达位置与目标位置之间的差异。重复定位精度是指机器人重复定位其手部于同一目标位置的能力，可以用标准偏差来表示，用来衡量一列误差值的密集度，即重复度。工业机器人定位精度和重复定位精度的典型情况如图 6-21 所示。

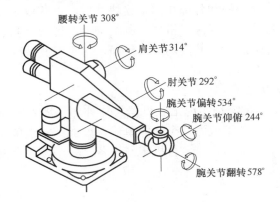

图 6-20 PUMA562 机器人

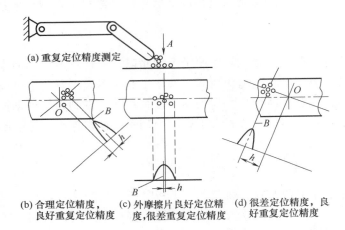

图 6-21 工业机器人定位精度和重复定位精度

3) 工作范围

工作范围是指机器人手臂末端或手腕中心所能到达的所有点的集合，也称为工作区域。因为末端操作器的形状和尺寸是多种多样的，为了真实反映机器人的特征参数，所以是指不安装末端操作器时的工作区域。工作范围的形状和大小是十分重要的，机器人在执行某作业时可能会因为存在手部不能到达的作业死区而不能完成任务。图 6-22 和图 6-23 所示分别为 PUMA 机器人和 A4020 机器人的工作范围。

4) 最大工作速度

最大工作速度，有的厂家指工业机器人主要自由度上最大的稳定速度，有的厂家指手臂末端最大的合成速度，通常都在技术参数中加以说明。很明显，工作速度越高，工作效率越高。但是，工作速度越高就越需要花费更多的时间去升速或降速，对工业机器人的最大加速度率或最大减速度率的要求也越高。

5) 承载能力

承载能力是指机器人在工作范围内的任何位置上所能承受的最大质量。承载能力不仅取决于负载的质量，而且与机器人运行的速度和加速度的大小和方向有关。为了安全起见，承载能力这一技术指标是指高速运行时的承载能力。通常，承载能力不仅指负载，而且还包括了机器人末端操作器的质量。

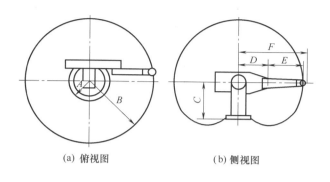

(a) 俯视图	(b) 侧视图

图 6-22　PUMA 机器人工作范围　　　　　图 6-23　A4020 装配机器人工作范围

6.2.4　工业机器人的分类

工业机器人可按其结构形式、研究进程和控制方式进行分类。

1. 按机器人的结构形式分类

1)　五种基本坐标式机器人

机器人的机械结构部分可看成是由一些连杆通过关节组装起来的。通常有两种关节，即转动关节和移动关节。连杆和关节按不同坐标形式组装，机器人可分为五种：直角坐标形式、圆柱坐标形式、球坐标形式、关节坐标形式及平面关节坐标形式。其坐标轴是指机械臂的三个自由度轴，并未包括手腕上的自由度。图 6-24 所示为其中四种坐标形式的机器人。

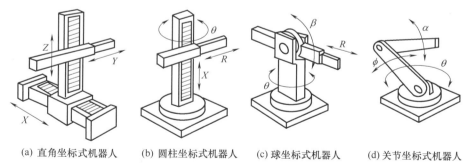

(a) 直角坐标式机器人　(b) 圆柱坐标式机器人　(c) 球坐标式机器人　(d) 关节坐标式机器人

图 6-24　工业机器人的四种坐标形式

(1) 直角坐标式机器人具有三个移动关节，能使手臂末端沿直角坐标系的 X、Y、Z 三个坐标轴做直线移动。

(2) 圆柱坐标式机器人具有一个转动关节和两个移动关节，构成圆柱形的工作范围。

(3) 球坐标式机器人具有两个转动关节和一个移动关节，构成球体形的工作范围。

(4) 关节坐标式机器人具有三个转动关节，其中两个关节轴线是平行的，构成较为复杂形状的工作范围。

平面关节式机器人可以看成是关节坐标式机器人的特例,其只有平行的肩关节和肘关节,关节轴线共面,如图 6-25 所示。它是一种装配机器人,也称为 SCARA(Selective Compliance Assembly Robot Arm)机器人,在垂直平面内具有很好的刚度,在水平面内具有较好的柔顺性,故在装配作业中能获得良好的应用。

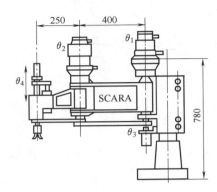

图 6-25　平面关节机器人

2)　两种冗余自由度结构机器人

(1)　体控制的柔软臂机器人。体控制的柔软臂机器人也称象鼻子机器人,如图 6-26 所示。柔软臂用于驱动源整体控制,控制凸面圆盘的相对滚动,手臂能产生向任何方向柔软的弯曲。由于凸面圆盘相对滚动的自由度很大,所以把这种柔软臂机器人归在冗余自由度结构机器人中。哈尔滨工业大学机器人研究室设计了一种具有柔软手腕的喷漆机器人,用于向任意空间曲面喷漆作业。

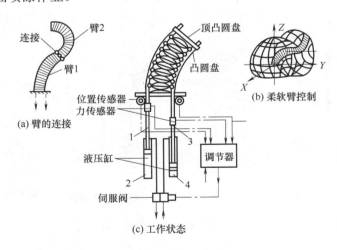

图 6-26　柔软臂机器人

1、3—活塞杆；2、4—液压缸

(2)　关节独立控制的冗余自由度机器人。关节独立控制的冗余自由度机器人如图 6-27 所示,其直角坐标式机器人安放在一个可转动的平台上,增加了一个转动自由度,成为冗余自由度机器人，很适合于机床上下料等应用场合。

　　3）　模块化结构机器人

　　工业机器人模块化的主要含义是机器人由一些可供选择的标准化模块拼装而成。标准化模块是具有标准化接口的机械结构模块、驱动模块、控制模块和传感器模块，并已经系列化。

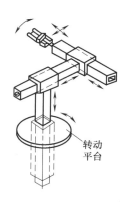

转动平台

图 6-27　关节独立控制的冗余自由度机器人

　　4）　并联机器人

　　从机构学角度可将机器人机构分为开环机构和闭环机构两大类：以开环机构为机器人机构原型的称串联机器人；以闭环机构为机器人原型的称并联机器人。

2．按机器人研究进程分类

　　第一代机器人具有示教再现功能，或具有可编程的 NC 装置，但对外部信息不具备反馈能力。

　　第二代机器人不仅具有内部传感器，而且具有外部传感器，能获取外部环境信息。虽然没有应用人工智能技术，但是能进行机器人-环境交互，具有在线自适应能力。例如，机器人从运动着的传送带上送来的零件中抓取零件并送到加工设备上。因为送来的每一个零件具体位置和姿态是随意的、不同的，要完成上述作业必须获取被抓取零件状态的在线信息。

　　第三代机器人具有多种智能传感器，能感知和领会外部环境信息，包括具有理解诸如人下达的语言指令这样的能力，能进行学习，具有决策上的自治能力。

3．按机器人控制方式分类

　　1）　点位式

　　许多工业机器人要求能准确控制末端执行器的工作位置，而路径却无关紧要。例如，在印刷电路板上安插元件、点焊、装配等工作，都属于点位式控制方式。一般来说，点位式控制比较简单，但精度不是很理想。

　　2）　轨迹式

　　在弧焊、喷漆、切割等工作中，要求工业机器人末端执行器按照示教的轨迹和速度进行运动；如果偏离预定的轨迹和速度，就会使产品报废。轨迹式控制方式类似于控制原理中的跟踪系统，可称之为轨迹伺服控制。

3) 力(力矩)控制方式

在完成装配、抓放物体等工作时，除要准确定位外，还要求使用适度的力或力矩进行工作，这时就要利用力(力矩)伺服方式。这种方式的控制原理与位置伺服控制原理基本相同，只不过输入量和反馈量不是位置信号，而是力(力矩)信号，因此系统中必须有力(力矩)传感器。有时也利用接近、滑动等传感功能进行自适应式控制。

4) 智能控制方式

工业机器人的智能控制是通过传感器获得周围环境的知识，并根据自身内部的知识库做出相应的决策，采用智能控制技术，使得工业机器人具有较强的环境适应性及自学习能力。智能控制技术的发展有赖于近年来人工神经网络、基因算法、遗传算法、专家系统等人工智能的迅速发展。

6.2.5　工业机器人的结构

工业机器人的机械结构是机器人的重要组成部分，是运动的最终执行部件。

1．机械结构的基本组成

由于应用场合不同，机器人结构形式多种多样，各组成部分的驱动方式、传动原理和机械结构也有各种不同的类型。总体来说，其机械部分主要包括手部、手腕、臂部和机身四部分，如图6-28所示。

图6-28　机器人的基本组成

1—手部；2—手腕；3—臂部；4—机身

1)　手部

机器人为了进行作业，在手腕上配置了操作机构，有时也称为手爪或末端操作器。

2) 手腕

手腕是连接手部和手臂的部分，其作用是改变手部的空间方向以及将作业载荷传递到手臂。

3) 臂部

臂部是连接机身和手腕的部分，其作用是改变手部的空间位置，满足机器人的作业空间，并将各种载荷传递到机座。

4) 机身

机身是机器人的基础部分，起支承作用。固定式机器人直接连接在地面基础上，移动式机器人则安装在移动机构上。

2．机身和臂部结构

1) 机身结构

机身是直接连接、支承和传动手臂及行走机构的部件，由臂部运动(升降、平移、回转和俯仰)机构及有关的导向装置、支承件等组成。由于机器人的运动形式、使用条件、负载能力各不相同，所采用的驱动装置、传动机构、导向装置不同，致使机身结构也有很大差异。

一般情况下，实现臂部升降、回转或俯仰等运动的驱动装置或传动件都安装在机身上，臂部的运动越多，机身的结构和受力越复杂。机身既可以是固定式的，也可以是行走式的，即在其下部装能行走的机构，可沿地面或架空轨道运行。

常用的机身结构有升降回转型机身结构、俯仰型机身结构、直移型机身结构和类人机器人机身结构。

升降回转型机器人的机身主要由实现臂部回转和升降运动的机构组成。机身的回转运动可采用回转轴液压(气)缸驱动、直线液压(气)缸驱动的传动链、蜗轮蜗杆机械传动等，机身的升降运动可以采用直线缸驱动、丝杆-螺母机构驱动、直线缸驱动的连杆式升降台。

俯仰型机器人的机身主要由实现手臂左右回转和上下俯仰运动的部件组成，用手臂的俯仰运动部件代替手臂的升降运动部件。俯仰运动大多采用摆式直线缸驱动。

直移型机器人多为悬挂式的，其机身实际上就是悬挂手臂的横梁。为使手臂能沿横梁平移，除了要有驱动和传动机构外，导轨是一个重要的构件。

类人机器人的机身除装有驱动臂部的运动装置外，还应装有驱动腿部运动的装置和腰部关节，靠腿部和腰部的屈伸运动来实现升降，靠腰部关节实现左右和前后的俯仰和人身轴线方向的回转运动。

2) 臂部结构

手臂部件(简称臂部)是机器人的主要执行部件，其作用是支承腕部和手部，并带动腕部和手部在空间运动。机器人的臂部主要包括臂杆以及与其伸缩、屈伸或自转等运动有关的构件，如传动机构、驱动装置、导向定位装置、支承连接和位置检测元件等。此外，还有与腕部或手臂的运动和连接支承等有关的构件、配管配线等。

根据臂部的运动和布局、驱动方式、传动和导向装置的不同，臂部结构可分为伸缩型臂部结构、转动伸缩型臂部结构、屈伸型臂部结构和其他专用的机械传动臂部结构。伸缩型臂部机构可由液压(气)缸驱动或直线电动机驱动；转动伸缩型臂部结构除了臂部做伸缩运动外，还绕自身轴线转动，以使手部获得旋转运动，转动可用液压(气)缸驱动或机械传动。

3) 机身和臂部的配置形式

机身和臂部的配置形式基本上反映了机器人的总体布局。由于机器人的运动要求、工作对象、作业环境和场地等因素不同，出现了各种不同的配置形式。目前常用的有如下几种形式：

(1) 横梁式。机身设计成横梁式，用于悬挂手臂部件，这类机器人的运动形式大多为移动式，具有占地面积小、能有效地利用空间、直观等优点。横梁可设计成固定的或行走的，一般横梁安装在厂房原有建筑的柱梁或有关设备上，也可从地面架设。

图 6-29(a)所示为一种单臂悬挂式，机器人只有一个铅垂配置的悬挂手臂，臂部除做伸缩运动外，还可以沿横梁移动。有的横梁装有滚轮，可沿轨道行走。图 6-29(b)所示为一种双臂对称交叉悬挂式。双臂悬挂式结构大多用于为某一机床(如卧式车床、外圆磨床等)上下料服务，一个臂用于上料，另一个臂用于下料，可以减少辅助时间，缩短动作循环周期，有利于提高生产率。双臂在横梁上的配置有双臂平行配置、双臂对称交叉配置和双臂一侧交叉配置等，具体配置形式视工件的类型、工件在机床上的位置和夹紧方式、料道与机床间相对位置及运动形式等不同而各异。

横梁上配置多个悬伸臂为多臂悬挂式，适用于刚性连接的自动生产线，用于工位间传送工件。

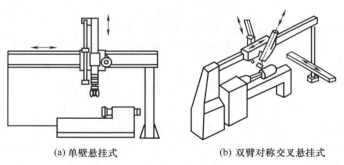

(a) 单壁悬挂式　　　　(b) 双臂对称交叉悬挂式

图 6-29　横梁式布置机器人

(2) 立柱式。立柱式机器人多采用回转型、俯仰型或屈伸型的运动形式，是一种常见的配置形式。一般臂部都可在水平面内回转，具有占地面积小、工作范围大等特点。立柱可固定安装在空地上，也可以固定在床身上。立柱式结构简单，服务于某种主机，承担上、下料或转运等工作。臂的配置形式如图 6-30 所示，可分为单臂配置和双臂配置。

单臂配置是在固定的立柱上配置单个臂，一般臂部可水平、垂直或倾斜安装于立柱顶端。如图 6-30(a)所示为一立柱式浇注机器人，以平行四边形铰接的四连杆机构作为臂部，以此实现俯仰运动，浇包提升时始终保持铅垂状态，臂部回转运动后，可把从熔炉中取出的金属液送至压铸机的型腔。

立柱式双臂配置的机器人多用于一只手实现上料，另一只手承担下料。如图 6-30(b)所示为一双臂同步回转的机器人，双臂对称布置，较平稳，两个悬挂臂的伸缩运动采用分别驱动方式，用来完成较大行程的提升与转位工作。

(3) 机座式。机身设计成机座式，这种机器人可以是独立的、自成系统的完整装置，可随意安放和搬动；也可以具有行走机构，如沿地面上的专用轨道移动，以扩大其活动范围。各种运动形式均可设计成机座式。手臂有单臂[图 6-31(a)]；双臂[图 6-31(b)]和多臂[图 6-31(c)]的形式；手臂可配置在机座顶端，也可置于机座立柱中间。

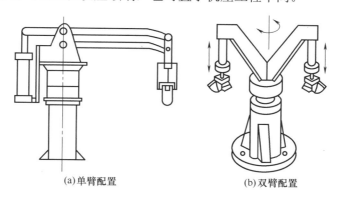

(a)单臂配置　　　　　　　　　　(b)双臂配置

图 6-30　立柱式布置机器人

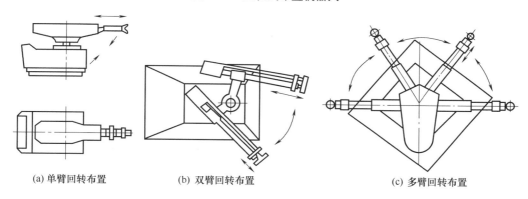

(a) 单臂回转布置　　　(b) 双臂回转布置　　　(c) 多臂回转布置

图 6-31　机座式布置机器人

(4) 屈伸式。屈伸式机器人的臂部由大小臂组成，大小臂间有相对运动，称为屈伸臂。屈伸臂与机身间的配置形式关系到机器人的运动轨迹，可以实现平面运动或空间运动，如图 6-32 和图 6-33 所示。

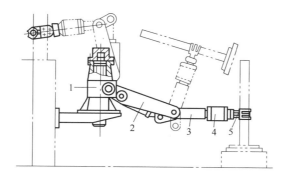

图 6-32　平面屈伸式机器人

1—立柱；2—大臂；3—小臂；4—手腕；5—手部

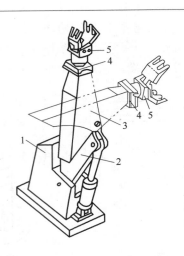

图 6-33　空间屈伸式机器人

1—机身；2—大臂；3—小臂；4—手腕；5—手部

图 6-32 所示为平面屈伸式机器人，其大小臂是在垂直于机床轴线的平面上运动，借助腕部旋转 90°，将垂直放置的工件送到机床两顶尖间。图 6-33 所示为空间屈伸式机器人，小臂相对大臂运动的平面与大臂相对机身运动的平面互相垂直，手臂夹持中心的运动轨迹为空间曲线。它能将垂直放置的圆柱工件送到机床两顶尖间，而不需要腕部旋转运动。腕只做小距离横移，即可将工件送进机床夹头内。该机构占地面积小，能有效地利用空间，可绕过障碍进入目的地，较好地显示了屈伸式机器人的优越性。

3．手腕结构

手腕是连接手臂和手部的结构部件，其主要作用是确定手部的作业方向，因此具有独立的自由度，可满足机器人手部完成复杂的姿态。

要确定手部的作业方向，一般需要三个自由度(都是回转)，这三个回转方向分别为：臂转，即绕小臂轴线方向的旋转；手转，即手部绕自身的轴线方向旋转；腕摆，即手部相对于臂进行摆动。如图 6-34 所示。

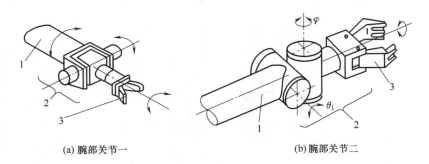

(a) 腕部关节一　　　　　　　　　　(b) 腕部关节二

图 6-34　机器人腕部关节配置

1—手臂；2—手腕；3—手部

手腕结构多为上述三个回转方式的组合，组合的方式可以有多种形式，图 6-34(a)所示的腕部关节配置为臂转、腕摆、手转结构；图 6-34(b)所示的臂转、双腕摆、手转结构。

腕部结构的设计要满足传动灵活、结构紧凑轻巧、避免干涉等要求。机器人多数将腕部结构的驱动部分安排在小臂上，首先设法使几个电动机的运动传递到同轴旋转的心轴和多层套筒上去，运动传入腕部后再分别实现各个动作。

4．手部结构

机器人的手部是最重要的执行机构，从功能和形态上看，可以分为工业机器人的手部和仿人机器人手部。工业机器人的手部是用来夹持工件和工具的部件。由于被夹持的工件形状、尺寸、质量、材质及表面状态不同，因此手部结构是多种多样的。大部分手部结构都是根据特定的工件要求专门设计的，由于各种手部的工作原理不同，故其结构形态各异。常用的手部按其握持原理可以分为夹持和吸附两大类。

1）夹持类手部

夹持类手部除常用的夹钳式外，还有钩托式和弹簧式。此类手部按其手指夹持工件时的运动方式不同，又可分为手指回转型和指面平移型。

(1) 夹钳式手部。夹钳式手部是工业机器人最常用的一种手部形式。一般夹钳式手部如图 6-35 所示，由手部和传动机构组成。

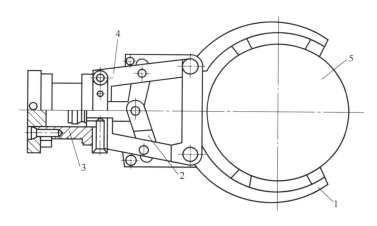

图 6-35　夹钳式手部结构

1—手指；2—传动机构；3—驱动装置；4—支架；5—工件

手指是直接与工件 5 接触的构件，手部松开和夹紧工件就是通过手指的张开和闭合来实现的。一般情况下，机器人的手部只有两个手指，少数有三个或多个手指，其结构形式常取决于被夹持工件的形状和特性。

传动机构是向手指传递动力和运动、以实现夹紧和松开动作的机构。

(2) 钩托式手部。在夹持类手部中，除了用夹紧力夹持工件的夹钳式手部外，钩托式手部是用得较多的一种。其主要特征是不靠夹紧力来夹持工件，而是利用手指对工件钩、托、捧等动作来托持工件。应用钩托方式可降低驱动力的要求，简化手部结构，甚至可以省略手部驱动装置，适用于在水平面内和垂直面内做低速移动的搬运工作，尤其对大型笨重的工件或结构粗大而质量较轻且易变形的工件更为有利。

钩托式手部可分为无驱动装置型和有驱动装置型。无驱动装置的钩托式手部,手指动作通过传动机构,借助臂部的运动来实现,手部无单独的驱动装置。如图6-36(a)所示为一种无驱动型,手部在臂的带动下向下移动,当手部下降到一定位置时齿条1下端碰到撞块,臂部继续下移,齿条便带动齿轮2旋转,手指3即进入工件钩托部位。手指托持工件时,销子4在弹簧力作用下插入齿条缺口,保持手指的钩托状态并可使手臂携带工件离开原始位置。完成钩托任务后,电磁铁将销子向外拔出,手指呈自由状态。

图6-36(b)所示为一种有驱动装置的钩托式手部,其工作原理是依靠机构内力来平衡工件重力以保持托持状态。驱动液压缸5以较小的力驱动杠杆手指6和杠杆手指7回转,使手指闭合至托持工件的位置。手指与工件的接触点均在其回转支点 O_1、O_2 的外侧,因此在手指托持工件后,工件本身的质量不会使手指自行松脱。

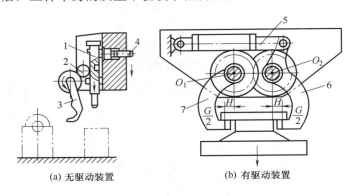

(a) 无驱动装置　　　　　　(b) 有驱动装置

图6-36　钩托式手部结构

1—齿条;2—齿轮;3—手指;4—销子;5—驱动液压缸;6、7—杠杆手指

(3) 弹簧式手部。弹簧式手部靠弹簧力的作用将工件夹紧,手部不需要专用的驱动装置,结构简单,其使用特点是工件进入手指和从手指中取下工件都是强制进行的。由于弹簧力有限,故只适于夹持轻小工件。图6-37所示为一种结构简单的簧片手指弹性手爪。手臂带动夹钳向坯料推进时,弹簧片3由于受到压力而自动张开,于是工件进入钳内,受弹簧作用而自动夹紧。当机器人将工件传送到指定位置后,手指不会将工件松开,必须先将工件固定后,手部后退,强迫手指撑开后留下工件。这种手部只适用于定位精度要求不高的场合。

2) 吸附类手部

吸附类手部靠吸附力取料。根据吸附力的不同可分为气吸附和磁吸附两种。吸附式手部适应于大平面(单面接触无法抓取)、易碎(玻璃、瓷盘)、微小(不易抓取)的物体,因此使用面也较大。

(1) 气吸式手部。气吸式手部是工业机器人常用的一种吸持工件的装置,由吸盘(一个或几个)、吸盘架及进排气系统组成,具有结构简单、质量轻、使用方便可靠等优点,广泛用于非金属材料(如板材、纸张、玻璃等物体)或不可有剩磁的材料的吸附。气吸式手部的另一个特点是对工件表面没有损伤,且对被吸持工件预定的位置精度要求不高,但要求工件上与吸盘接触部位光滑平整、清洁，被吸工件材质致密，没有透气空隙。

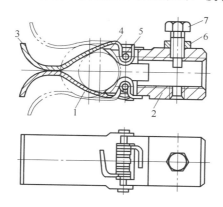

图 6-37　弹簧式手部结构

1—工件；2—套筒；3—弹簧片；4—扭簧；5—销钉；6—螺母；7—螺钉

气吸式手部是利用吸盘内的压力与大气压之间的压力差而工作的，按形成压力差的方法不同，可分为真空气吸、气流负压气吸、挤压排气负压气吸三种。

图 6-38(a)所示为真空气吸附手部结构。真空的产生是利用真空泵，真空度较高。主要零件为蝶形吸盘 1，通过固定环 2 安装在支承杆 4 上，支承杆由螺母 5 固定在基板 6 上。取料时，橡胶吸盘与物体表面接触，橡胶吸盘的边缘起密封作用，又起到缓冲作用，然后真空抽气，吸盘内腔形成真空，实施吸附取料。放料时，管路接通大气，失去真空，物体放下。为了避免在取放料时产生撞击，有的还在支承杆上配有弹簧缓冲；为了更好地适应物体吸附面的倾斜状况，有的在橡胶吸盘背面设计有球铰链。

图 6-38(b)所示为气流负压气吸附手部。它是利用流体力学的原理，当需要取物时，压缩空气高速流经喷嘴螺母 5 时，其出口处的气压低于吸盘腔内的气压，于是腔内的气体被高速气流带走而形成负压，完成取物动作；当需要释放时，切断压缩空气即可。气流负压吸附手部需要的压缩空气在一般工厂内容易取得，因此成本较低。

图 6-38(c)所示为挤压排气负压气吸手部结构。其工作原理为：取料时吸盘 1 压紧物体，橡胶吸盘变形，挤出腔内多余空气，手部上升，靠橡胶吸盘恢复力形成负压将物体吸住；释放时，压下排气腔 3，使吸盘腔与大气连通而失去负压。挤压排气负压气吸式手部结构简单，但要防止漏气，不宜长期停顿。

(2) 磁吸式手部。磁吸式手部是利用永久磁铁或电磁铁通电后产生的磁力来吸附工件的，应用较广。磁吸式手部与气吸式手部相同，不会破坏被吸件表面质量。比气吸式手部优越的方面是：有较大的单位面积吸力，对工件表面粗糙度及通孔、沟槽等无特殊要求；磁吸不足之处是：被吸工件存在剩磁，吸附头上常吸附磁性屑(如铁屑等)，影响正常工作。因此对那些不允许有剩磁的零件要禁止使用。对钢、铁等材料制品，温度超过 723℃就会失去磁性，故在高温下无法使用磁吸式手部。磁吸式手部按磁力来源可分为永久磁铁手部和电磁铁手部，电磁铁手部由于供电不同又可分为交流电磁铁手部和直流电磁铁手部。

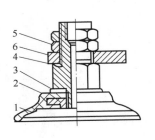

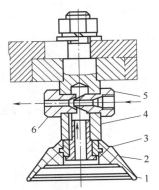

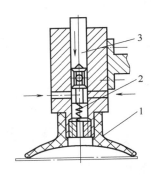

(a) 真空气吸附手部

1—蝶形吸盘；2—固定环；

3—垫片；4—支承杆；

5—螺母；6—基板

(b) 气流负压气吸附手部

1—吸盘；2—固定环；3—内支承杆；

4—外支承杆；5—喷嘴螺母一；

6—喷嘴螺母二

(c) 挤压排气负压气吸手部

1—吸盘；2—弹簧；

3—排气腔

图 6-38　气吸式手部结构

3) 仿人手部

目前，大部分工业机器人的手部只有两个手指，而且手指上一般没有关节，因此取料不能适应物体外形的变化，不能使物体表面承受比较均匀的夹持力，无法满足对复杂形状、不同材质的物体实施夹持和操作。为了提高机器人手部和手腕的操作能力、灵活性和快速反应能力，使机器人能像人手一样进行各种复杂的作业，如装配作业、维修作业、设备操作等，就必须有一个运动灵活、动作多样的灵巧手，即仿人手。

(1) 柔性手。柔性手可对不同外形物体实施抓取，并使物体表面受力比较均匀。图 6-39(a)所示为多关节柔性手，每个手指由多个关节串接而成。手指传动部分由牵引钢丝绳及摩擦滚轮组成，每个手指由两根钢丝绳牵引，一侧为握紧，一侧为放松。这样的结构可抓取凹凸外形的物体并使物体受力较为均匀。

(2) 多指灵活手。机器人手部和手腕最完美的形式是模仿人手的多指灵活手。多指灵活手由多个手指组成，每一个手指有三个回转关节，每一个关节自由度都是独立控制的。这样，各种复杂动作都能模仿，如图 6-39(b)和图 6-39(c)所示。

5．行走机构

行走机构是行走机器人的重要执行部件，由驱动装置、传动机构、位置检测元件、传感器、电缆及管路等组成。一方面支承机器人的机身、臂部和手部，另一方面还根据工作任务的要求，带动机器人实现在更广阔的空间内运动。一般而言，行走机器人的行走机构主要有车轮式行走机构、履带式行走机构和足式行走机构，此外，还有步进式行走机构、蠕动式行走机构、混合式行走机构和蛇行式行走机构等，以适合于各种特别的场合。

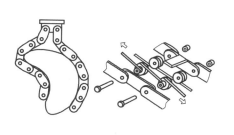

(a) 多关节柔性手　　　　　　(b) 三指灵活手　　　　　(c) 四指灵活手

图 6-39　仿人手部结构

1) 车轮式行走机构

车轮式行走机器人是机器人中应用最多的一种，如图 6-40 所示。在相对平坦的地面上，用车轮移动方式行走是相当优越的。

车轮的形状或结构形式取决于地面的性质和车辆的承载能力。在轨道上运行的多采用实心钢轮，室外路面行驶的采用充气轮胎，室内平坦地面上的可采用实心轮胎。

2) 履带式行走机构

履带式行走机构虽可在高低不平的地面上运动，但其适应性不够，行走时晃动太大，在软地面上行驶运动效率低，如图 6-41 所示。

图 6-40　车轮式行走机器人

图 6-41　履带式行走机器人

3) 足式行走机构

根据调查，在地球上近一半的地面不适合于传统的轮式或履带式车辆行走。但是一般多足动物却能在这些地方行动自如，显然足式与轮式和履带式行走方式相比具有独特的优势。足式行走对崎岖路面具有很好的适应能力，足式运动方式的立足点是离散的点，可以在可能到达的地面上选择最优的支承点，而轮式和履带行走工具必须面临最坏的地形上的几乎所有点；足式运动方式还具有主动隔振能力，尽管地面高低不平，机身的运动仍然可以相当平稳；足式行走在不平地面和松软地面上的运动速度较高，能耗较少。

6．机器人的驱动方式

机器人关节的驱动方式有液压式、气动式和电动机式。

1) 液压驱动

机器人的驱动系统采用液压驱动，具有以下优点：

(1) 液压容易达到较高的压力(常用液压为 2.5～6.3MPa)，体积较小，可以获得较大的推力或转矩。

(2) 液压系统介质的可压缩性小，工作平稳可靠，并可得到较高的位置精度。

(3) 液压驱动中，力、速度和方向容易实现自动控制。

(4) 液压系统采用油液作为介质，具有防锈性和自润滑性能，可以提高机械效率，使用寿命长。

液压驱动系统的不足之处如下：

(1) 油液的黏度随温度变化而变化，影响工作性能，高温容易引起燃烧、爆炸等危险。

(2) 液体的泄漏难以克服，要求液压元件有较高的精度和质量，造价较高。

(3) 需要相应的供油系统，尤其是电液伺服系统要求严格的滤油装置，否则会引起故障。

液压驱动方式的输出力和功率大，能构成伺服机构，常用于大型机器人关节的驱动。美国 Unimation 公司生产的 Unimate 型机器人采用直线液压缸作为径向驱动源，Versatran 机器人也使用直线液压缸作为圆柱坐标式机器人的垂直驱动源和径向驱动源。

2) 气动驱动

气动驱动多用于开关控制和顺序控制的机器人。与液压驱动相比，气动驱动的特点如下：

(1) 压缩空气黏度小，容易达到高速(1m/s)。

(2) 利用工厂集中的空气压缩机站供气，不必添加动力设备。

(3) 空气介质对环境无污染，使用安全，可应用于高温作业。

(4) 气动元件工作压力低，制造要求比液压元件低。

气动驱动的不足之处如下：

(1) 压缩空气常用压力为 0.4～0.6MPa，若要获得较大的力，其结构就要相对增大。

(2) 空气压缩性大，工作平稳性差，速度控制困难，要达到准确的位置控制很困难。

(3) 压缩空气的除水问题是一个很重要的问题，处理不当会使钢类零件生锈，导致机器人失灵。此外，排气还会造成噪声污染。

3) 电动机驱动

电动机驱动可分为普通交流电动机驱动，交、直流伺服电动机驱动和步进电动机驱动。普通交、直流电动机驱动需加减速装置，输出力矩大，但控制性能差、惯性大，适用于中型或重型机器人。伺服电动机和步进电动机输出力矩相对小，控制性能好，可实现速度和位置的精确控制，适用于中小型机器人。交、直流伺服电动机一般用于闭环控制系统，而步进电动机则主要用于开环控制系统，一般用于速度和位置精度要求不高的场合。电动机使用简单，且随着材料性能的提高，电动机性能也逐渐提高，所以总的看来，目前机器人关节驱动逐渐为电动机式所代替。

　　4)　三种驱动的区别

　　表 6-1 为液压驱动、气动驱动和电动机驱动三种驱动的比较。

表 6-1　三种驱动方式的比较

内　容	驱动方式		
	液压驱动	气动驱动	电动机驱动
输出力	压力高，可获得大的输出力	压力相对要小，输出力小	输出力较大
控制性能	利用液体的不可压缩性，控制精度较高，输出功率大，可无级调速，反应灵敏，可实现连续轨迹控制	气体压缩性大，精度低，阻尼效果差，低速不易控制，难以实现高速、高精度的连续轨迹控制	控制精度高，功率较大，能精确定位，反应灵敏，可实现高速、高精度的连续轨迹控制，伺服特性好，控制系统复杂
响应速度	很高	较高	很高
结构性能及体积	结构适当，执行机构可标准化、模拟化，易实现直接驱动。功率/质量比大，体积小，结构紧凑，密封问题较大	结构适当，执行机构可标准化、模拟化，易实现直接驱动。功率/质量比大，体积小，结构紧凑，密封问题较小	伺服电动机易于标准化，结构性能好，噪声低，电动机一般需配置减速装置，除 DD 电动机外，难以直接驱动，结构紧凑，无密封问题
安全性	防爆性能较好，用液压油作为传动介质，在一定条件下有火灾危险	防爆性能好，高于 1000kPa(10 个大气压)时应注意设备的抗压性	设备自身无爆炸和火灾危险，直流有刷电动机换向时有火花，对环境的防爆性能较差
对环境的影响	液压系统易漏油，对环境有污染	排气时有噪声	无
在工业机器人中的应用范围	适用于重载、低速驱动，电液伺服系统适用于喷涂机器人、点焊机器人和托运机器人	适用于中小负载驱动、精度要求较低的有限点位程序控制机器人，如冲压机器人本体的气动平衡及装配机器人气动夹具	适用于中小负载、要求具有较高的位置控制精度和轨迹控制精度、速度较高的机器人，如 AC 伺服喷涂机器人、点焊机器人、弧焊机器人、装配机器人等
成本	液压元件成本较高	成本低	成本高
维修及使用	方便，但油液对环境温度有一定要求	方便	较复杂

6.2.6　工业机器人的控制

工业机器人控制技术是在传动机械系统控制技术的基础上发展起来的，由于机器人本身的机构特点，其对控制系统提出了新的要求。

1. 控制系统的基本类型

1)　程序控制系统

目前工业用的绝大多数第一代机器人属于程序控制机器人，其程序控制系统的结构如图 6-42 所示，包括程序装置、信息处理器和放大执行装置。信息处理器对来自程序装置的信息进行变换，放大执行装置则对工业机器人的传动装置进行作用。

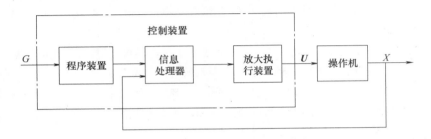

图 6-42　程序控制系统

输出量 X 为一向量，表示操作机运动的状态，一般为操作机各关节的转角或位移。控制作用 U 由控制装置加于操作机的输入端，也是一个向量。给定作用 G 是输出量 X 的目标值，即 X 要求变化的规律，通常是以程序形式给出的时间函数。G 的给定可以通过计算工业机器人的运动轨迹来编制程序，也可以通过示教法来编制程序。这就是程序控制系统的主要特点，即系统的控制程序是在工业机器人进行作业之前确定的，或者说，工业机器人是按预定的程序工作的。

2)　适应性控制系统

适应性控制系统多用于第二代工业机器人，即具有知觉的工业机器人，具有力觉、触觉或视觉等功能。在这类控制系统中，一般不事先给定运动轨迹，由系统根据外界环境的瞬时状态实现控制，而外界环境状态用相应的传感器来检测。系统结构如图 6-43 所示。

图 6-43 中 F 是外部作用向量，代表外部环境的变化；给定作用 G 是工业机器人的目标值，其并不是简单地由程序给出，而是存在于环境之中，控制系统根据操作机与目标之间的坐标差值进行控制。

3)　智能控制系统

智能控制系统是最高级、最完善的控制系统，在外界环境变化的条件下，为了保证控制系统所要求的品质，控制系统的结构和参数能自动改变，其结构如图 6-44 所示。智能控制系统具有检测所需新信息的能力，并能通过学习和积累经验不断完善计划，该系统在某种程度上模拟了人的智力活动过程。具有智能控制系统的工业机器人为第三代工业机器人，即自治式工业机器人。

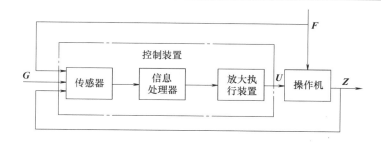

图 6-43　适应性控制系统

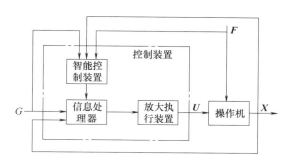

图 6-44　智能控制系统

2. 典型控制系统

目前大部分工业机器人都采用二级计算机控制，第一级为主控制级，第二级为伺服控制级，系统结构如图 6-45 所示。

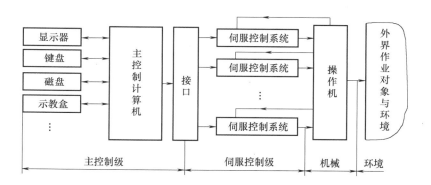

图 6-45　二级计算机控制系统

主控制级由主控制计算机及示教盒等外围设备组成，主要用于接收作业指令、协调关节运动、控制运动轨迹、完成作业操作。伺服控制级为一组伺服控制系统，其主体也为计算机，每一伺服控制系统对应一定关节，用于接收主控制计算机向各关节发出的位置、速度等运动指令信号，以实时控制操作机各关节的运行。

系统的工作过程是：操作人员利用控制键盘或示教盒输入作业要求，如要求工业机器人手部在两点之间做连续轨迹运动。主控制计算机完成以下工作：分析解释指令、坐标变换、插补计算、矫正计算，最后求取相应的各关节协调运动参数。坐标变换即用坐标变换原理，根据运动学方程和动力学方程计算工业机器人与工件关系、相对位置和绝对位置关系，是实现控制所不可缺少的；插补计算是用直线的方式解决示教点之间的过渡问题；矫正计算是为保证在手腕各轴运动过程中，保持与工件的距离和姿态不变，对手腕各轴的运动误差补偿量的计算。运动参数输出到伺服控制级作为各关节伺服控制系统的给定信号，实现各关节的确定运动。控制操作机完成两点间的连续轨迹运动，操作人员可直接监视操作机的运动，也可以从显示器控制屏上得到有关的信息。这一过程反映了操作人员、主控制级、伺服控制级和操作机之间的关系。

1) 主控制级

主控制级的主要功能是建立操作人员和工业机器人之间的信息通道、传递作业指令和参数、反馈工作状态、完成作业所需的各种计算、建立与伺服控制级之间的接口。总之，主控制级是工业机器人的"大脑"，由以下几个主要部分组成：

(1) 主控制计算机。主要完成从作业任务、运动指令到关节运动要求之间的全部运算，完成机器人所有设备之间的运动协调。对主控制计算机硬件方面的主要要求是运算速度和精度、存储容量及中断处理能力。

(2) 主控制软件。工业机器人控制编程软件是工业机器人控制系统的重要组成部分，其功能主要包括指令的分析解释、运动的规划(根据运动轨迹规划出沿轨迹的运动参数)、插值计算(按直线、圆弧或多项插值，求得适当密度的中间点)、坐标变换。

(3) 外围设备。主要的外围设备有显示器、键盘、打印机、示教盒等。

2) 伺服控制级

伺服控制级由一组伺服控制系统组成，每一个伺服控制系统分别驱动操作机的一个关节。关节运动参数来自控制级的输出。图 6-46 所示为一具有位置和速度反馈的工业机器人伺服控制系统，主要包括伺服驱动器和伺服控制器两部分。

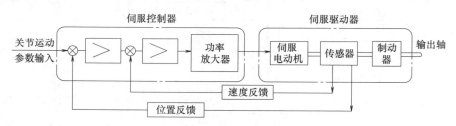

图 6-46　具有位置和速度反馈的伺服控制系统

(1) 伺服驱动器。伺服驱动器通常由伺服电动机、位置传感器、速度传感器和制动器组成。伺服电动机的输出轴直接与操作机关节轴相连，以完成关节运动的控制和关节位置、速度的检测。失电时制动器能自动制动，保持关节原来位置静止不动。工作时，电磁铁线圈通电，其摩擦盘脱开，关节轴可以自由转动；失电时，摩擦盘在弹簧力的作用下压紧而制动。

(2) 伺服控制器。伺服控制器的基本组件是比较器、功率放大器和运算器。输入信号除参考信号外，还有各种反馈信号。

6.2.7 工业机器人的应用

1. 喷涂机器人

由于喷涂工序中雾状油漆对人体健康有严重影响，工作环境差，因而使用机器人不仅可以改善劳动条件，而且还可以提高产品的产量和质量，降低产品成本。

喷涂机器人的性能应具备如下要求：

(1) 机器人的运动链要有足够的灵活性，以适应喷枪对工作表面的不同姿态要求，多关节型为最常用，一般具有 5～6 个自由度。

(2) 要求速度均匀，特别是在轨迹拐角处误差要小，以避免喷涂不均。

(3) 需要轨迹跟踪装置。

(4) 可采用连续轨迹控制方式。

(5) 要有防爆装置。

喷涂机器人的结构一般为六轴多关节型，如图 6-47 所示，主要由机器人本体、控制装置和液压系统组成。手部采用柔性手腕结构，可绕臂的中心轴沿任意方向做弯曲，而且在任意弯曲状态下可绕腕中心轴扭转。由于腕部不存在奇异位形，所以能喷涂形态复杂的工件并具有很高的生产率。

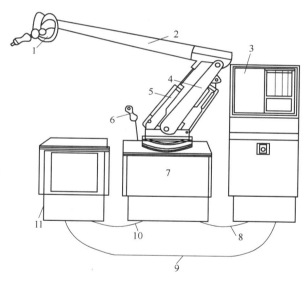

图 6-47 六轴多关节型液压喷涂机器人系统

1—操作机；2—水平臂；3—控制装置；4—垂直臂；5—液压缸；
6—示教把手；7—底座；8—主电缆；9—电缆；10—软管；11—油泵

机器人的控制柜通常由多个 CPU 组成，分别用于伺服及全系统的管理、实时坐标变换、液压伺服控制系统、操作板控制。示教有直接示教和远距离示教两种方式。远距离示教具有较强的软件功能，可以在直线移动的同时保持喷枪头姿态不变，改变喷枪的方向而不影响目标点。还有一种所谓的跟踪再现动作，只允许在传送带静止状态示教，再现时则靠实时坐标变换连续跟踪移动的传送带进行作业。这样即使传送带的速度发生变化，也能保持喷枪与工件的距离和姿态一定，从而保证喷涂质量。

2. 焊接(弧焊)机器人

弧焊机器人的应用范围很广，除汽车行业之外，在通用机械、金属结构等行业中都有应用。弧焊机器人应是包括各种焊接附属装置在内的焊接系统，而不只是以规划的速度和姿态携带焊枪移动的单机。图 6-48 所示为焊接机器人的工业应用，图 6-49 所示为焊接机器人系统的基本组成。

图 6-48　焊接机器人的工业应用

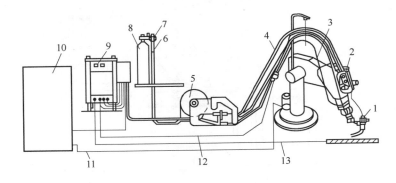

图 6-49　焊接机器人系统组成

1—焊枪；2—送丝电动机；3—焊弧机器人；4—柔性导管；
5—焊丝枪；6—气路；7—气体流量计；8—气瓶；9—焊接电源；
10—机器人控制柜；11—控制和动力电缆；12—焊接电缆；13—工作电缆

在弧焊作业中，要求焊枪跟踪焊件的焊道运动，并不断填充金属形成焊缝，因此运动过程中速度的稳定性和轨迹精度是两项重要的指标。一般情况下，焊接速度取 5～50mm/s，轨迹精度为±(0.2～0.5)mm。由于焊枪的姿态对焊缝质量也有一定的影响，因此希望在跟踪焊道的同时，焊枪姿态的调整范围尽量大。此外，弧焊机器人还应具有抖动功能、坡口填充功能、焊接异常(如断弧、工件熔化等)检测功能、焊接传感器(起始点检测、焊道跟踪等)的接口功能。作业时为了得到优质的焊缝，往往需要在动作的示教以及焊接工艺参数(电流、电压、速度)的设定上花费大量的劳力和时间。

从机构形式看，既有直角坐标型的弧焊机器人，也有关节型的弧焊机器人。对于小型、简单的焊接作业，机器人有四、五轴即可；对于复杂工件的焊接，采用六轴机器人对调整焊枪的姿态比较方便；对于特大型工件焊接作业，为加大工作空间，有时把关节型机器人悬挂起来，或者安装在运载小车上使用。

3. 装配机器人

装配在现代工业生产中具有十分重要的地位。有关资料统计表明，装配占产品生产劳动量的 50%～60%，在有些场合这一比例甚至更高。例如，在电子厂的芯片装配、电路板的生产中，装配工作占劳动量的 70%～80%。由于机器人的触觉和视觉系统不断改善，可以将轴类件投放于孔内的准确度提高到 0.01mm，因此目前已逐步开始使用机器人装配复杂部件，如装配发动机、电动机、大规模集成电路板等。用机器人来实现自动化装配作业是现代化生产的必然趋势。

装配操作中大多数为抓住零件从上方插入或连接的工作。水平多关节机器人就是专门为此而研制的一种成本较低的机器人，其有四个自由度：两个回转关节、上下移动以及手腕的转动。其中，上下移动由安装在水平臂的前端的移动机构来实现。手爪安装在手部前端，负责抓握对象物，为了适应抓取形状各异的工件，机器人上配备各种可换手。

图 6-50 所示为由气动机械手、传输线和货料供给机所组成的自动线上的传动与装配机械手布置图。其工作过程如下。

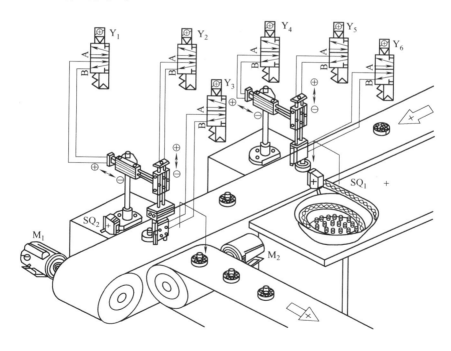

图 6-50　自动线上的传动与装配机械手

按下启动按钮，开始下列操作：

(1) 电机 M_1 正转，传送带开始工作，当到位传感器 SQ_1 为 ON 时，装配机械手开始工作。首先，机械手水平方向前伸(气缸 Y_4 动作)，然后垂直方向向下运动(气缸 Y_5 动作)，将料柱抓取起来(气缸 Y_6 吸合)；其次，机械手垂直方向向上抬起(Y_5 为 OFF)，然后在水平方向向后缩(Y_4 为 OFF)，在垂直方向向下(Y_5 为 ON)运动，将料柱放入货箱中(Y_6 为 OFF)，系统完成机械手装配工作。

(2) 系统完成装配后，当到料传感器 SQ_2 检测到信号后(SQ_2 灯亮)，搬运机械手开始工作。首先机械手垂直方向下降到一定位置(Y_2 为 ON)，然后抓手吸合(Y_3 为 ON)，接着机械手抬起(Y_2 为 OFF)，机械手向前运动(Y_1 为 ON)，然后下降(Y_2 为 ON)，机械手张开(Y_3 为 OFF)，电机 M_2 开始工作，将货物送出。

6.3　机械手机电传动与控制项目实施过程

6.3.1　工作计划

在项目实施过程中，小组协同编制工作计划，并协作解决难题，相互之间监督计划执行与完成情况，以养成良好的"组织管理""准确遵守"等职业素养。工作计划如表 6-2 所示。

表 6-2　工作计划表

序号	内容	负责人/责任人	开始时间	结束时间	验收要求	完成/执行情况记录	个人体会、行为改变效果
1	研讨任务	全体组员			分析项目的要求		
2	制订计划	小组长			制订完整的工作计划		
3	确定项目流程	全体组员			根据任务研讨结果，确定项目的操作流程		
4	具体操作	全体组员			根据项目流程，进行零部件选型和控制程序设计		
5	效果检查	小组长			检查本组组员计划执行情况和程序运行情况		
6	评估	老师/讲师			根据小组协同完成的情况进行客观评价，并填写评价表		

注：该表由每个小组集中填写，时间根据实际授课(实训)填写，以供检查和评估参考。最后一栏供学习者自行如实填写，作为自己学习的心得体会见证。

6.3.2　方案分析

　　为了能有效地完成项目内容，即完成基于 PLC 的搬运工件机械手的设计，需要对机械手设计的基本内容做全面的了解，按照规范要求进行工作。图 6-51 所示为机械手设计的基本内容。

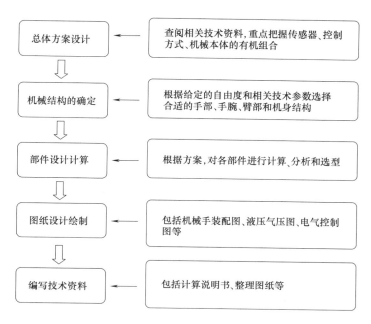

图 6-51　机械手设计的基本内容

6.3.3　操作分析

1. 机械手的动作要求

　　PLC 控制的搬运工件机械手如图 6-52 所示，其任务是将传送带 A 上的工件搬运到传送带 B 上。

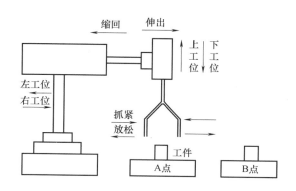

图 6-52　搬运工件机械手

机械手的左工位、右工位、伸出、缩回、上升、下降都用双线圈三位电磁阀气动缸完成，机械手的放开用单螺线管的电磁阀。设备上装有上、下、左、右、伸、缩、松开 7 个传感器，控制对应工步的结束。传输带上设有一个光电开关，监视工件是否到位。

2. 机械系统的设计

(1) 参见本章所讲的机械手相关知识。

(2) 查阅相关部件生产厂家的产品说明书。

3. 控制系统的设计

1) PLC 控制系统的设计原则

(1) 最大限度地满足生产过程的控制要求。

(2) 在满足控制要求的前提下，尽量使控制系统简单、经济。

(3) 保证控制系统安全可靠。

(4) 在选择 PLC 容量时，应考虑到生产的发展和工艺改进，必须留有余地。

2) PLC 控制系统的设计步骤

(1) 熟悉控制对象的工艺条件确定输入/输出设备及 I/O 点数。

(2) 选择合适的 PLC 类型。

(3) 画输入/输出接线图。

(4) PLC 的编程。

3) 确定所需的用户输入/输出设备及 I/O 点数

设备的输入信号如下：

(1) 操作方式转换开关：手动、单步、单周期、连续。

(2) 手动时运动选择开关：上/下、左/右、夹/松。

(3) 位置检测元件：机械手的上、下、左、右的限位行程开关。

(4) 无工件检测元件：右工作台无工件用光电开关检测。

设备的输出信号如下：

(1) 气缸运动电磁阀：上升、下降、右移、左移、夹紧。

(2) 指示灯：机械手处于原点指示。

(3) 据上面分析可知，PC 共需 15 点输入、6 点输出。

4) 选择 PLC

该机械手的控制为纯开关量控制，所需的 I/O 点数不多，因此选择一般的小型低档机即可。

5) 分配 PLC 的 I/O 点的编号

6.4　机械手机电传动与控制项目的检查与评估

6.4.1　检查方法

PLC 控制的搬运工件机械手的设计牵涉的知识面较宽，对于项目的实施，根据实际情况主要检查以下项目。

(1)　查看计算说明书。

(2)　查看气缸的选型依据。

(3)　PLC 程序编制，程序仿真检验。

(4)　检查机械/电气/气压图纸，查看设计依据和图纸。

(5)　条件允许时，进行实物检查。

6.4.2　评估策略

评估包括从反馈与反思中获得学习机会，支持学习者的技术实践能力向更高水平发展，同时也检测反思性学习者的反思品质，即从实践中学习的能力。

1. 整合多种来源

在本项目中，评估的来源主要包括学习者的项目任务分析能力、电气原理分析、设计布置意识、运行及调试和小组协调能力等。

2. 从多种环节中收集评估证据

本项目在资讯、计划、决策、实施和检查等环节中以学习者为主体。资讯环节应记录学习者对于任务认识和分析的能力；计划环节应记录学习者的参与情况、是否有独特见地、能否主动汇报或请教等；决策环节应考虑学习者的思维是否开阔、是否勇于承担责任；实施环节应考虑学习者勤奋努力的品质、精益求精的意识、创新的理念和操作熟练程度等；检查环节应检验学习者发现问题和解决问题的能力。

综上所述，可制订表 6-3 所示的评估表。

表 6-3　评估表

评估项目		第一组				第二组				第三组			
		A	B	C	D	A	B	C	D	A	B	C	D
资讯	任务分析能力												
	信息搜索能力												
计划	信息运用能力												
	团结协作												
	汇报表达能力												
	独到见解												
决策	小组领导意识												
	思维开阔												
	勇于承担责任												
实施	勤奋努力												
	精益求精												
	创新理念												
	操作熟练程度												
检查	发现问题												
	解决问题												
	独到见解												

6.5 拓展实训——三自由度机械手的 PLC 程序设计

【实训目的】

掌握 PLC 技术在机械手控制中的应用。

【实训要点】

基于行程控制的 PLC 程序编译。

【预习要求】

熟悉三自由度机械手的基本结构，熟悉 PLC 程序编制。

【实训过程】

根据图 6-15 行程开关在机械手中的布置情况，编制 PLC 控制程序。

(1) 绘制分析普通电气控制电路图。

(2) 绘制功能顺序图。

(3) 编译 PLC 程序控制程序。

(4) 条件允许的情况下，在实物上进行调试实验。

本 章 小 结

至此完成了本章的知识学习和项目任务，总结如下：

(1) 主要讲述的知识有机械手和机器人的基本类型、机械结构、控制形式和工业应用。

(2) 通过项目实施，熟悉了机械手设计的基本流程，加深了对机械手理论知识的理解，并结合 PLC 控制，使理论知识得以固化。

思考与练习

1. 思考题

(1) 机械手在生产线上一般可以完成哪些任务？

(2) 机械手主要包括哪些部分？

(3) 由于高速运动会带来冲击和振动，从而会影响到机械手的工作精度，在机械手上可以采用哪些措施来减小影响？

(4) 夹持类手部、吸附类手部、仿人手部分别适合于哪些作业场合？

(5) 试比较液压驱动、气动驱动、电动机驱动的优缺点。

2. 填空题

(1) 机械手的种类，按驱动方式可分为_____、_____、_____、

机械式机械手;

(2) 二自由度摆动机械手的动作由竖直方向的_____和绕竖直轴的_____两部分组成，在结构上，与二自由度平移机械手的唯一区别是将水平运动改为旋转运动。

(3) 根据运动组合的差异，三自由度机械手主要有两种形式:

① _____;

② _____。

(4) 工业机器人的机械部分主要包括: _____、_____、臂部和机身。

(5) 机器人关节的驱动方式有液压式、_____、_____。

3. 实训题

试设计基于 PLC 的气动二自由度的机械手，要求绘制装配图，编写 PLC 程序，编写说明书。

我 爱 我 国

产业兴国——中国汽车工业之父饶斌

第 7 章　自动生产线机电传动与控制

知识目标

● 掌握自动生产线上典型的机构传动。
● 掌握自动生产线上典型的生产输送线结构组成。

技能目标

● 熟知各典型机构的工作原理。
● 会分析输送线的工作过程及其在工业中的应用。
● 初步具备简单生产线的计算、设计能力。

任务导入

　　自动机械与自动生产线广泛应用于各行各业中，而不同产品所采用的自动生产线形式也不一样。自动生产线是通过自动化输送及其辅助装置，按照一定的生产流程，将各种自动化专机或配套设备连接成一体。它主要是通过气动、液压、电机、传感器和电气控制系统使各部分的动作联系在一起，使系统按照规定的程序工作，以满足生产需要。那么自动生产线有哪些基本类型，它们又怎样实现其机械运动呢？本章就这些问题逐步进行剖析。

7.1　自动生产线机电传动与控制项目说明

1. 项目要点

(1) 自动输送线的生产率分析。
(2) 皮带输送线的设计要则。
(3) 皮带输送线的负载能力分析。

2. 项目条件

(1) 能拆卸和组装的皮带输送自动生产线。
(2) 与自动生产线配套的电气控制柜或实验电气控制柜。
(3) 配套的技术资料和教学资源。

3. 项目内容及要求

　　计算和分析皮带输送线的负载能力，皮带输送机电机的选型，皮带的选用，设计输送机的主要零部件。要求写出详细的设计说明书，并绘制装配图和电气控制图。

7.2　典型的生产线机械传动机构

　　随着我国国民经济和工业的快速发展，工业机械在各行各业中得到广泛应用，其种类、规模和技术水平得到了迅速发展和提高，特别是半自动、自动生产线的应用对提高生产效率、降低劳动成本、提升生产效益起到了重要作用。

自动生产线典型
机械传动机构——
凸轮机构

　　生产线是典型的机电一体化技术综合设备，一般包括机械机构部分、动力传递部分、检测与信号接口部分、运动执行部分和控制部分等。如图 7-1 所示为自动加工生产线。

图 7-1　自动加工生产线

7.2.1　凸轮机构与凸轮分度器

　　凸轮机构是机械传动中常用的机构之一，能实现圆周运动的转换。凸轮分度器是等于凸轮机构工作的设备，能将圆周运动转换成间歇运动。

1. 凸轮机构

　　凸轮是一种具有曲线轮廓或凹槽的构件，凸轮机构由凸轮、从动件和机架三个基本构件组成，它具有以下优点：只需设计适当的凸轮轮廓，便可使从动件得到任意预定的运动规律，机构简单、紧凑。

　　凸轮机构是高副机构(凸轮与从动件为点、线接触)，易磨损，因此只适用于传递动力不大的场合。

　　常用的凸轮机构包括各种弧面凸轮分度机构、蜗杆凸轮分度机构、平行凸轮分度机构、圆柱凸轮分度机构等，广泛应用于各种自动控制系统中。

　　(1) 弧面凸轮分度机构是利用弧面凸轮的工作曲面与从动盘上呈辐射形状分布的滚子依次啮合来实现从动盘的分度运动与定位，从而将连续的回转运动变成间歇回转运动输出。其特点是：输入轴与输出轴呈空间交叉布置，可以进行多姿态安装使用，广泛应用于制药机械、烟草机械、印刷机械、食品包装机械等各种需要步进驱动的自动机械上，如图 7-2 所示。

(2) 蜗杆凸轮分度机构的工作形式与弧面凸轮分度机构相似，是通过蜗杆的工作曲面与从动盘上均匀分布的滚子依次啮合来实现从动盘的分度运动与定位，从而将连续的回转运动变成间歇回转运动输出。其特点是：输入和与输出轴呈空间垂直布置，如图 7-3 所示。

图 7-2　弧面凸轮分度机构

图 7-3　蜗杆凸轮分度机构

(3) 平行凸轮分度机构(平板凸轮分割器)是利用一组平面共轭凸轮作为主动件进行连续匀速转动的输入，由各层滚子组成的从动轴作为运动的输出。工作时，凸轮共轭曲面与从动盘上各层滚子依次啮合来实现输出轴的分度运动与定位，从而将连续的回转运动转变为间歇运动输出。其特点是：输入轴与输出轴平行，运动性能好，高速下运转振动噪声较小，凸轮为平面凸轮，加工方便、易推广应用，传动平稳，输出精度易控制，广泛应用于两轴平行的各种自动机的间歇转位分度，如图 7-4 所示。

图 7-4　平行凸轮分度机构

(4) 圆柱凸轮分度机构是利用圆柱形凸轮的工作曲面与从动盘端面同一圆周上均布的滚子依次啮合，推动从动盘作为分度运动与定位，从而将连续的回转运动变为间歇运动输出。其特点是：输入轴与输出轴呈空间垂直相交布置，通常输出轴垂直向上安装使用，如图 7-5 所示。

2．凸轮分度器

1) 凸轮分度器简介

凸轮分度器在工程上也称凸轮分割器、间歇分割器，如图 7-6(a)所示为日本 SANDEX 公司的 AD 系列产品，图 7-6(b)所示为国产的宏邦自动化机械厂生产的 DF 系列产品。凸轮分度器是一种高精度的回转装置，由一根用电机驱动的输入轴、凸轮副、输出轴或法兰盘组成，用于安装工件及定位夹具等负载的转盘就安装在输出轴上。

图 7-5　圆柱凸轮分度机构

(a) 日本 SANDEX 公司的 AD 系列　　(b) 国产的宏邦自动化机械厂的 DF 系列

图 7-6　凸轮分度器

凸轮分度器在结构上属于空间凸轮转位机构，在各类自动机械中主要实现以下功能：①圆周方向上的间歇输送；②直线方向上的间歇输送；③摆动驱动机械手。

凸轮分度器是依靠凸轮与滚针之间的无间隙配合，并沿着既定的凸轮曲线进行重复传递动作的装置。其输入连续旋转驱动，输出间歇旋转，或摆动、提升等动作，主要用在自动化加工、组装、检测等设备上。

由于凸轮分度器为纯机械传动，并工作在全密封的油箱中，所以具有高精度、高寿命、高可靠的传动特点。

世界上知名的凸轮分度器生产厂家有 CDS(意大利)、CAMCO(美国)、三共(日本 SANDEX)、CKD(日本)等。

2) 凸轮分度器的性能特点

凸轮分度器是机械实现自动化的常用核心部件之一，之所以大量地应用于各种自动线及自动化专机上，是因为其具有槽轮机构、棘轮机构、气动分度机构等无法比拟的优点。它主要的性能优势如下。

(1) 定位精度高。现代工业制造业中，自动生产装配线的应用不仅具有生产高速化的特点，而且具有高精度的特点，而这些往往是通过执行机构的运动精度及工件的定位精度来保证的。

凸轮分度器在工作过程中，由于各个工位上执行机构的位置及运动行程是相对固定的，只是工件随着转盘周期性地分度转位，因而需要保证每次转位后各个工位上工件的位置都分别与各个执行机构的位置严格一致对应。因为凸轮分度器能提供极高的分度精度，因而能够在生产中提供很高的重复定位精度，在目前所有的自动分度装置中，这种装置的分度精度是较高的。

(2) 高刚性。在工程应用中，为了能使自动机械达到较高的装配精度，除了执行机构的运动精度、工件的回转定位精度外，另一个很重要的因素是支承部件必须具有足够的刚度。因为很多装配操作都是在一定的负载外力下进行的，如果支承部件没有足够的刚度，在负载外力的作用下就会发生超出规范要求的变形，从而导致装配精度下降。

在采用凸轮分度器进行圆周方向间歇分度的自动化专机中，凸轮分度器除了提供高精度转位分度功能外，同时还是自动化机械上的主要承载部件，各种负载最终都通过转盘传递到凸轮分度器。因而要求凸轮分度器具有足够的刚度，以实现传递负载时不会产生变形，保证转盘在一个平面内工作，从而保证工件的定位精度。

(3) 转位时间和停歇时间的可调性好。在生产过程中，产品加工、装配、输送等所需要的时间不一样。由于同一台设备上的不同工位所需要的时间也不一样。由于凸轮分度器能实现灵活的转位时间与停顿时间比，因而可以满足各种工艺条件下的转位分度要求，使用方便。

(4) 维护简单。凸轮分度器内部采用高级润滑油脂或润滑油进行润滑，在使用过程中维护简单，只要按照规范要求安装后，后期的维护主要是添加润滑油或定期更换润滑油，在拆装过程中按照规范进行操作即可。

(5) 高速装配的应用。凸轮分度器转位速度快，能满足现代高速装配生产的需要，机器的节拍时间由工序操作的工艺操作时间和用于辅助作业的辅助操作时间组成。在圆周方向间歇输送的自动化机械中，要缩短用于装配操作的工艺时间难度很大，只有大幅度缩短用于转位分度的辅助操作时间才有可能大幅度缩短节拍时间，从而提高生产效率。凸轮分度器完全能够满足这一要求，实现高速转位。

3) 凸轮分度器的工作原理

(1) 凸轮分度器的内部结构。凸轮分度器的内部结构如图 7-7 所示。该分度器是一个输入轴上装有圆柱凸轮并与输出轴上的分度轮垂直啮合的传动装置，通过该分度器，可将连续的旋转输入运动转化为间歇的旋转输出运动。当输入轴回转时，分度轮上的滚子一是沿凸轮凹槽滚动，一是使分度轮轴做回转运动。

图 7-8 所示为凸轮转盘结构，主要包括输入轴凸轮、输出轴转盘以及在转盘上均匀安装的滚子。图 7-9 所示为球式分度器内部结构。

(2) 凸轮分度器的工作过程。以蜗杆凸轮分度器为例，分度器工作时基本包括以下几个方面。

① 电动机驱动凸轮分度器的输入轴，因输入轴与凸轮轴为一体，即电动机驱动凸轮轴旋转，此运动一般为连续旋转运动。

图 7-7　凸轮分度器内部结构

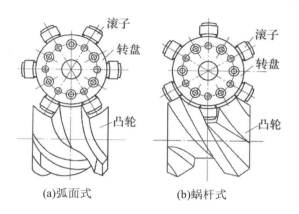

(a)弧面式　　　　　(b)蜗杆式

图 7-8　凸轮转盘结构

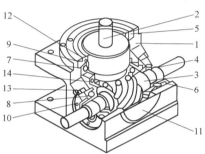

图 7-9　球式分度器内部结构

1—壳体；2—输出轴；3—输入轴；4—钢球撑器；5、6—预压螺母；7、8—轴承；
9、10—密封件；11—密封盖；12—螺栓销；13—平头螺钉；14—钢球

②　凸轮分度器的输出轴为转盘结构，转盘上装有均匀布置的滚子，通过蜗杆凸轮的轮廓曲面与滚子的啮合，驱动转盘转位或停止，将输入轴运动转换成输出轴的运动，此运动为间歇运动。当蜗杆凸轮轮廓曲面具有升程时，转盘被驱动旋转；当蜗杆凸轮轮廓曲面没有升程时，转盘停止转动。

③　蜗杆凸轮的轮廓曲面由两部分组成：一部分为轴向高度没有变化的区域，即凸轮转动时没有升程，在此区域，蜗杆凸轮没有驱动转盘上的滚子，转盘在该区域时间内是静止不转的；另一部分为轴向高度连续变化的区域，即凸轮转动时有升程，在此区域，蜗杆轴转动，转盘也随着转动，在该区域时间内，转盘旋转一定角度。

④　蜗杆凸轮转动一周，完成一个周期，一个周期后转盘面上的滚子与凸轮脱离接触，下一个相邻的滚子又与凸轮轮廓进行啮合，进入下一次循环。

⑤　输入轴每转动一周称为一个周期，在一个周期内，凸轮分度器完成一个循环动作，包括转位和停止，两部分动作时间之和与输入轴转动一周的时间相等，也称为设备的节拍时间。

4)　凸轮分度器的典型工作循环

凸轮分度器的工作循环方式主要有两种：一种是转位循环分度，另一种是摆动循环。

其中，转位循环分度是工程上应用最广泛的工作方式，经过"转位—停顿—转位"的循环过程。摆动循环经过"摆动—停顿—摆动"的循环过程，在摆动的终点和起点，输出轴做上下往复运动。

(1) 转位循环分度器。转位循环分度器是自动机械中常用的凸轮分度器，大量应用于自动化专机和自动生产线上。

① 输入轴及输出轴的运动。凸轮分度器输入轴做周期性转动，输出轴按照"转位—停顿—转位"方式循环，输出的是间歇运动。通常输入轴转动一周，输出轴也同时完成一个工作循环。

② 转位及停顿的动作意义。分度器每次转动一个固定的角度，角度大小等于两个工位之间的角度，因此转位动作实际上就是使自动化专机转盘的定位夹具及工件按固定方向依次交换一个操作位置。而分度器的停顿动作实际上就是自动化专机转盘各个工位上方或侧面的各种操作执行机构的同时，对所在工位的工件进行装配、加工、检测等工序操作。

③ 工件的工序过程。当转盘旋转一周后，所有工位上的工件都依次经过了机器上全部操作执行机构的各种装配、加工、检测等工序操作，也就是说，由第一个工位上料开始的原始工件变成经最后一个工位卸料的成品或半成品。

④ 工位数。凸轮分度器的工位数通常为 2、3、4、5、6、8、10、12、16、20、24、32，一般选型时都选用标准的工位数，特殊工位数的分度器需要定做。

⑤ 使用方法。凸轮分度器有两种使用方法：一种是大量采用的在圆周方向间歇回转分度；另一种是通过机构转换应用于链条输送线或皮带输送线上，做直线方向的间歇输送。

(2) 摆动循环分度器。摆动循环分度器的工作原理和工业应用如下。

① 工作原理。摆动循环分度器实际上就是一台二自由度的机械手，其输出轴的输出动作由摆动循环、摆动起点、摆动终点的上下往复直线运动组合而成。如图 7-10 所示，输出轴除了可做间歇圆周运动外，也可在任意分度运动中做上下顶升运动及左右摇摆，经简易搭配就能实现高效率、高精度的取放移送运作。

图 7-10　摆动循环分度器结构

② 工业应用。摆动循环分度器由于在结构上是由精密凸轮来实现运动的，因此利用凸轮的精密配合可以轻易地实现高速度、高精密、高可靠性动作。摆动循环分度器一般摆动角

度为 0°～180°，输出轴升降的距离为 20～80mm，上下运动精度为±0.05mm，摆动运动精度±(35″～45″)。摆动角度及上下运动行程可以根据应用需要进行设定与调整。

5)　凸轮分度器的工程应用

凸轮分度器作为机械自动化的重要部件，大量使用在各种自动化装配专机及自动生产线上。

(1)　转盘式多工位自动化专机。此类自动化专机是在凸轮分度器的输出轴上安装转盘，在转盘上安装定位夹具；在转盘各工位上方或者转盘外侧设置各种执行机构，如机械加工、铆接、焊接、装配、标示等装置；在需要添加零件的工位附件设置振盘或机械手等自动上料装置；在卸料工位设置机械手等自动卸料装置。在这类自动化专机中基本采用传感器和 PLC 可编程控制。如图 7-11(a)所示为自动化专机外观结构，图 7-11(b)所示为采用凸轮分度器的四工位自动化专机的结构示意图，图中在两个工位上分别有两台作为装配执行机构的工业机器人。

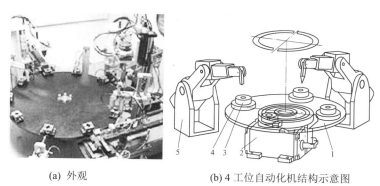

(a) 外观　　　　　　　　　(b) 4 工位自动化机结构示意图

图 7-11　转盘式多工位自动化专机结构

1—转盘；2—凸轮分度器；3—工件；4—定位夹具；5—工业机器人

(2)　转盘式多工位自动化专机的传动形式。此类自动化专机有三种基本传动形式：直接传动方式(见图 7-12(a))、间接传动方式(见图 7-12(b))和输送带传动方式(见图 7-12(c))。

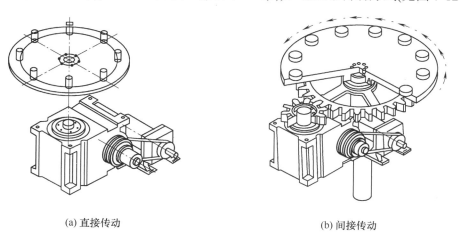

(a) 直接传动　　　　　　　　　(b) 间接传动

图 7-12　转盘式多工位自动化专机的传动形式

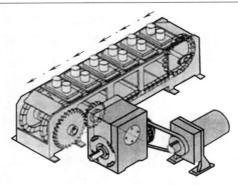

(c) 输送带传动

图 7-12 转盘式多工位自动化专机的传动形式(续)

直接传动方式，输出运动直接从凸轮分度器转盘输出；间接传动方式，输出运动经过凸轮分度器输出轴与中间过渡结构(如齿轮传动)再输出；输送带传动方式，输出运动经过凸轮分度器输出轴将运动转换成皮带输送的间歇运动。

(3) 凸轮分度器自动生产线应用举例一。如图 7-13 所示，凸轮分度器采用同步皮带由电动机经过蜗轮蜗杆减速机进行传动，因此机器的工作节拍可以很方便地调整。其中，机械手 4 作为自动上料机构，振盘送料装置 3 完成对工件的送料动作，装配铆接机构 2 负责将振盘送料装置送出的零件安装在工件上。本自动生产线每个工位上有两套夹具，每次能同时实现两个产品的装配。这类自动生产线可以根据生产的具体情况进行设计，如大型的啤酒、饮料灌装专机上的工位可达 190 个之多。

转盘的直径越大，转盘的重量也越大，凸轮分度器的负载就越大，驱动电动机就会越大。对于大直径转盘，一般将转盘设计成空心转盘，以减轻转盘的重量，降低凸轮分度器的负载。

(4) 凸轮分度器自动生产线应用举例二。如图 7-14 所示，凸轮分度器采用同步皮带由电动机进行传动，输出轴转盘为一链轮，通过链轮驱动一条封闭的环形链条输送线，由于凸轮分度器的间歇回转分度作用，使得链条输送线做直线方向的间歇输送运动。工件放置于链条输送线的工装板件上，在输送线停止前进的间歇时间内，输送线上方的各种执行机构同时对工件进行装配等工作。在生产线的末端，设置一个进行物件转移的机械手，由机械手自动将装配好的工件从输送线上转移到包装箱中。

(5) 凸轮分度器自动生产线应用举例三。图 7-15 所示为线材自动送料分切生产线，线材经过切断机 2 再送入分切机构。由于凸轮分度器的作用，分切工作周期进行，分度器每次回转的角度及驱动滚轮的直径决定了线材的输送长度，分度器停歇时间供切断机(冲床)切断线材，线材切断后送入链条输送线将定尺线材输出。在此过程中，链条输送线的节拍与线材的输送、分切周期相对应，保证分切与输送两部分动作节奏完全一致。

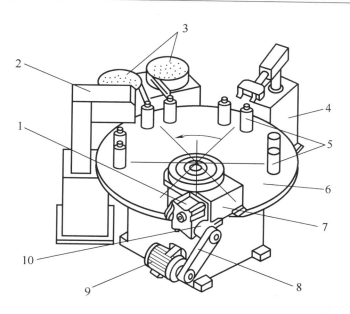

图 7-13　凸轮分度器自动生产线应用举例一

1—蜗轮蜗杆减速机；2—装配铆接机构；3—振盘送料装置；4—机械手；
5—工件及定位夹具；6—转盘；7—凸轮分度器；8—同步皮带；9—电动机；10—电磁离合器

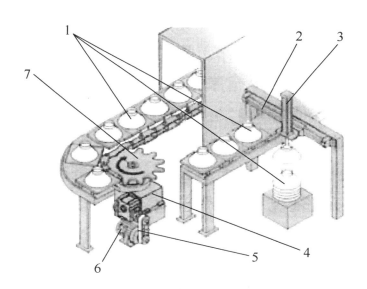

图 7-14　凸轮分度器自动生产线应用举例二

1—工件；2—皮带气缸；3—气缸；4—凸轮分度器；5—同步皮带；6—电动机；7—转盘

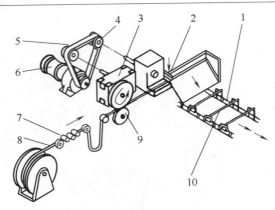

图 7-15　凸轮分度器自动生产线应用举例三

1—输送链条；2—切断机(冲床)；3—凸轮分度器；4—张紧轮；5—同步皮带；
6—电动马达；7—矫直机；8—线材(工件)；9—驱动滚轮；10—定尺材

　　(6)　凸轮分度器自动生产线应用举例四。图 7-16 所示为利用凸轮分度器进行工作的自
动化包装生产线。电动机经过同步皮带驱动传动齿轮箱，齿轮箱减速后将运动传递给凸轮
分度器，在分度器输出轴上有一转盘，当工件从左方输送线上输送到转盘上的定位槽中
时，转盘在凸轮分度器的驱动下旋转 90° 后做一停留，然后工件在其他辅助设备的作用下
转移到后方输送线上已经运行到位的盒子内。最后半成品包装经过辅助设备，转移到第三
条输送线上完成其他包装程序。

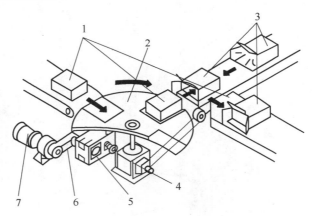

图 7-16　凸轮分度器自动生产线应用举例四

1—工件；2—转盘；3—包装箱；4—分度器；5—传动齿轮箱；6—同步皮带；7—电动机

7.2.2　间歇送料机构

　　间歇送料机构是实现自动生产线各工位上工件同步输送的机构。在工作过程中，根据
工艺要求，沿输送方向以固定的时间间隔、固定的移动距离将各工件从当前位置准确地移
动到相邻的下一个位置，从而实现多工件同步输送。

1．棘轮机构

棘轮机构是一种用途广泛的间歇性机械传动机构，其组件主要包括摇杆、棘爪、棘轮、制动爪和机架等。

如图 7-17 所示，当曲柄 2 做连续旋转运动时，通过连杆 3 带动摇杆与主动爪 4 使得棘轮 5 做间歇性回转运动，这种机构实现回转的单向间歇运动。摇杆顺时针摆动，棘爪插入齿槽，推动棘轮转过一定的角度，制动爪则划过齿背；摇杆逆时针摆动，棘爪划过齿背，制动爪则阻止棘轮做逆时针转动-棘轮静止不动。因此，当摇杆做连续的往复摆动时，棘轮将做单向间歇转动。当将棘轮 5 的中心轴运动作为输出运动时，可用于自动生产线上间歇工作的实现。

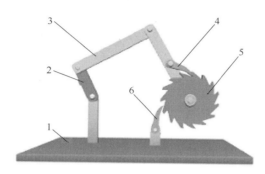

图 7-17　棘轮机构

1—机架；2—曲柄；3—连杆；4—摇杆与主动爪；5—棘轮；6—制动爪

图 7-18 所示为带覆盖罩的棘轮机构，通过调节覆盖罩 3 的位置来实现调节棘轮 1 的旋转角度。当原动力驱动摇杆摆动时，安装在摇杆上的主动爪就会推动棘轮 1 做间歇旋转运动，覆盖罩 3 的位置通过调节其手柄在刻度盘 4 上的位置来固定，当摇杆摇摆速度一定时，调节覆盖罩 3 的位置实现棘轮角度的变化，从而实现棘轮输出轴速度的调节。

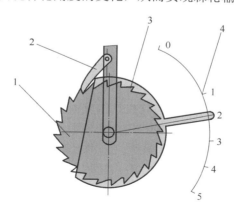

图 7-18　带覆盖罩的棘轮机构

1—棘轮；2—摇杆与主动爪；3—覆盖罩；4—刻度盘

棘轮机构结构简单，制造容易，运动可靠，其转角在很大范围内可调；另外，棘轮机构还常用作防止机构逆转的停止器。

2. 槽轮机构

1) 槽轮机构的工作原理

槽轮机构及其工作原理如图 7-19 所示。当拨盘上的圆柱销没有进入槽轮的径向槽时，槽轮的内凹锁止弧面被拨盘上的外凸锁止弧面卡住，槽轮静止不动；当圆柱销进入槽轮的径向槽时，锁止弧面被松开，则圆柱销驱动槽轮转动；当拨盘上的圆柱销离开径向槽时，下一个锁止弧面又被卡住，槽轮又静止不动。由此，可将主动件的连续转动转换为从动槽轮的间歇运动。

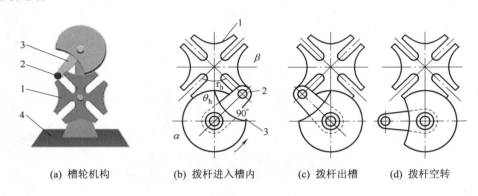

(a) 槽轮机构   (b) 拨杆进入槽内   (c) 拨杆出槽   (d) 拨杆空转

图 7-19　槽轮机构及其工作原理

1—槽轮；2—拨销；3—拨杆；4—机架

2) 槽轮机构的类型、特点及应用

槽轮机构有外啮合和内啮合之分(均属于平面槽轮机构)，此外，还有空间槽轮机构。其优点是：结构简单，工作可靠，机械效率高，能较平稳、间歇地进行转位。其缺点是：圆柱销突然进入与脱离径向槽，传动存在柔性冲击。此外，槽轮的转角不可调节，只能用在定转角场合，一般应用于转速不高的场合，如自动机械、轻工机械、仪器仪表等。

3. 不完全齿轮机构

1) 工作原理和类型

不完全齿轮机构是由普通渐开线齿轮机构演化而成的间歇运动机构，主动轮只有一个或几个齿，从动轮具有若干个与主动轮相啮合的轮齿及锁止弧，可实现主动轮的连续转动和从动轮的有停歇转动，其基本结构形式分为外啮合与内啮合两种。图 7-20 所示为外啮合不完全齿轮机构。

2) 特点及应用

不完全齿轮机构的优点是：结构简单，制造方便，从动轮运动时间和静止时间的比例不受机构结构的限制。

不完全齿轮机构的缺点是：从动轮在转动开始及终止时速度有突变，冲击较大。

不完全齿轮机构一般仅用于低速、轻载场合，如计数机构及在自动机、半自动机中用作工作台间歇转动的转位机构等。

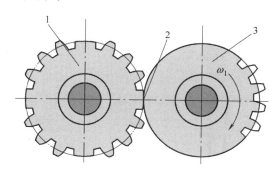

图 7-20 外啮合不完全齿轮机构

1—从动轮；2—凸凹锁止弧；3—主动轮

4. 间歇送料机构的应用

间歇送料机构广泛用于各种产品制造过程的送料、进给、分度。在电子制造行业中，许多设备使用的就是这种送料方式，如各种电阻电容出厂时都卷绕为带式结构，在使用时根据需要逐个将其管脚加工成所需要的形状；接线端子出厂时也都卷绕成带式结构，在与电线进行自动压接时，也采用间歇送料方式；五金行业自动冲压设备的带料自动输送机构、电路板的插件生产线也都采用间歇输送方式。

1) 应用实例一

图 7-21 所示为棘轮机构驱动的皮带间歇送料系统，其主要工作过程是：曲柄摇杆作为驱动动力，电动机驱动曲柄 1 旋转，曲柄 1 又带动摇杆 2 做往复摇摆运动。通过链条 3 和摇杆 2 的作用，使得链轮 7 做顺时针和逆时针往复旋转。而棘轮机构 8 和皮带轮 6 与旋转轴为键连接，链轮 7 与旋转轴为相对运动。这样当棘轮转过一定角度后，皮带轮与同步皮带转动一个角度。

通过这样一个机构就实现了皮带轮的间歇旋转运动，实现了皮带的间歇直线运动，即皮带上的工件可以实现间歇送料。

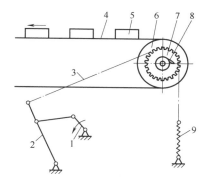

图 7-21 棘轮机构驱动的皮带间歇送料系统

1—曲柄；2—摇杆；3—链条；4—输送皮带；5—工件；
6—皮带轮；7—链轮；8—棘轮机构；9—拉伸弹簧

2) 应用实例二

蜂窝煤成型机的机械传动中利用的是轮槽轮分度间歇机构，图 7-22 所示为蜂窝煤成型机的外形，图 7-23 所示为其机械传动原理。在此设备中就是采用了槽轮机构实现了转盘的旋转，如图 7-23 中的序号 10、11 所示。

图 7-22 蜂窝煤成型机的外形

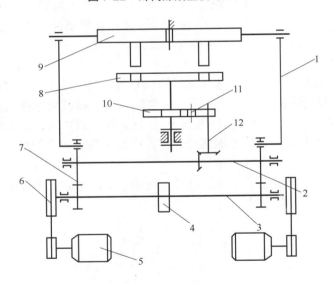

图 7-23 蜂窝煤成型机械传动原理

1—冲压曲柄滑块机构；2、3—传动轴；4—飞轮；5—电动机；6—皮带传动；

7—齿轮传动；8—转盘；9—冲头；10—槽轮机构；11—槽轮机构拨销；12—锥齿轮传动

7.2.3 滚珠丝杠机构

滚珠丝杠机构是一种能将回转运动高精度地转换为直线运动的机构，图 7-24(a)所示为滚珠丝杠外形，图 7-24(b)所示为滚珠丝杠螺母副的原理。在丝杠和螺母上加工有弧形螺旋槽，当它们套装在一起时形成了螺旋滚道，并在滚道内装满滚珠。当丝杠相对于螺母旋转时，二者发生轴向位移，而滚珠则沿着滚道滚动，螺母螺旋槽的两端用回珠管连接起来，使滚珠能做周而复始的循环运动，管道的两端还起着挡珠的作用，以防滚珠沿滚道掉出。

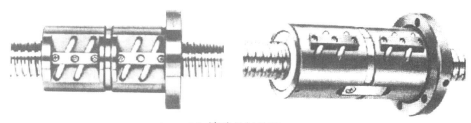

(a) 滚珠丝杠外形

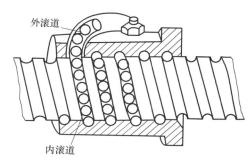

(b) 滚珠丝杠螺母副的原理

图 7-24　滚珠丝杠外形及其螺母副的原理

　　由于滚珠丝杠具有传动效率高、运动平稳、寿命高以及可以预紧(以消除间隙，并提高系统刚度)等特点，被大量应用到数控机床、电子精密机械传动、伺服机械手、工业装配机器人、自动化加工中心、医疗设备等相关领域。例如，在数控机床中，除了大型数控机床因移动距离大而采用齿条或蜗条外，各类中、小型数控机床的直线运动进给系统普遍采用滚珠丝杠。

1. 滚珠丝杠的结构

　　滚珠丝杠主要由丝杠、螺母、滚珠、滚珠回流管及防尘装置等部分组成，如图 7-25 所示。通常滚珠丝杠机构必须与直线导轨或直线轴承等直线导向部件同时使用，滚珠丝杠机构用于驱动负载前后运动，而直线导向部件则对负载提供直线导向作用。

　　丝杠是一种直线度非常高的转动部件，上面加工有半圆形螺旋槽，作为滚珠滚动的滚道。丝杠一般与驱动部件连接在一起，其转动由电机直接或间接驱动。

　　螺母用来固定需要移动的负载，一般将需要移动的各种负载(如工作台、移动滑块)与螺母连接在一起，再在工作台或移动滑块上安装各种执行机构。螺母内部加工有与丝杠类似的半圆形滚道，而且设计有供滚珠循环运动的回流管。螺母是滚珠丝杠机构的重要部件，滚珠丝杠机构的性能与质量在很大程度上依赖于螺母。

　　防尘片的作用是防止外部污染物进入螺母内部。滚珠丝杠机构属于精密部件，如果在使用时污染物(如灰尘、碎屑、金属渣等)进入螺母，可能会使滚珠丝杠运动副严重磨损，降低机构的运动精度及使用寿命，甚至使丝杠或其他部件发生损坏，因此必须对丝杠螺母进行密封，防止污染物进入螺母。

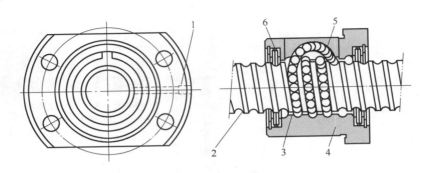

图 7-25　滚珠丝杠的基本组成

1—油孔；2—丝杠；3—滚珠；4—螺母；5—回流管；6—防尘片

在滚珠丝杠机构中，滚珠作为承载体的一部分，直接承受载荷，同时又作为中间传动元件，以滚动的方式传递运动。由于滚珠以滚动方式运动，所以摩擦非常小。丝杠与螺母装配好后，丝杠与螺母上的半圆形螺旋槽就组成了截面为圆形的螺旋滚道，丝杠转动时，滚珠在螺旋滚道内向前滚动，驱动螺母做直线运动。为了防止滚珠从螺母的另一端跑出来并循环利用滚珠，滚珠在丝杠上滚过数圈后，通过回程引导装置(如回流管)又逐个返回到丝杠与螺母之间的滚道，构成一个闭合的循环回路，并往复循环。

油孔供加注润滑油或润滑脂用。滚珠丝杠机构运行时需要良好的润滑，因此应定期加注润滑油或润滑脂。

2．滚珠丝杠的运动传递

滚珠丝杠机构属于螺旋传动机构，其工作原理与螺母和螺杆之间的传动原理基本相同。当丝杠转动而螺母不能转动时，转动丝杠，由于螺母及负载滑块与导向部件(如直线导轨、直线轴承)连接在一起，所以螺母的转动自由度就被限制了，这样螺母及与其连接在一起的负载滑块只能在导向部件作用下做直线运动。当改变电动机的转向时，丝杠的转动方向也同时发生改变，螺母及负载滑块将做反方向的直线运动，所以负载滑块能进行往返直线运动。由于电动机可以在需要的位置启动或停止，所以很容易实现负载滑块的启动或停止，也很容易通过控制电动机的回转速度控制负载滑块的直线运动速度。

3．滚珠丝杠的滚珠循环方式

滚珠丝杠机构在工作时，内部的滚珠是以循环滚动的方式运动的，根据滚珠循环方式的不同，可以将滚珠丝杠机构分为以下两种类型。

1)　内循环滚珠丝杠

滚珠在循环回路中始终与螺杆接触，螺母上开有侧孔，孔内装有反向器将相邻两螺纹滚道连通，滚珠越过螺纹顶部进入相邻滚道，形成一个循环回路，如图 7-26 所示。

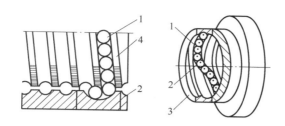

图 7-26　内循环滚珠丝杠

1—滚珠；2—反向器；3—螺母；4—丝杠

2）　外循环滚珠丝杠

滚珠在循环回路中脱离螺杆的滚道，在螺旋滚道外进行循环，如图 7-27 所示。

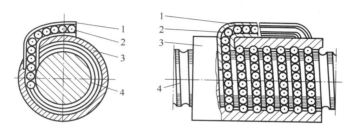

图 7-27　外循环滚珠丝杠

1—回流管；2—滚珠；3—螺母；4—丝杠

4．滚珠丝杠的特点和应用

滚珠丝杠的优点：滚动摩擦系数小，传动效率高；启动扭矩接近运转扭矩，工作较平稳；磨损小且寿命长，可用调整装置调整间隙，传动精度与刚度均得到提高；不具有自锁性，可将直线运动变为回转运动。

滚珠丝杠的缺点：结构复杂，制造困难；在需要防止逆转的机构中，要加自锁机构；承载能力不如滑动螺旋传动大。

滚珠丝杠的应用：滚珠丝杠多用在车辆转向机构及对传动精度要求较高的场合，如飞机机翼和起落架的控制驱动、大型水闸闸门的升降驱动及数控机床的进给机构等。

5．滚珠丝杠在数控机床上的应用

在数控机床中，进给运动是数字控制的直接对象，被加工工件的最终位置精度和轮廓精度都与进给运动的传动精度、灵敏度和稳定性有关。

数控机床的进给运动采用无级调速的伺服驱动方式，伺服电机的动力和运动只需经过由最多一两级齿轮或带轮传动副和滚珠丝杠螺母副或齿轮齿条副或蜗杆蜗条副组成的传动系统传动给工作台等运动执行部件。近年来，由于伺服电机及其控制单元性能的提高，许多数控机床的进给传动系统去掉了降速齿轮副，直接将伺服电机通过联轴器与滚珠丝杠连接，然后由滚珠丝杠螺母副驱动工作台运动，从而实现旋转运动到直线运动形式的转换。

数控机床进给系统所用的滚珠丝杠必须具有可靠的轴向间隙消除结构、合理的安装结构和有效的防护装置。

1) 滚珠丝杠轴向间隙的消除

轴向间隙通常是指丝杠和螺母无相对转动时，丝杠和螺母之间的最大轴向窜动。除了结构本身的间隙之外，在施加轴向载荷之后，轴向间隙还包括弹性变形所造成的窜动。

通过预紧方法消除滚珠丝杠副间隙时应考虑以下情况：预加载荷能够有效减小弹性变形所带来的轴向位移，但过大的预加载荷将增加摩擦阻力，降低传动效率，并使寿命大大缩短。所以，一般要经过几次调整才能保证机床在最大轴向载荷下，既消除了间隙，又能灵活运转。除少数用微量过盈滚珠的单螺母结构消除间隙外，最常用双螺母结构消除间隙。

图 7-28 所示为双螺母齿差调隙式结构，在两个螺母的凸缘上各制有圆柱外齿轮，而且齿数差为 1，两个内齿圈的齿数与外齿轮的齿数相同，并用螺钉和销钉固定在螺母座的两端，调整时先将内齿圈取出，根据间隙大小使两个螺母分别在相同方向转过一个齿或几个齿，使螺母在轴向彼此移近(或移开)相应的距离。齿差调隙式的结构较为复杂，但调整方便，并可以通过简单的计算获得精确的调整量，是目前应用较广的一种结构。

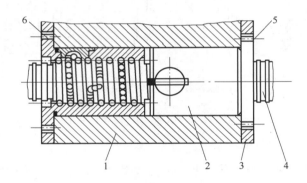

图 7-28　双螺母齿差调隙式结构

1—螺母座；2—螺母；3—齿圈；4—丝杠；5—齿轮 1；6—齿轮 2

图 7-29 所示为双螺母垫片调隙式结构，其螺母本身的结构和单螺母相同，通过修磨垫片的厚度来调整轴向间隙。这种调整方法具有结构简单、刚性好和装拆方便等优点，但很难在一次修磨中调整完毕，调整的精度也不如齿差调隙式好。

图 7-30 所示为双螺母螺纹调隙式结构，它用平键限制了螺母在螺母座内的转动。调整时，只要拧动圆螺母就能将滚珠螺母沿轴向移动一定距离，在消除间隙之后将其锁紧。这种调整方法具有结构简单、调整方便等优点，但调整精度较差。

2) 滚珠丝杠的安装

数控机床的进给系统要获得较高的传动刚度，除了加强滚珠丝杠螺母本身的刚度之外，滚珠丝杠正确的安装及其支承的结构刚度也是不可忽视的因素。螺母座、丝杠端部的轴承及其支承加工的不精确性和其在受力之后的过量变形，都会对进给系统的传动刚度带来影响。因此，螺母座的孔与螺母之间必须保持良好的配合，并应保证孔对端面的垂直度，在螺母座上应当增加适当的筋板，并加大螺母座和机床结合部件的接触面积，以提高螺母座的局部刚度和接触刚度。滚珠丝杠的不正确安装以及支承结构的刚度不足，还会使滚珠丝杠的使用寿命大大下降。

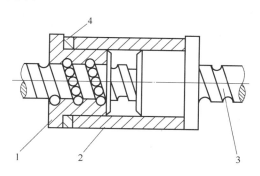

图 7-29　双螺母垫片调隙式结构

1—螺母；2—螺母座；3—丝杠；4—垫片

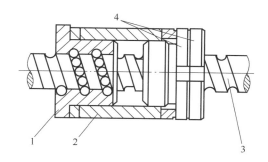

图 7-30　双螺母螺纹调隙式结构

1—螺母；2—螺母座；3—丝杠；4—锁紧螺母

　　为了提高支承的轴向刚度，选择适当的滚动轴承是十分重要的。国内目前主要采用三种轴承，即向心球轴承、角接触球轴承和圆锥轴承。图 7-31(a)所示为"双推-自由"方式，即一端双轴承，另一端自由；图 7-31(b)所示为"双推-支承"方式，即一端双轴承，另一端支承；图 7-31(c)所示为"双推-双推"方式，即一端双轴承，另一端双轴承。国外出现了一种滚珠丝杠专用轴承，其结构如图 7-31(d)所示。滚珠丝杠专用轴承是一种能够承受很大轴向力的特殊角接触滚珠轴承，与一般角接触滚珠轴承相比，接触角增大到 $\sigma = 60°$，增加了滚珠的数目并相应地减小了滚珠的直径，比一般轴承的轴向刚度提高了两倍以上，而且使用极为方便。该产品成对出售，而且在出厂时已经选配好内、外环的厚度，装配时只要用螺母和端盖将内环和外环压紧，就能获得出厂时已经调整好的预紧力。

　　在支承的配置方面，对于行程小的短丝杠可以采用悬臂的单支承结构。当滚珠丝杠较长时，为了防止热变形造成的丝杠伸长的影响，希望一端的轴承同时承受轴向力和径向力，而另一端的轴承只承受径向力，并能够做微量的轴向浮动。由于数控机床经常要连续工作很长时间，因而应特别重视摩擦热的影响。目前也有一种两端都用止推轴承固定的结构,在一端装有蝶形弹簧和调整螺母,这样既能对滚珠丝杠施加预紧力,又能在补偿丝杠的热变形后保持几乎不变的预紧力。

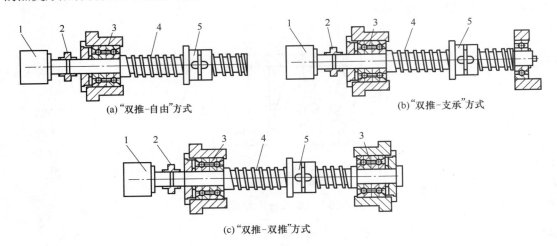

(a)"双推-自由"方式　　　　　　　　　(b)"双推-支承"方式

(c)"双推-双推"方式

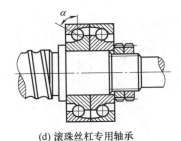

(d)滚珠丝杠专用轴承

图 7-31　滚珠丝杠的安装

1—电动机;2—联轴器;3—轴承;4—丝杠;5—丝杠螺母

如果用在垂直升降传动或水平放置的高速大惯量传动中,由于滚珠丝杠不具有自锁性,当外界动力消失后,执行部件可在重力和惯性力作用下继续运动,因此通常在无动力状态下需要锁紧,其锁紧装置可以由超越离合器和电磁摩擦离合器等零件组成。

3) 滚珠丝杠的防护

滚珠丝杠副与其他滚动摩擦的传动零件一样,只要避免磨料微粒及化学活性物质进入,就可以认为这些元件几乎是在不产生磨损的情况下工作的。但如果在滚道上落入了脏物或使用肮脏的润滑油,不仅会妨碍滚珠的正常运动,而且会使磨损急剧增加;对于制造误差和预紧变形量以微米计的滚珠丝杠传动副来说,这种磨损就特别敏感。因此有效地防护、密封和保持润滑油的清洁是十分必要的。

通常采用毛毡圈对螺母进行密封,毛毡圈厚度为螺距的 2～3 倍,而且内孔做成螺纹的形状,使之紧密地包住丝杠,并装入螺母或套筒两端的槽孔内。密封圈除了采用柔软的毛毡外,还可以采用耐油橡皮或尼龙材料。由于密封圈与丝杠直接接触,因此防尘效果较好,但也增加了滚珠丝杠副的摩擦阻力矩。为了避免这种摩擦阻力矩,可以采用由硬质塑料制成的非接触式迷宫密封圈,内孔做成与丝杠螺纹滚道相反的形状,并留有一定间隙。

对于暴露在外面的丝杠，一般采用螺旋钢带、伸缩套筒、锥形套管以及折叠式塑料或人造革等形式的防护罩，以防止尘埃和磨粒黏附到丝杠表面。这几种防护罩与导轨的防护罩有相似之处，一端连接在滚珠螺母的端面，另一端固定在滚珠丝杠的支承座上。

近年来出现一种钢带缠卷式丝杠防护装置，其原理如图 7-32 所示。防护装置和螺母一起固定在拖板上，整个装置由支承滚子 1、张紧轮 2 和钢带 3 等零件组成。钢带的两端分别固定在丝杠的外圆表面。防护装置中的钢带绕过支承滚子，并靠弹簧和张紧轮将钢带张紧。当丝杠旋转时，拖板(或工作台)相对丝杠做轴向移动，丝杠一端的钢带按丝杠的螺距被放开，而另一端则以同样的螺距将钢带缠卷在丝杠上。由于钢带的宽度正好等于丝杠的螺距，因此螺纹槽被严密地封住。另外，因为钢带的正、反两面始终不接触，钢带外表面黏附的脏物就不会被带到内表面上，使内表面保持清洁。

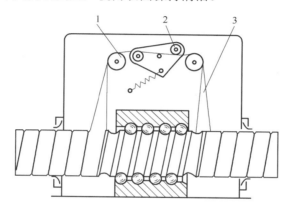

图 7-32　钢带缠卷式丝杠防护装置

1—支承滚子；2—张紧轮；3—钢带

6. 滚珠丝杠的其他应用

由于滚珠丝杠具有滚动摩擦系数小、传动效率高、启动扭矩接近运转扭矩、工作较平稳、传动精度高等优点，还可用在升降机构中。这类升降机构需要较低的电机输入功率，允许较高的传动速比，提升负载能力强。图 7-33 所示为滚珠丝杠升降机构的外形。

图 7-33　滚珠丝杠升降机构外形

7.2.4 皮带输送机

皮带输送机是工业生产中应用最为广泛的输送方式，特别是在流水线、自动化生产线中都需要皮带输送机构。皮带输送机具有制造成本低、使用灵活方便、结构标准化等优点，它依靠工件与皮带之间的摩擦力来进行输送，一般所需要的电动机功率较小。皮带输送机主要应用于电子、通信、电器、轻工、食品等行业的手工装配流水线及自动生产线上。如图 7-34 所示为一利用皮带输送线进行工件输送的生产线。

(a) 利用皮带输送线进行输送的生产线一　　　(b) 利用皮带输送线进行工件输送的生产线二

图 7-34　皮带输送线

1. 皮带输送线的基本结构

皮带输送线主要包括输送皮带、主动辊轮、从动辊轮、托板、托辊、张紧装置、辅助装置以及电气驱动系统等，如图 7-35 所示。

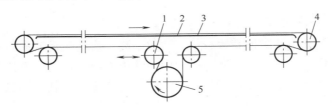

图 7-35　皮带输送线总体结构

1—张紧轮；2—输送皮带；3—托板；4—从动辊轮；5—主动辊轮

输送皮带的作用是承载工件和物料，通过输送皮带的运动将物件从原来位置输送到目的位置。主动辊轮的作用是通过电动机的驱动，直接驱动皮带，依靠皮带与主动辊轮之间的摩擦力来驱动皮带运行。托板和托辊的作用是支承皮带，防止皮带和物料下垂。张紧装置主要用于是防止输送皮带的松弛。

1) 主动辊轮及其驱动形式

电动机和主动辊轮的驱动形式有多种布置：一种是带减速机的电动机输出轴直接与主动辊轮连接，电动机传来的扭矩直接传递给主动辊轮，如图 7-36 所示；另一种是电动机经过链条传动、皮带传动或齿轮传动后再将扭矩传递给主动辊轮，如图 7-37 所示。

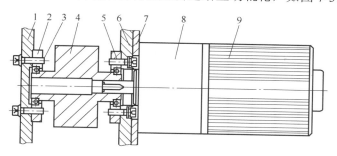

图 7-36　主动辊轮驱动形式一

1—左安装板；2—左轴承座；3—轴承；4—主动辊轮；5—右轴承座；

6—右安装板；7—电机安装座；8—减速机；9—电动机

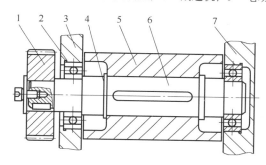

图 7-37　主动辊轮驱动形式二

1—齿轮；2—轴承；3—左支架；4—弹簧卡圈；5—主动辊轮；6—传动轴；7—右支架

2)　从动辊轮与托辊

从动辊轮与托辊如图 7-38 所示。

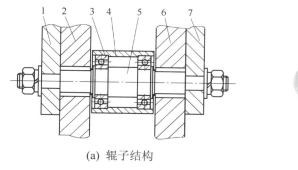

(a) 辊子结构　　　　　　　　　　　　　(b) 辊子外形

图 7-38　从动辊轮与托辊

1—左安装板；2—左支架；3—轴承；4—从动辊轮；5—轴；6—右支架；7—右安装板

3) 张紧装置

根据摩擦传动原理，皮带必须在预张紧后才能正常工作。输送皮带经过一定时间的运转后，皮带会松弛，为了保证皮带传动的能力，必须重新张紧才能正常工作。在输送皮带传动中，张紧装置的典型形式如图 7-39 所示。图 7-40 中Ⅰ处即为辊子的张紧调整装置，通过调节螺杆调整辊子轴承座的安装位置来拉紧或放松输送带。

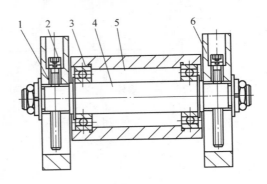

图 7-39　张紧装置

1—左支架；2—调整螺钉；3—滚动轴承；4—辊子轴；5—张紧辊子；6—右支架

图 7-40　皮带输送线与其张紧装置

2．皮带输送机常见故障处理

1)　皮带输送机运行时皮带跑偏故障

皮带跑偏是皮带输送机在运行时最常见的故障，也就是说，皮带在运动时持续向一侧发生偏移直至皮带与机架发生摩擦、磨损甚至卡住。皮带跑偏轻则造成皮带磨损，输送散料时出现撒料现象，重则由于皮带与机架剧烈摩擦引起皮带软化、烧焦甚至引起火灾，造成整条生产线停产。为解决这类故障，重点要注意安装的尺寸精度与日常的维护保养。跑偏的原因有多种，需根据不同原因区别处理。

(1) 调整承载托辊组。皮带机的皮带在整个皮带输送机的中部跑偏时可通过调整托辊组的位置来调整跑偏；在制造时托辊组的两侧安装孔都加工成长孔，以便进行调整。具体方法是皮带偏向哪一侧，托辊组的哪一侧朝皮带前进方向前移，或另外一侧后移。

（2）安装调心托辊组。调心托辊组有多种类型，如中间转轴式、四连杆式、立辊式等，其原理都是采用阻挡或托辊在水平面内方向转动阻挡或产生横向推力使皮带自动向心达到调整皮带跑偏的目的。一般在皮带输送机总长度较短或皮带输送机双向运行时采用此方法比较合理，原因是较短皮带输送机更容易跑偏并且不容易调整；而长皮带输送机最好不采用该方法，因为调心托辊组的使用会对皮带的使用寿命产生一定影响。

（3）调整驱动滚筒与改向滚筒位置。驱动滚筒与改向滚筒的调整是皮带跑偏调整的重要环节。因为一条皮带输送机至少有 2～5 个滚筒，所有滚筒的安装位置必须垂直于皮带输送机长度方向的中心线，若偏斜过大必然发生跑偏。驱动滚筒与改向滚筒的调整方法与调整托辊组类似，对于头部滚筒如皮带向滚筒的右侧跑偏，则右侧的轴承座应当向前移动；皮带向滚筒的左侧跑偏，则左侧地轴承座应当向前移动，相对应地也可将左侧轴承座后移或右侧轴承座后移。尾部滚筒的调整方法与头部滚筒刚好相反。在调整驱动或改向滚筒前最好准确安装其位置。

（4）张紧处的调整。皮带张紧处的调整是皮带输送机跑偏调整的一个非常重要的环节。重锤张紧处上部的两个改向滚筒除应垂直于皮带长度方向以外，还应垂直于重力垂线，即保证其轴中心线水平。使用螺旋张紧或液压油缸张紧时，张紧滚筒的两个轴承座应当同时平移，以保证滚筒轴线与皮带纵向方向垂直。具体的皮带跑偏的调整方法与滚筒处的调整类似。

（5）转载点处落料位置对皮带跑偏的影响。转载点处物料的落料位置对皮带的跑偏有非常大的影响，尤其两条皮带机在水平面的投影呈垂直时影响更大。通常应当考虑转载点处上下两条皮带机的相对高度，相对高度越低，物料的水平速度分量越大，对下层皮带的侧向冲击也越大，同时物料也很难居中，使在皮带横断面上的物料偏斜，最终导致皮带跑偏。如果物料偏到右侧，则皮带向左侧跑偏，反之亦然。在设计过程中应尽可能地加大两条皮带机的相对高度。在受空间限制的移动散料输送机械的上下漏斗、导料槽等件的形式与尺寸更应认真考虑，一般导料槽的宽度为皮带宽度的 2/3 左右比较合适。为减少或避免皮带跑偏，可增加挡料板阻挡物料，改变物料的下落方向和位置。

（6）双向运行皮带输送机跑偏的调整。双向运行皮带输送机皮带跑偏的调整比单向皮带输送机皮带跑偏的调整相对要困难许多，在具体调整时应先调整某一个方向，然后再调整另一个方向。调整时要仔细观察皮带运动方向与跑偏趋势的关系，然后逐个进行调整。重点应放在驱动滚筒和改向滚筒的调整上，其次是托辊的调整与物料的落料点的调整。同时应注意皮带在硫化接头时应使皮带断面长度方向上的受力均匀，在采用导链牵引时两侧的受力应尽可能相等。

2）皮带输送机撒料的处理

皮带输送机的撒料是一个共性问题，原因也是多方面的，但重点还是要加强日常的维护与保养。

（1）转载点处的撒料。转载点处撒料主要是在落料斗、导料槽等处，如皮带输送机严重过载、其导料槽挡料橡胶裙板损坏、导料槽处钢板设计时距皮带较远、橡胶裙板比较长使物料冲出导料槽。上述情况可以通过控制运送能力和加强维护保养得到解决。

（2）凹段皮带悬空时的撒料。在凹段皮带区间中，当凹段曲率半径较小时会使皮带产生悬空，此时皮带成槽情况发生变化，因为皮带已经离开了槽形托辊组，一般槽角变小，使部分物料撒出来。因此，在设计阶段应尽可能采用较大的凹段曲率半径来避免此类情况的发生。例如，在移动式机械装船机、堆取料机设备上，为了缩短尾车而将此处凹段设计成无圆弧过渡区间，当皮带宽度选用余度较小时就比较容易撒料。

(3) 跑偏时的撒料。皮带跑偏时的撒料是因为皮带在运行时两个边缘高度发生了变化，一边高、一边低，物料从低的一边撒出，处理方法是调整皮带的跑偏。

3) 皮带输送机皮带打滑的处理

通过皮带输送线负载能力的分析可知，皮带的有效牵引力与皮带的初始张紧力呈正比，与主动轮和皮带之间的摩擦系数、包角呈指数增大的关系。如果皮带与主动轮之间的摩擦力不足以牵引皮带及皮带上的负载，则会出现虽然主动轮仍然在回转，但皮带却不能前进或不能与主动轮同步运行的现象，这种现象就是通常所说的皮带打滑。当出现打滑现象时，可能的原因有以下几点。

(1) 皮带的初始张紧力不够。如果皮带没有足够的初始张紧力，则主动轮与皮带之间就不会产生足够的摩擦驱动力，也就不能牵引皮带及负载运动。当确认皮带的初始张紧力不够时，需要通过张紧轮的调整逐步加大皮带的初始张紧力；但张紧力也不能过大，因为过大会提高皮带的工作应力，缩短皮带的工作寿命，同时输送系统在工作时还会产生更大的振动与噪声。因此皮带的初始张紧力必须边调整边观察，逐步调整至合适水平。在装配皮带输送线时，首先让皮带呈松弛状态装入，开动电机，然后逐渐调紧张紧轮使皮带的初始张紧力慢慢增大，调节张紧轮位置至主动轮能够可靠牵引皮带及皮带上的最大负载正常运行为止。

(2) 主动轮与皮带之间的包角太小。如果通过检查确认皮带的初始张紧力为正常水平，但仍然不能消除皮带打滑现象，最有可能的原因之一就是主动轮与皮带之间的包角太小。通常主动轮与皮带之间的包角应不低于 120°，如果主动轮与皮带之间的包角偏低，而且调整张紧轮的位置仍然无法有效地增大，则可能需要修改设计。由此可见，在设计时应该仔细考虑这些因素，确保设计质量，如果在装配调试时才发现问题，再去修改设计就很被动了。

(3) 主动轮与皮带之间的摩擦系数太小。如果通过检查确认皮带的初始张紧力、主动轮与皮带之间的包角都达到正常水平，但还不能消除皮带的打滑现象，最有可能的原因就是主动轮与皮带之间的摩擦系数太小。解决的办法为：仔细观察主动轮表面是否过于光滑，否则就采用滚花结构或镶嵌一层橡胶后再实验。

4) 皮带输送线的日常检查与维护

在皮带输送系统的安装和使用过程中，需要注意皮带的安装、皮带的张紧调节、皮带的跑偏调节、皮带的更换、传动润滑、安全等环节，以下是对相关实践经验的归纳总结。

(1) 皮带使用前要用水平尺将皮带调整到水平状态；若输送线由多段组成，除要求各段输送线等高外，还需要通过校准细线将各段调整连接到一条水平直线上。

(2) 张紧皮带时应先通电使系统运转起来，然后再逐渐调整张紧轮，使皮带张紧力调整到合适的状态。

(3) 电动机传动齿轮(皮带传动或链条传动)处应设置保护装置，防止发生意外事故。

(4) 定期对传动齿轮及各运动部位加注润滑油。

(5) 注意检查皮带的使用情况，检查是否有异常，检查各处紧固螺栓是否松动。

7.2.5　倍速链输送线

在机械式连续输送机中，人们最为熟悉的要数皮带输送机了。但是，皮带输送机不能在高温或低温环境下工作，也不能低速运行，不能在水平面内循环与陡坡的条件下搬运货物。而这些工况，链条输送机均可很好地工作，如图 7-41 所示。

图 7-41　链条输送机

链条输送机是一种性能良好的连续输送机，其有广泛的适应性，可在一定范围内按照物料运输的技术要求，形成从最初供料到最终卸料的输送过程。链条输送机(也包括皮带输送机)运输物料与其他间歇动作的运输机械相比有如下优点。

(1) 可以不停地在同一方向内运输物料，装卸无须停车，可以在高速度情况下进行运输，具有很高的生产率。

(2) 由于链条输送机供料均匀，运行速度稳定，工作过程中所消耗的功率变化不大，因而驱动装置功率较小。

(3) 由于与(2)同样的原因，链条输送机的最大载荷的差别较小，因而设计时的计算载荷小。

除此之外，在现代化的各种工业企业中，链条输送机是生产过程中组成有节奏的流水作业运输线与自动生产线不可缺少的部分。此时的链条输送机已不是单纯的物料运输机，已成为工业企业生产流程中的一个有机组成单元。至于像宝钢、一汽等现代化大型企业，一旦链条输送出了故障，就会导致整个企业生产停顿的严重后果。所以链条输送机是国民经济发展中不可缺少的机械产品。

由于链条输送机的优势，其广泛应用于汽车、钢铁、轻工、家电、粮食等大规模生产领域，特别是高性能的链条输送机有更大的需求。

1. 倍速链输送线简介

倍速链流水线组成的生产线，通常称为自流式输送系统倍速链输送机，主要用于装配及加工生产线中的物料输送，其输送原理是运用倍速链条的增速功能，使其上承托货物的工装板快速运行，通过阻挡器停止于相应的操作位置，或通过相应指令来完成积放动作及移行、转位、专线等功能，如图 7-42 所示。由于该机运送货物的台板需反复使用，所以很少单台使用，而是与各种专机(如顶升平移机、顶升转位机等)配套构成水平或垂直循环系统。倍速链输送机采用特制的、经表面处理的挤压铝合金型材作为导轨，使自流式输送系统在输送过程中具有非常好的稳定性和持久性，适合产品大批量连续生产；同时自流式输送系统灵活、多样化的设计使其具备多功能的特性，所以广泛地应用于各种电子电器、机电等行业生产线。倍速链输送线最常用的行业有电脑显示器生产线、电脑主机生产线、笔记本电脑装配线、空调生产线、电视机装配线、微波炉装配线、打印机装配线、传真机装配线、音响功放生产线和发动机装配线等。

图 7-42　倍速链输送线

1) 倍速链的工程含义

倍速链也称为可控节拍输送链、自由节拍输送链、差动链，其结构与普通链条基本相似，输送线上倍速链链条的移动速度保持不变，但链条上方的工装板和工件可以按照使用者的要求控制移动节拍，在所需的停留位置停止运动，由操作者进行各种装配操作，完成操作后再放行工件继续向前移动。

2) 倍速链的基本结构

倍速链由外链板、套筒、销轴、内链板、滚子和滚轮组成，其外形与普通链条相似，图 7-43 所示为其外形及结构。

(1) 材料。通常情况下，滚子与滚轮是由工程塑料注塑而成的，只有在重载情况下才使用钢材料，其余零件为钢材料。

(2) 零件的连接方式。销轴与外板链为过盈配合，构成链节框架；销轴与内链板为间隙配合，以便链条能够弯曲自由；销轴与套筒为间隙配合，以便二者能相对滚动；套筒与滚轮为间隙配合，以便二者能相对转动；滚轮与滚子为间隙配合，以便二者能相对转动，减少磨损。

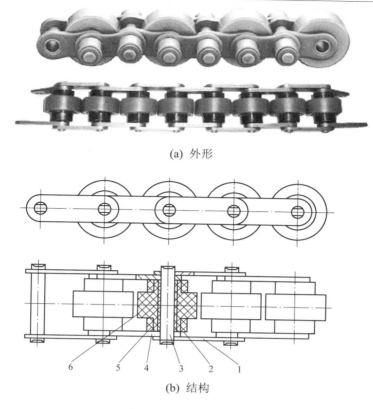

(a) 外形

(b) 结构

图 7-43　倍速链外形及结构

1—外链板；2—套筒；3—销轴；4—内链板；5—滚子；6—滚轮

(3) 滚子与滚轮的基本形式。机械行业标准 JBT 7364—2004 中规定了三种滚子与滚轮的基本形式，如图 7-44 所示。

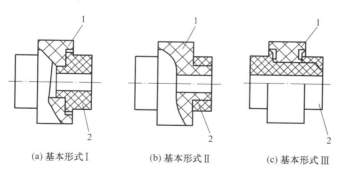

(a) 基本形式Ⅰ　　　　(b) 基本形式Ⅱ　　　　(c) 基本形式Ⅲ

图 7-44　倍速链滚子与滚轮

1—滚轮；2—滚子

2. 倍速链输送线的安装方式

倍速链在使用时直接通过滚子放置在链条下方的导轨支承面上，滚子与支承面直接接触，滚轮的下方是悬空的，而滚轮的上方则直接放置装载工件的工装板，如图 7-42 所示。因此滚轮是直接承载的部件，既要承受工装板的质量，还要承受工装板上被输送工件的质量。图 7-45(a)所示为倍速链在输送线上的安装结构，图 7-45(b)所示为局部放大。

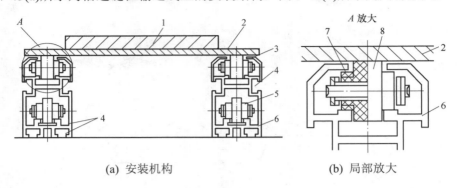

(a) 安装机构   (b) 局部放大

图 7-45　倍速链安装结构

1—工件；2—工装板；3—输送段；4—螺钉安装孔；5—返回段；6—导轨；7—滚子；8—滚轮

滚子是直接的承载部件。滚子被支承在导轨支承面上，既要承受通过滚轮传递而来的工装板的质量及工装板上被输送工件的质量，又要在导轨上滚动前进，同时链条的驱动是通过驱动部位链轮的轮齿直接与滚子啮合来进行的。

内外链板及销轴是链条的连接件，使单个滚子、滚轮串联成链条。

套筒的作用是减小销轴与滚轮之间的摩擦，保护销轴。

3．倍速链输送线增速原理

倍速链之所以被称为倍速链、差速链、差动链，就是因为它具有特殊的增速效果，也就是放置在链条上方的工装板(包括工装板上放置的被输送工件)的移动速度大于链条本身的前进速度。这一效果是由于倍速链的特殊结构产生的，下面对产生上述增速效果的原因进行简单的分析计算。

取链条中的一对滚子滚轮为对象，分析其运动特征，其运动简图如图 7-46 所示。

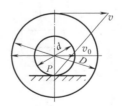

图 7-46　倍速链增速原理

假设滚子、滚轮机构在以下条件下运动。

(1) 滚子在导轨上滚动，而且滚子与导轨之间的运动为纯滚动。

(2) 滚子与滚轮之间没有相对运动。

(3) 工装板(上面放置工件)与滚轮之间没有相对运动。

设链条的前进速度为 v_0，工装板(工件)的前进速度为 v，滚子的直径为 d，滚轮的直径为 D。根据上述假设，由于滚子、滚轮之间没有相对运动，因此在滚子、滚轮滚动的瞬间可以将其看作是刚性连接在一起的，二者瞬间的滚动可以看作是以滚子与导轨接触点 P 点为转动中心的转动。假设滚子及滚轮上述瞬时转动的角速度为 ω，因此滚子几何中心的切线速度就是链条的前进速度 v_0，而滚轮上方顶点的切线速度就是工装板(工件)的前进速度 v。因而有

$$v_0 = \omega\,\frac{d}{2}$$

$$v = \omega\left(\frac{d}{2} + \frac{D}{2}\right)$$

即

$$v = \left(1 + \frac{D}{d}\right)v_0$$

式中：d 为滚子直径；D 为滚轮直径；ω 为滚子及滚轮的瞬时转动角速度；v_0 为滚子几何中心的切线速度；v 为工装板与工件的前进速度。

由于滚轮直径 D 可以成倍地大于滚子直径 d，因此工装板(工件)的前进速度 v 可以是链条前进速度 v_0 的若干倍，这就是倍速链的增速原理，增大滚轮、滚子的直径比 D/d，就可以提高倍速链的增速效果。实际上前面的假设与实际情况是有一定距离的，各运动副之间不可避免地存在移动摩擦，滚子与导轨之间也可能产生一定的滑动，所以实际的增速效果要比理论计算值小。

增速效果是倍速链的一个重要技术指标，质量差的链条由于设计与制造精度较差，其增速效果将会很差。由于增速效果与滚子、滚轮的直径直接相关，根据以上公式可知，只要增大滚轮、滚子的直径比 D/d 就可以提高倍速链的增速效果，而要增大滚轮的直径受到链条节距的限制，减小滚子的直径也受到链条结构的限制，所以倍速链的增速幅度是有一定限制的，通常的增速效果为 2～3 倍，常用的规格有 2.5 倍和 3 倍速输送链。

4．倍速链输送线的尺寸规格

1)　倍速链的标准

我国机械行业标准 JBT 7364—2004 规定了倍速输送链和链轮的结构形式、基本参数和尺寸、链条的测量长度等。

2)　倍速链的标识

倍速输送链采用链号表示，这些链号是在输送用直边链板的双节距精密滚子链的链号前加字母"BS"和两位数字组成。"BS"表示"倍速链"，两位数字为倍速的 10 倍。例如：节距为 25.4mm 的 2.5 倍速输送链的链号为 BS25-C208A；节距为 38.1mm 的 3 倍速输送链的链号为 BS30-C212A。

3)　倍速链的尺寸标准

图 7-47 所示为倍速链各组成零件的基本参数。

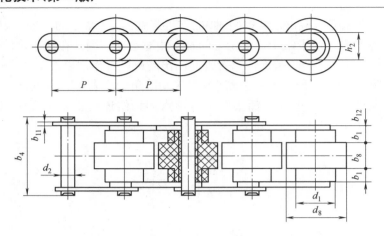

图 7-47 倍速链各组成零件的基本参数

注：图 7-47 中各参数含义如表 7-1、表 7-2 所示。

表 7-1 为 2.5 倍速输送链的链号、基本参数和尺寸，表 7-2 为 3 倍速输送链的链号、基本参数和尺寸。

表 7-1 2.5 倍速链条尺寸规格

单位：mm

链 号	节距 P	滚子外径 d_1 max	滚轮外径 d_8 max	滚子高度 b_1 min	滚轮高度 b_8 max	销轴直径 d_2 max	链板高度 h_2 max	外链板厚度 b_{11} max	内链板厚度 b_{12} max	销轴长度 b_4 max	连接销轴长度
BS25-C206B	19.05	11.91	18.30	4.00	8.00	3.82	8.26	1.30	1.50	24.20	27.50
BS25-C208A	25.40	15.88	24.60	5.70	10.30	3.96	12.07	1.50	2.00	32.60	36.50
BS25-C210A	31.75	19.05	30.60	7.10	13.00	5.08	15.09	2.00	2.40	40.20	44.30
BS25-C212A	38.10	22.23	36.60	8.50	15.50	5.94	18.08	3.00	3.00	49.10	53.70
BS25-C216A	50.80	28.58	49.00	11.00	21.50	7.92	24.13	4.00	5.00	66.20	71.60

表 7-2 3 倍速链条尺寸规格

单位：mm

链 号	节距 P	滚子外径 d_1 max	滚轮外径 d_8 max	滚子高度 b_1 min	滚轮高度 b_8 max	销轴直径 d_2 max	链板高度 h_2 max	外链板厚度 b_{11} max	内链板厚度 b_{12} max	销轴长度 b_4 max	连接销轴长度
BS30-C206B	19.05	9.00	18.30	4.50	9.10	3.28	7.28	1.30	1.50	26.30	29.60
BS30-C208A	25.40	11.91	24.60	6.10	12.50	3.96	9.60	1.50	2.00	35.60	39.50
BS30-C208A	31.75	14.80	30.60	7.50	15.00	5.08	12.20	2.00	2.40	43.00	47.10
BS30-C210A	38.10	18.00	37.00	9.75	20.00	5.94	15.00	3.00	4.00	58.10	62.70
BS30-C212A	50.80	22.23	49.00	12.00	25.20	7.92	18.60	4.00	5.00	71.90	77.30

5. 倍速链输送线工业应用

图 7-48(a)所示为一显示器倍速链工装线，7-48(b)所示为调试线。

(a) 显示器倍速链工装线　　　　　　　　　(b) 调试线

图 7-48　显示器倍速链工装线与调试线

倍速链生产线主要包括的部件如图 7-49 所示。

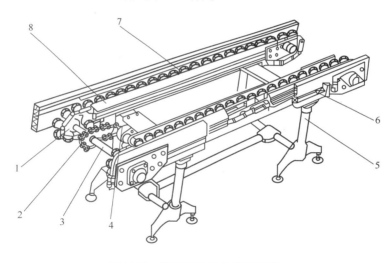

图 7-49　倍速链生产线主要部件

1—倍速链轮；2—驱动链传动；3—轴；4—驱动系统；5—机架；
6—张紧调节装置；7—倍速链；8—倍速链导轨

(1) 工装板。放置在链条滚轮的上方，用于支承工件或物料。

(2) 止动机构。在自动生产线中，倍速链是连续运行的。由于产品工艺的需要，工装板要在需要进行工序操作的位置停止，这一动作由止动机构实现。

止动机构在工程上一般采用止动气缸实现此动作，如图 7-50 所示。止动气缸的典型型号有 SMC 公司的 RSQ、RSG、RSH、RSA 系列气缸及 FESTO 公司的 STA 系列气缸。在人工装配流水线上，当工装板载着工件随倍速链输送线输送到装配工位时，输送线中央的止动气缸处于伸出状态，工装板前方碰到止动气缸活塞杆端部的滚轮时，止动气缸使工装板的运动停止。当完成装配操作后，工人踩下工位下方的气阀脚踏板，止动气缸活塞杆缩回，工装板自动恢复前进。倍速链输送线的这一特点使其非常适合用于自由节拍的装配流水线。

图 7-50　SMC 止动气缸

（3）倍速链链条和倍速链链轮。倍速链链条如图 7-47 所示。倍速链链轮的尺寸是按照国家标准制造的，其详细结构见机械行业标准 JBT 7364—2004，链轮的外形及张紧座如图 7-51 所示。

图 7-51　倍速链轮及张紧座

（4）倍速链导轨。倍速链链条是通过链轮驱动的，链条依靠直接放置在导轨支承面上的滚子来支承，链条在链轮的拖动下，滚子在支承导轨上滚动，使链条载着上方的工装板及物料向前方移动。导轨一般由专门设计制造的铝型材根据需要的长度裁取、连接而成。

（5）倍速链驱动系统。倍速链输送线一般采用普通的套筒滚子链传动系统来驱动，如图 7-49 所示，电机通过减速器后，通过传动链条，将扭矩传递给安装有倍速链驱动链轮的传动轴，再通过驱动链轮驱动倍速链上的一系列滚子，拖动倍速链在导轨支承面上前进。整个系统包括电机、减速机和链传动。

（6）倍速链的张紧。与普通链传动类似，倍速链在工作过程中需要设置合适的张紧力，否则倍速链与驱动链轮之间无法进行良好的啮合。为了简化系统结构，一般将倍速链驱动链轮的驱动轴设计成固定的位置，而从动链轮的轮轴则设计成可以调节的。根据需要可以调节从动链轮的位置，调整倍速链的张紧力。倍速链输送线张紧机构的结构如

图 7-49 所示，在从动链轮轮轴的两侧各设计了螺栓调整机构，将从动链轮轮轴两侧的固定板放松后，通过调整螺栓前后位置，从而调整从动链轮轮轴的前后位置，当倍速链的张紧力调整至合适状态后，再将两侧的安装板固定在机架上即可。张紧座如图 7-51 所示，通过调节螺杆也可以实现链轮的调节。

7.2.6　平顶链输送线

平顶链输送线又称顶板链输送线，广泛用于食品、饮料、医药、化工等行业，用以洗瓶、灌装、烘干、杀菌、贴标、装箱等包装线设备之间的串联，实现自动输送产品，如图 7-52 所示。

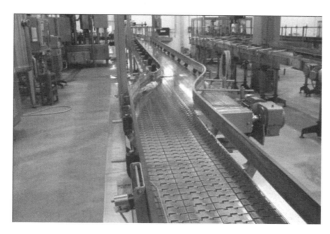

图 7-52　平顶链输送线

根据外形不同平顶链可分为直行平顶链和转弯平顶链两种。

1．平顶链的结构

1)　直行平顶链

直行平顶链结构简单，仅由一块两侧带铰圈的链板及一根轴销组成，其外形如 7-53 所示，图 7-54 所示为其典型结构。两侧铰圈的其的一侧与轴销固定连接(紧配合)，称为固定铰圈；另一侧则与另一片链板及轴销活动套接(间隙配合)，称为活动铰圈。活动铰圈及轴销构成了平顶链的铰链。由于平顶链在运行时相邻链板之间需要有一定的自由活动，因此相邻链板之间必须有一定的间隙，以保证链条在运行时不会发生干涉。

2)　侧弯平顶链

侧弯平顶链能够实现转弯，是在直行平顶链的基础上演化而来的，如图 7-55 所示。不同之处包括以下几个方面。

(1)　侧弯平顶链增加了铰链之间的间隙，允许相邻两个链板之间发生一定的弯曲角度，各个相邻链板之间的弯曲角度累加就可以获得较大的转弯角度。

(2)　在直行平顶链中，链板沿前进方向两侧是相互平行的，当链条侧弯时，相邻两个链板的侧边会发生干涉。在侧弯平顶链中，将链板改为斜侧边，可以消除上述缺陷，实现转弯，斜边的倾斜角度与铰链的间隙共同决定侧弯半径的大小。

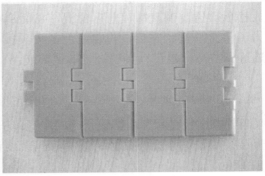

(a) 直行平顶链输送线　　　　　　　　(b) 链板外形

图 7-53　直行平顶链输送线及链板外形

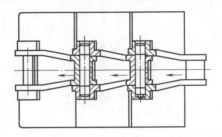

图 7-54　直行平顶链结构

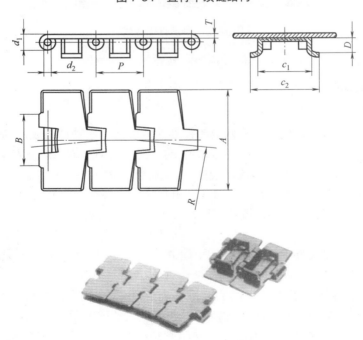

图 7-55　侧弯平顶链结构

(3) 侧弯平顶链在弯道运行时，由于前方链条的拉力，链条会产生一个径向力，使得链条在转弯部位向内移动。为了防止这种运动，在转弯部位内侧链板的下方加装了防移板，直接顶住链板的铰链限制链条的径向运动。

侧弯平顶链的优越性如下。

(1) 省去了输送线转弯换向时的变位机构。

(2) 输送过程中被输送物品出现翻倒与跳跃的现象较少，噪声也较小。

(3) 在转弯处消除了被输送物品的滑动。

(4) 减少了电动机、减速机、链轮等驱动部件的数量，使结构简单化。

2．平顶链的尺寸规格

1) 平顶链的标准

我国国家标准 GB/T 4140—2003 规定了主要用于瓶罐输送机的平顶链和链轮的特性，包括尺寸、互换性极限值、测量力和最小抗拉强度。

2) 平顶链的标识

平顶链的链号由字母 C 和表示链板宽度的数字组成，数字乘以 6.35mm(即 1/4in)等于链板宽度的公称尺寸，再往后是字母 S 或 D，分别表示单铰链式或双铰链式。

示例：C12S 表示公称宽度为 76.2mm 的单铰链式平顶链。

3) 平顶链的尺寸标准

图 7-56 所示为单铰链式平顶链结构，其尺寸标准如表 7-3 所示；图 7-57 所示为双铰链式平顶链结构，其尺寸标准如表 7-4 所示。

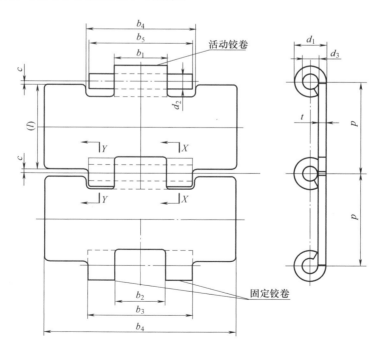

图 7-56　单铰链式平顶链结构

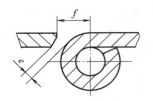
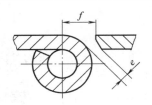

X-XY-Y

图 7-56　单铰链式平顶链结构(续)

表 7-3　单铰链式平顶链的尺寸、测 f 力和抗拉强度

单位：mm

1	2	3	4	5	6	7	8	9	10
链号	节距 P	铰卷外径 d_1 max	销轴直径 d_2 max	活动铰卷外径 d_3 min	链板厚度 t max	活动铰卷宽度 b_1 max	固定铰卷内宽 b_2 min	固定铰卷外宽 b_3 max	链板凹槽宽度 b_4 min
C12S C13S C14S C16S C18S C24S C30S	38.10	13.13	6.38	6.40	3.35	20.00	20.10	42.05	42.10

11	12	13	14	15	16	17	18	19
销轴长度 b_4 max	链板宽度 b_6 max	链板宽度 b_6 min	链板长度 l	链板间隙 c min	铰链间隙 切向 e min	铰链间隙 直线 f min	测量力	抗拉强度 min
							N	
42.60	77.20 83.60 89.90 102.6 115.30 153.40 191.50	76.20 82.60 88.90 101.60 114.30 152.40 190.50	37.28	0.41	0.14	5.08	碳钢 200　　10000 一级耐蚀钢 160　　8000 二级耐蚀钢 120　　6250	

注：①链条节距是一个理论尺寸，用以计算链条长度和链轮尺寸，并不用作对单个链节的检验尺寸。

　　②图 7-56 中，尺寸(l)加了括号，仅作参考，随实际尺寸 c 而定。

　　③所给尺寸用于指导工具制造。

　　④这些等级无确定划分，且仅与耐蚀钢相应的抗拉强度有关。

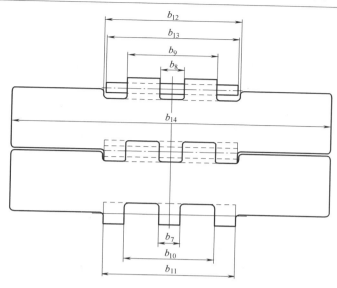

图 7-57　双铰链式平顶链结构

表 7-4　双铰链式平顶链的尺寸、测 f 力和抗拉强度

单位：mm

1	2	3	4	5	6	7	8	9	10	11	12
链号	中央固定铰卷宽度 b_7 max	活动铰卷间宽 b_8 min	活动铰卷跨宽 b_9 max	外侧固定铰卷间宽 b_{10} min	外侧固定铰卷跨宽 b_{11} max	链板凹槽总宽度 b_{12} min	销轴长度 b_{13} max	链板宽度 b_{14} max	min	测量力	抗拉强度 min
								max	min	N	
C30S	13.50	13.70	53.50	53.60	80.50	80.60	81.00	191.50	190.50	碳钢 400　20000 一级耐蚀钢 320　16000 二级耐蚀钢 250　12500	

3．平顶链输送线的工业应用

1)　平顶链输送线的主要部件

一条平顶链输送线主要包括：平顶链链条、支承导轨、电机驱动系统、链条张紧装置等部件。

2)　平顶链输送线的基本特点

(1)　输送面平坦光滑，摩擦力小，物料在输送线之间过渡平稳，可以输送各类箱包、玻璃瓶、PET 塑料瓶、易拉罐等物件。

(2)　平顶链输送线一般都可以直接用水冲洗，设备清洁方便，能满足食品、饮料等行业对卫生的要求。

(3) 设备布局灵活，可以在一条输送线上完成水平、倾斜和转弯输送。

(4) 设备结构简单，维护方便。

图 7-58 所示为一条饮料输送生产线。

图 7-58 平顶链饮料生产线

图 7-59 所示为多条平顶链组合生产线。

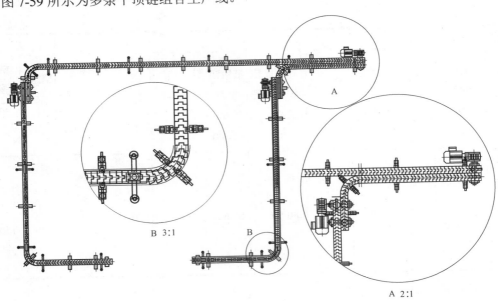

图 7-59 多条平顶链组合生产线

7.2.7 悬挂链输送线

悬挂链是专门用于悬挂输送线上的输送链条，大量地应用于机械制造、汽车、家用电器、自行车等行业大批量生产产品工艺流程中零部件的喷涂生产线、电镀生产线、清洗生产线、装配生产线以及肉类加工等轻工行业中，如图 7-60 所示。

1. 悬挂链输送线的基本组成

悬挂链输送线主要由轨道、滚轮、悬挂输送链条、滑架、吊具、牵引动力装置等部分组成。

1）输送链条

悬挂链输送线上的链条主要有两类：输送用模锻易拆链、输送用冲压易拆链。两类悬挂链虽然加工方法不同，外观有所差异，但功能是相同的。模锻易拆链如图 7-61 所示，包括中链环、外链板和 T 形头销轴。

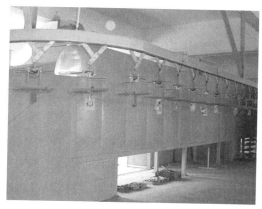

图 7-60　悬挂链生产线

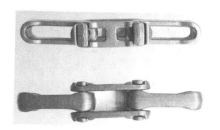

图 7-61　模锻易拆链

2）轨道

架空轨道直接固定在屋顶、墙上、柱子上或其他专用的构件上，其作用是固定滑架或链条，并使其在轨道上运行。架空轨道既可以采用单线轨道，也可以同时采用双线轨道，一般采用工字钢、扁钢或特征箱型端面型钢制成。

3）吊具

吊具是专门用来放置被输送工件或物料的工具，是根据被输送物件的尺寸、形状、质量专门设计的，形状灵活多样。设计的原则是装运过程中要能方便地进行装载和卸载，在运行中还要保证物件不能滑落。根据输送物件的区别，吊具通常有以下几种形状：吊钩形、框架形、杆形和沟槽形。吊具通常用于将工件直接挂在吊钩上，最适合输送的工件为带孔、带角的工件，如家用电器的外壳钣金件在喷涂生产线上大多采用这种吊具，如图 7-62 所示。

图 7-62　吊具

4) 滑架与滚轮

滑架与滚轮安装于轨道上，其作用是带动吊具在轨道上滚动，如图7-63所示。

图 7-63　滑架与滚轮

5) 牵引动力装置

悬挂链输送线的牵引动力装置与倍速链输送线的驱动装置类似，由电动机、减速器、皮带传动或链传动机构组成。为了获得灵活的输送速度，传动系统中一般设置有无级调速机构。悬挂链输送线的驱动装置设置在输送线中张力最大处，当输送线长度不超过 500m 时，只需要设置一个驱动装置；当输送线长度更长时，应设置多个驱动装置分段驱动，使链条及各种受力机构的载荷显著减少，降低功耗。

2．悬挂链输送线的特点

(1) 悬挂链输送线是根据用户合理的工艺线路，以理想的速度实现车间内部、车间与车间之间连续输送成件物品达到自动化、半自动化流水线作业的理想设备。

(2) 悬挂链输送线可在三维空间任意布置，可起到空中储存作用，节省地面使用场地，广泛应用于各行各业。悬挂输送机是在空间连续输送物料的设备，物料装在专用箱体或支架上沿预定轨道运行。

(3) 线体可在空间上下坡和转弯，布局方式实用灵活，占地面积小，广泛应用于机械、汽车、电子、家用电器、轻工、食品、化工等行业大批量流水生产作业中。

(4) 单机输送能力大，可采用很长的线体实现跨厂房输送。

(5) 结构简单、可靠性高，能在各种恶劣环境下使用。

(6) 造价低、耗能少、维护费用低，可大大减少使用成本。线体长度按照产量和厂房面积大小来定，线体高度可变，由客户选定输送速度变频、无级调速。

(7) 悬挂链输送线可以使工件连续不断地运经高温烘道、有毒气体区、喷粉区、冷冻区等人工不适应的区域，完成人工难以操作的生产工序，达到改善工人劳动条件、确保安全的目的。

3．悬挂链输送线的工程应用

悬挂链输送线大量应用于五金、电镀、喷涂、空调器、微波炉、洗衣机、电冰箱、计算机、汽车、自行车、机械制造等行业的加工或生产线上，组成各种喷涂生产线、清洗生产线、装配生产线。如图7-64所示为零件喷涂生产线，图7-65所示为汽车装配生产线。

图 7-64　零件喷涂生产线

图 7-65　汽车装配生产线

7.2.8　滚筒输送线

滚筒输送线又称辊子输送线，它利用滚筒(辊子)作为支承，滚筒的旋转带动工件前进，如图 7-66 所示。按驱动方式的不同，滚筒输送线可分为动力滚筒线和无动力滚筒线；按布置形式的不同，滚筒输送线可分为水平输送滚筒线、倾斜输送滚筒线和转弯滚筒线。

图 7-66　滚筒输送线

滚筒线(辊道线)适用于各类箱、包、托盘等货物的输送，散料、小件物品或不规则的物品需放在托盘上或周转箱内输送；且它能够输送单件重量很大的物料，或承受较大的冲击载荷。

1. 滚筒输送线的规格特点

标准规格：滚筒线内宽度为 200mm、300mm、400mm、500mm、600mm、700mm、800mm、1000mm、1200mm 等。

设备特点：滚筒线之间易于衔接过滤，可用多条滚筒线及其他输送设备或专机组成复杂的物流输送系统，完成多方面的工艺需要，可采用积放滚筒实现物料的堆积输送。滚筒输送机结构简单，可靠性高，使用维护方便。

辊子输送机可以沿水平或较小的倾斜角输送具有平直底部的成件物品，如板、棒、管、型材、托盘、箱类容器以及各种工件；对于非平底物品及柔性物品，可借助托盘实现输送。与其他输送成件物品的输送机相比，辊子输送机除了具有结构简单、运转可靠、维护方便、经济、节能等特点以外，最突出的就是其与生产工艺过程能较好地衔接和配套，并具有以下功能。

(1) 布置灵活，容易分段和连接，可以根据需要，由直线、圆弧、水平、倾斜、分支、合流等区段以及辅助装置组成开式、闭式、平面、立体等各种形式的输送线路。

(2) 功能多样，可以按无动力式、动力式、积放式等输送方式输送或积存物品，可以在输送过程中升降、移动、翻转物品，可以结合辅助装置按直角、平行、上下等方式实现物品在辊子输送机之间或与其他输送机之间的运转。

(3) 便于工艺设备衔接配套，衔接方式简易紧凑，有时可以直接作为工艺设备的物料输入和输出段。辊子的空腹部位便于布置各种装置和设备。

(4) 物体输送平稳，便于对输送过程中的物品进行加工、装配、实验、分拣、包装、储存等工艺性操作，便于对输送过程实现自动控制。

(5) 两台辊子输送机的连接尺寸小，可以转运较小尺寸的物品。

(6) 双排或数排辊子输送机可以并排组成大宽度的辊子输送机，运送大型成件物品。

(7) 允许输送高温物品。

(8) 辊子输送标准化、系列化、通用化程度高，易于拼装组成不同的生产线，同时不需要特殊土建基础。

2．滚筒输送线的工业应用

滚筒线大量应用于洗衣机、电冰箱、计算机、饮水机、空调器等产品的装配线上。如图 7-67 所示为饮水机装配线，图 7-68 所示为空调压缩机装配线。

图 7-67　饮水机装配线　　　　　　图 7-68　空调压缩机装配线

7.2.9　典型机电一体化控制系统

机电一体化系统种类繁多，从控制的角度看，可分为开环控制和闭环控制系统。开环控制系统是没有输出反馈的控制系统，如图 7-69(a)所示，这种系统的输入直接送给控制器，并通过控制器对受控对象产生控制作用，几乎所有的家用电器，如洗衣机、电烤箱、微波炉、洗碗机等都是开环控制系统。开环控制系统的主要优点是简单、经济、容易维修，主要缺点是精度低，对环境变化和干扰十分敏感。在要求较高的应用领域，绝大多数控制系统的基本结构方案是闭环组成的，如图 7-69(b)所示，其输出的全部或部分被反馈到输入端。输入与反馈信号比较后的偏差信号送给控制器，控制器对信号进行处理后产生控制信号，再控制被控对象的输出，从而形成了都闭环回路，因此称为闭环控制系统。闭环控制系统与开环控制系统相比，具有精度高、动态性能好、抗干扰能力强等优点；缺点是结构比较复杂、价值比较昂贵、不容易维修等。根据系统传递信号的性质，控制系统又可以分为连续控制系统和离散控制系统。信号在时间上是连续变化的系统称为连续控制系统；系统中某处或多处的信号为脉冲形式或数码形式，信号在时间上是离散的，此类系统称为离散控制系统。采用计算机作为控制器的控制系统即为离散控制系统，又称计算机控制系统。在实际中选用何种控制系统取决于多种因素，如可靠性、精度、简单性以及经济性等。

图 7-69　机电一体化控制系统类型

在机械工程领域中，大量机电一体化系统以机械装置或机器为控制对象，以电子装置或计算机为控制器，受控物理量通常是机械运动，如位移、速度、加速度、力(或力矩)、运动轨迹、机器操作和加工过程等。

这些系统从控制的角度可划分为伺服传动系统、数字控制(Numerical Control，NC)系统、顺序控制系统和过程控制系统等。

1．伺服控制系统

伺服控制系统(简称伺服系统)是基本的机电一体化控制系统，系统的输出量(被控制量)是机械位置和位移变化率。伺服传动系统主要用于机械设备的位置和速度的动态控制，在数控机床、工业机器人、坐标测量机以及自动导引车等自动化设备的制造、装配及检测设备中已经获得非常广泛的应用。

2．数字控制系统

待加工零件的工艺过程、工艺参数以及机械运动要求等，以某种指令形式通过穿孔纸带、磁盘等记忆装置加以记录，然后输入到数控装置，再由数控装置生成数字形式的指令，然后驱动机器运动，这种控制系统称为数字控制系统，简称 NC 系统。当数控装置由计算机实现时又称为计算机数控系统，简称 CNC(Computer Numerical Control)。CNC 系统的优点是高度柔性、可编程。

3．顺序控制系统

使生产机械或生产过程按规定的时序顺序动作，或在现场输入信号作用下按预定规律顺序动作的控制系统称为顺序控制系统；简言之，就是按时序或事先规定顺序工作的控制系统。该系统设备之间是按顺序控制工作的。顺序控制装置根据各输入信号的状态，通过逻辑运算，决定各输出状态的变化，使相应设备启停，实现制造过程自动化。实现顺序控制功能有多种手段，如继电器逻辑、固态集成电路、通用微型计算机等。当前，普遍将可编程控制器(Programable Logic Controller，PLC)作为顺序控制器。

自动机械与自动生产线具有比一般设备高很多的劳动生产率。在这类机械中，控制系统起到了至关重要的作用，工作机各执行机构按照工艺要求的动作顺序、持续时间、计量、预警、故障诊断、自动维修等，都是由控制系统来操作的。

顺序控制系统按照动作顺序可以分为两类。

(1) 按照时间先后顺序发令的时序控制系统。例如，包装机的送料、送纸、折纸、扭纸、落料等动作顺序，是靠凸轮分配轴来操纵的，这是一种纯机械式的时序控制系统；行列式制瓶机的 20 多个动作顺序，是靠协调转鼓和各种气动控制阀来操作的，这是一种气动式的时序控制系统。另外，还有液压式、电气式和电子式时序控制系统，这类系统在自动机的控制中仍然很多。

(2) 按照一个动作位移到指定位置的形成信号来控制下一个动作，称为行程控制系统。例如，冰箱生产线、封装、贴条包装机的动作，大多是由前一段动作位移到达终点发出信号来实现顺序控制的。

实际上，许多自动线设备兼有两种控制系统。

4．过程控制系统

以表征生产过程的参量为被控制量，使之接近给定值或保持在给定范围内的自动控制系统为过程控制系统。这里的"过程"是指在生产装置或设备中进行的物质和能量的相互作用和转换过程，表征过程的主要参量有温度、压力、流量、液位、成分、浓度等。通过对过程参量的控制，可使生产过程中产品的产量增加、质量提高和能耗减少。一般的过程控制系统通常采用反馈控制的形式，这是过程控制的主要方式。

过程控制在石油、化工、电力、冶金等领域有广泛的应用。20 世纪 50 年代，过程控制主要用于使生产过程中的一些参量保持不变，从而保证产量和质量稳定。20 世纪 60 年代，随着各种组合仪表和巡回检测装置的出现，过程控制已开始过渡到集中监视、操作和控制。20 世纪 70 年代，出现了过程控制最优化与管理调度自动化相结合的多级计算机控制系统。20 世纪 80 年代，过程控制系统开始与过程信息系统相结合，具有更多的功能。

柔性制造系统(Flexible Manufacturing System，FMS)、计算机集成制造系统(Computer Integrated Manufacturing System，CIMS)等自动化制造系统都是典型的机械制造过程控制系统。

7.3　自动生产线机电传动与控制项目实施过程

7.3.1　工作计划

在项目实施过程中，小组协同编制工作计划，并协作解决难题，相互之间监督计划执行与完成情况，以养成良好的"组织管理""准确遵守"等职业素养。工作计划如表 7-5 所示。

表 7-5　工作计划

序号	内容	负责人/责任人	开始时间	结束时间	验收要求	完成/执行情况记录	个人体会、行为改变效果
1	研讨任务	全体组员			分析项目的控制要求		
2	制订计划	小组长			制订完整的工作计划		
3	确定方案	全体组员			根据任务研讨结果，确定项目的实施方案		
4	具体操作	全体组员			根据任务方案进行具体操作		
5	效果检查	小组长			检查本组组员计划执行情况		
6	评估	老师/讲师			根据小组协同完成的情况进行客观评价，并填写评价表		

注：该表由每个小组集中填写，时间根据实际授课(实训)填写，以供检查和评估参考。最后一栏供学习者自行如实填写，作为自己学习的心得体会见证。

7.3.2　方案分析

为了能有效地完成项目内容，即皮带输送线的设计，需要对自动生产线的设计流程、生产效率分析及皮带输送机设计的要则做全面的了解，按照规范要求进行工作。图 7-70 所示为自动生产线设计的基本流程。

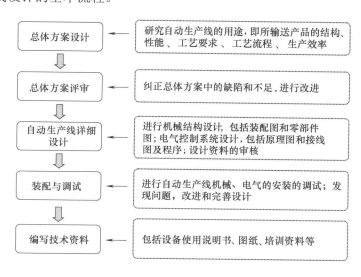

图 7-70　自动生产线设计的基本流程

7.3.3 操作分析

1. 自动生产线的生产率分析

自动生产线在工作过程中，除了消耗完成基本工艺的时间 T_k 和辅助时间 T_f 外，还包括各种原因所引起的循环外的时间损失 T_n。由于循环外的时间损失对各类自动生产线的生产率有不同的影响，所以必须对不同组合类型的自动生产线建立不同的生产率公式。

1) 柔性、刚性自动生产线生产率

对于顺序组合且每台自动机械之间又设有储料装置的柔性自动线，如图 7-71(a)所示，其特性就如同各自动机械彼此独立工作且具有严格的相同周期的流水线一样，其生产率公式为

$$Q = \frac{1}{T_k + T_f + T_n}$$

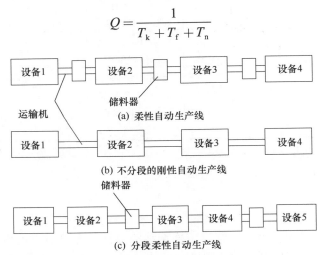

(a) 柔性自动生产线

(b) 不分段的刚性自动生产线

(c) 分段柔性自动生产线

图 7-71　自动生产线的组合方式

如果将 p 条这样的自动生产线平行组合起来，则这种平行-顺序组合的自动生产线，其生产率将提高 p 倍，故生产率公式为

$$Q = \frac{p}{T_k + T_f + T_n}$$

在另一种情况下，如果平行-顺序组合的自动生产线没有任何中间储料装置，则当某一台自动机械因故停歇时，就会引起全线停歇。此时，由于 p 组并联，其生产率应提高 p 倍，但因循环外时间损失随之增加到 pq 倍，其中 q 为每组顺序自动生产线中自动机械的台数，所以生产率公式应表示为

$$Q = \frac{p}{T_k + T_f + T_n + pq}$$

以刚性相联系的顺序组合自动生产线，如图 7-71(b)所示，相当于 $p=1$，其生产率公式为

$$Q = \frac{1}{T_k + T_f + qT_n}$$

对于由连续作用型自动机械构成的连续作用自动生产线，如由 q 台具有 i 头的转盘式自动机械组成的自动生产线，当转盘速度为 n_p 时，生产率公式可表示为

$$Q = \cfrac{1}{\cfrac{1}{in_p} + qT_n}$$

2)　提高自动生产线生产率的途径

为了提高自动机械与自动生产线的生产率，必须全面分析各种工艺因素和设备因素，不仅要设计先进合理的工艺方案、选择先进可靠的设备和机构，而且必须以减少各类时间损失作为基本条件。

(1)　减少循环内的空程辅助时间。自动机械或自动生产线的自动化程度虽然较高，但是空程辅助运动也较多，在工作循环时间中，辅助操作时间相对基本工艺时间而言仍占有一定比重。为了减少空程辅助时间，在设计时必须解决下列问题。

①　设计工艺方案时，在拟定的运动循环方案中，尽可能使空程辅助时间与基本工艺时间重合，或使各种空程辅助时间彼此重合或部分重合。

②　设计和选择各种机构合理的工作速度。在保证机构工作精度和可靠性的前提下，从提高生产率的角度尽可能提高其工作速度。例如，可选择做慢进、快退的往复运动执行机构；又如，在提高传送或转位机构的运动速度时，应以保证运送物品的平稳性和定程精度为准则，并不应使机构因加快运动速度而显著地加剧磨损。

③　采用连续作用型自动机械，可以从根本上减少或消除辅助操作时间。

(2)　减少循环外的时间损失。自动机械与自动生产线中有大量的机构及电气、液压、气动等设备，其在工作过程中都不可避免、或多或少地引起循环外的时间损失，以致降低自动机械或自动生产线的生产率和利用系数。实践证明，工位越多，循环外的时间损失对生产率的影响越大；还可能因各种设备和机构交叠地发生故障，使自动生产线或自动机械经常停歇。因此，必须针对各类时间损失的特性采取相应措施，尽可能地予以消除或减至最少。

①　减少机械设备的调整时间，可以从以下方面着手：降低机构的复杂程度；缩短和改善运动链，减少调整机构的数量；设计合理的运动副结构；保证工作表面具有良好的润滑状况；通过优化设计提高机构的工作寿命等。

②　设计能满足自动操纵和连锁保护的电气设备控制系统，同时还必须设置必要的检测系统，实现故障自动诊断、自动剔除、自动报警和自动保护等功能，减少故障停机的时间和次数。此外选择灵敏可靠经久耐用的电气元件，如无触点开关和固体电路等，对于改善电气设备的使用性能具有重要作用。

③　方便液压、气动系统的维修。液压、气动系统的工作一般是可靠的，但在使用过程中也会出现一些故障，这主要是由维护不好、元件损坏或设计不合理、装配调整不适当等原因引起的。又由于液压、气动系统的各种元件和辅助装置中的机构大都封闭在壳体和管道内，不能从外部直接观察，不像机械传动那样一目了然，而它们在测量和管路连接方面又不如电路那么方便，因此在出现故障时往往要花费比较多的时间去寻找原因。所以，控制阀等元件集中布置和采用易换组合式阀件，对减少液压、气动系统故障以及减少维修停机时间损失是很有必要的。

④ 加强自动机械或自动生产线中各种设备的计划检修和维护保养工作,也是有效减少设备修理与调整时间损失的一个不可忽视的方面。

⑤ 必须使生产组织和管理工作适应于自动化生产的要求,消除组织工作上的不良影响,以避免额外地延长自动机械或自动生产线的停歇时间。

(3) 减少基本工艺时间。自动机械的工艺速度是影响自动机械理论生产率的最直接因素,要减少基本工艺时间,必须从提高工艺速度着手。为此,必须深入分析有关的产品加工工艺,确定其最优的工艺参数。例如,采用新式电子秤对产品称重的速度比老式的杠杆秤高好几倍;采用"工序分散原则",将工艺时间较长的工序分散到自动机械的几个工位上,或自动生产线的几台自动机械上,也是一种常见的减少基本工艺时间的方法。

2. 皮带自动输送线设计要则

1) 皮带速度

皮带输送线中皮带的速度一般为 1.5~6m/min,可以根据生产线或机器生产节拍的需要通过速度调节装置灵活调节。根据皮带运行速度的区别,实际工程中皮带输送线可以按等速输送、间歇输送、变速输送三种方式进行。等速输送就是输送皮带按固定的速度运行。通过调节与电机配套使用的调速器将皮带速度调整到需要值,调速器由人工调节设定后,皮带就以稳定的速度运行。

2) 皮带材料

输送皮带常用橡胶带、强化 PVC 、化学纤维等材料制造,在性能方面除要求具有优良的耐屈绕性能、低伸长率、高强度外,还要求具有耐油、耐热、耐老化、耐臭氧、抗龟裂等优良性能,在电子制造业中还要具有抗静电性能。工程上最广泛的材料是 PVC 皮带。

3) 皮带的连接与接头

皮带的连接方式有机械连接、硫化连接两种,对于橡胶带及塑料带通常采用硫化连接接头,对于内部含有钢丝绳的皮带则通常采用机械连接接头。

4) 滚筒与驱动装置

滚筒分传动滚筒及改向滚筒两大类。传动滚筒与驱动装置相连,其外表面可以是金属表面,也可包上橡胶层来增加摩擦系数。改向滚筒用来改变输送带的运行方向,增加输送带在传动滚筒上的包角。驱动装置主要由电动机、联轴器、减速器、传动滚筒等组成。输送带通常在有负载下启动,应选择启动力矩大的电动机。减速器一般可采用蜗轮减速器、行星摆线针轮减速器或圆柱齿轮减速器。将电动机、减速器、传动滚筒做成一体称为电动滚筒,电动滚筒是一种专为输送带提供动力的部件,如图 7-72 所示。

5) 托辊

带式输送系统常用于远距离物料的输送,为了防止物料重力和输送带自重造成的带下垂,必须在输送带下安置许多托辊。托辊的数量依带长而定,输送大件成件物料时上托辊间距应小于成件物料在输送方向上的尺寸的一半,下托辊间距可取上托辊间距的两倍左右。托辊结构应根据输送的物料种类来选择,图 7-73 所示为常见的几种托辊结构形式。托辊按作用不同可分为承载托辊、空载托辊、调心托辊等。

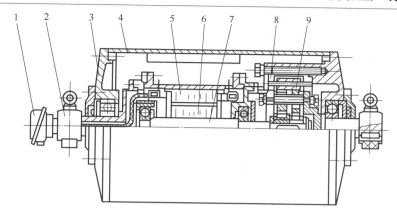

图 7-72　油浸电动机摆线针轮传动电动滚筒

1—接线盒；2—支座；3—端盖；4—筒体；5—电动机定子；

6—电动机篆字；7—轴；8—叶轮；9—摆线轮

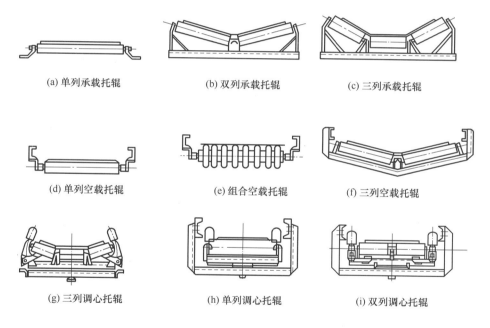

(a) 单列承载托辊　　　　　(b) 双列承载托辊　　　　　(c) 三列承载托辊

(d) 单列空载托辊　　　　　(e) 组合空载托辊　　　　　(f) 三列空载托辊

(g) 三列调心托辊　　　　　(h) 单列调心托辊　　　　　(i) 双列调心托辊

图 7-73　常见的几种托辊结构形式

6)　张紧装置

张紧装置的作用是使输送带产生一定的预张力，避免输送带在传动滚筒上打滑；同时控制输送带在托辊间的挠度，以减小输送阻力。张紧装置按结构特点的不同可分为螺杆式、弹簧螺杆式、坠垂式、绞车式等张紧形式。

7)　包角与摩擦系数

主动轮与皮带内侧之间的摩擦力取决于以下因素：皮带的拉力、主动轮与皮带之间的包角、主动轮与皮带内侧表面的相对摩擦系数。

8) 皮带长度

设计皮带输送系统时一项很重要的工作就是按一定的规格向皮带的专业制造商订购皮带。皮带的订购参数包括材料种类、皮带的长度、宽度、厚度、颜色等；皮带的长度需要根据实际结构中各辊轮的位置、直径进行仔细的数学计算与校核。由于皮带连接需要采用专门的设备和工艺，如果计算的长度有错误或因其他原因更改设计长度，虽然可以重新加工连接改变皮带的长度，但一般只将皮带长度改短而不是加长。改短可以避免材料浪费；而加长则增加了连接接头，这种重新加工一般要将皮带退回给供应商返工。实际经验表明，重新返工的费用几乎与重新订购新皮带的费用相近，所以皮带的长度一定要仔细计算核准，以免使用安装时发现错误而无法使用。在设计皮带输送系统时如何计算皮带长度呢？以下为设计皮带长度时所需要了解的基本知识点：皮带中径周长、皮带张紧变形的影响、最小长度的计算、最大长度的计算。

9) 皮带宽度与厚度

皮带宽度根据实际需要输送工件的宽度尺寸来设计，对于小型皮带输送线通常情况下皮带宽度必须比工件宽度加大 10～15mm。

皮带厚度则根据皮带上同时输送工件的总质量来进行强度计算校核，并且所选定的皮带材料及厚度能够在所设计的最小辊轮条件下满足最小弯曲半径的需要，然后从制造商已有的厚度规格中选取确定。例如，对于电子制造行业中小型电子、电器产品的输送，皮带厚度普通选择 1～2mm。

10) 皮带输送线上工件的导向与定位

在普通用途的皮带输送线上，一般不需要对工件进行专门的导向及定位，如手工装配流水线。但用于自动化装配检测生产线的皮带输送线以及许多自动化专机的皮带输送装置，通常则需要在皮带两侧设置导向板或导向杆，以保证工件在输送时沿宽度方向始终保持准确的位置。导向板或导向杆既要保证工件在输送时能够自由运动，又要保证工件沿宽度方向具有一定的位置精度。

通常选取导向板或导向杆之间的空间宽度比工件宽度加大 3～5mm，也就是工件与导向板之间的单边间隙取为 1.5～2.5mm。

3. 皮带输送线负载能力分析

1) 皮带牵引力计算

因为物件是靠皮带提供的摩擦力来驱动的，所以皮带牵引力实际上等于全部工件在皮带上的摩擦力，计算公式为

$$F = \mu m g$$

式中：F 为皮带牵引力(N)；μ 为物件与皮带间的摩擦系数；m 为皮带上负载的平均质量(kg)。

2) 负载扭矩

主动轮要驱动皮带及皮带上的工件，必须克服负载所产生的扭矩，负载扭矩的大小为

$$T_L = F D / 2\eta$$

式中：T_L 为负载转矩(N·m)；D 为主动轮直径，m；η 为皮带输送机效率。

3) 空转功率

空转功率是指皮带上没有工件时需要消耗的功率，这种情况下只需要考虑皮带本身质

量产生的负载；对于皮带长度较短或小型的皮带输送装置，空转功率通常可以忽略不计。其计算公式为

$$P_1 = 9.8 \mu WvL$$

式中：P_1 为空载功率(W)；W 为皮带单位长度质量(kg/m)；v 为皮带速度(m/s)；L 为皮带传输有效输送长度(m)。

　　4)　水平负载功率

大多数情况下，皮带输送系统都是在水平方向进行工件或物料的输送，因此水平负载功率就是由被输送物料产生的负载功率：

$$P_2 = Fv = \mu mgv$$

如果皮带上负载的平均质量用输送量 Q 来表示，则上式也可以表示为

$$P_2 = \frac{\mu QgL}{3600} = \frac{\mu QL}{367}$$

式中：P_2 为水平负载功率(W)；Q 为输送量，即单位时间输送工件或物料的质量(kg/h)。

　　5)　竖直负载功率

当皮带输送处于倾斜方向时，负载功率还包括竖直方向上的负载功率，其计算公式为

$$P_3 = \frac{QH}{367}$$

式中：P_3 为竖直负载功率；H 为输送机两端高度差。

　　6)　负载总功率

负载总功率即空转功率、水平功率及竖直功率之和，是进行电动机选型的重要依据之一。考虑到系统的效率 η，则总功率表示为

$$P = \frac{p_1 + p_2 + p_3}{\eta}$$

式中：P 为负载总功率。

　　7)　皮带最大牵引力

皮带在主动轮输入侧、输出侧的张力之差就是皮带在该状态下产生的最大牵引力。根据欧拉公式，该张力之差与皮带输出侧张紧力 T_0、包角 α、主动轮与皮带内侧之间的摩擦系数 μ_0 之间的关系可以表示为

$$F_{\max} = T_0(e^{\mu_0 \alpha} - 1)$$

所以，皮带输送系统能够传递的最大负载功率 $P_{\max}$ 也可以表示为

$$P_{\max} = Fv = T_0(e^{\mu_0 \alpha} - 1)v$$

7.4　自动生产线机电传动与控制项目的检查与评估

7.4.1　检查方法

皮带输送机等自动生产线设计涉及的知识面较宽，对于项目的实施，根据实际情况主要检查以下几个方面。

(1) 皮带输送线负载能力的计算和分析，查看计算说明书。

(2) 皮带输送机电动机的选型，查看选型依据。

(3) 皮带的选用，查看选用依据。

(4) 输送机主要零部件的设计，查看设计依据和图纸。

(5) 输送机电气控制图的设计，查看电路图。

(6) 条件允许时，可进行皮带输送线的实物检查。

7.4.2 评估策略

评估包括从反馈与反思中获得学习机会，支持学习者技术实践能力向更高水平发展，同时也检测反思性学习者的反思品质，即从实践中学习的能力。

1. 整合多种来源

在本项目中，评估的来源主要包括学习者的项目任务分析能力、电气原理分析、设计布置意识、运行及调试和小组协调能力等。

2. 从多种环节中收集评估证据

本项目在资讯、计划、决策、实施和检查等环节中以学习者为主体。资讯应记录学习者对于任务认识和分析的能力；计划环节应记录学习者的参与情况、是否有独特见地、能否主动汇报或请教等；决策环节应考虑学习者的思维是否开阔、是否勇于承担责任；实施环节应考虑学习者勤奋努力的品质、精益求精的意识、创新的理念和操作熟练程度等；检查环节应检验学习者发现问题和解决问题的能力。

综上所述，可制订表 7-6 所示的评估表。

表 7-6　评估表

评估项目		第一组				第二组				第三组			
		A	B	C	D	A	B	C	D	A	B	C	D
资讯	任务分析能力												
	信息搜索能力												
计划	信息运用能力												
	团结协作												
	汇报表达能力												
	独到见解												
决策	小组领导意识												
	思维开阔												
	勇于承担责任												
实施	勤奋努力												
	精益求精												
	创新理念												
	操作熟练程度												
检查	发现问题												
	解决问题												
	独到见解												

7.5　拓展实训——自动生产线 PLC 控制

【实训目的】

掌握自动生产线 PLC 控制的实现。

【实训要点】

PLC 控制的编程。

【预习要求】

熟悉 PLC 程序编译方法。

【实训过程】

依据皮带输送线的电气控制功能，用 PLC 编程实现。

(1)　绘制分析普通电气控制的电路图。

(2)　绘制功能顺序图。

(3)　PLC 程序的编制与仿真。

(4)　PLC 程序的传送与实物调试。

7.6　实训中常见问题解析

在皮带轮张紧装置的设计和张紧轮的调节过程中，其对皮带长度有何影响？

答：张紧轮的位置设计不仅与皮带包角的调整有关，还与皮带的长度有关，并直接影响皮带的订购及装配调试。

在安装皮带时，通常是通过张紧轮的位置变化来调整皮带的松紧程度，而张紧轮位置的调整具有一定的范围，在张紧轮的两个极限位置之间所需要的皮带理论长度是不同的，两个极限位置对应的皮带理论长度分别为最大长度与最小长度。

假设张紧轮在两个极限位置之间调整时皮带的理论长度差别很小，那么有可能造成以下问题：由于皮带长度在定购时存在一定的允许制造误差，调整张紧轮时可能出现理论上皮带应该最紧的位置皮带却仍然无法张紧，而在理论上皮带应该最松的位置皮带却不够长导致皮带无法装入。这种情况是不允许出现的。图 7-74 所示为两种张紧轮的设计方案实例及其效果对比。在图 7-74(a)所示的结构中，张紧轮位置的调节方向为垂直于皮带输送方向。在调整张紧轮的过程中，张紧皮带时所对应的皮带理论长度变化实际上较小。如果皮带理论长度变化量过小或接近皮带长度的制造公差值，尤其是当皮带长度较大时，就有可能出现调整时皮带长度偏短或偏长，导致皮带无法正常调节的情况。

如果将张紧轮设计成如图 7-74(b)所示的结构则非常有利，张紧轮的调整方向与皮带输送方向平行，张紧轮在不同位置张紧皮带时所对应的皮带理论长度变化较大，这样就不会出现前面所讲述的调整困难，而且在调整张紧轮使皮带变紧的过程中，皮带的包角也在明显加大，因而有利于提高皮带与主动轮之间的摩擦力。

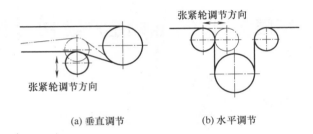

张紧轮调节方向

张紧轮调节方向

(a) 垂直调节   (b) 水平调节

图 7-74　张紧轮的布置与调节

工程上通常将张紧轮调节方向尽可能设计为对皮带长度影响最大的方向，即在张紧轮的两个极限位置之间所需要的皮带理论长度差别最大，这一方向实际上就是图 7-74(b)所示的与皮带输送方向平行的方向。

本 章 小 结

至此完成了本章的知识学习和项目实训，总结如下。

(1)　主要讲述了两大方面的知识：典型的自动生产线机械传动机构和典型机电一体化控制系统。重点讲述凸轮机构与凸轮分度器、间歇送料机构、滚珠丝杠机构、皮带输送机、倍速链输送线、平顶链输送线、悬挂链输送线、滚筒输送线等自动生产线。

(2)　通过皮带输送线的项目实施，使学习者掌握自动生产线设计的基本步骤，实现理论知识向实践知识转化。

(3)　通过拓展实训，加深了对于电气控制原理的把握程度，强化了 PLC 控制的应用实现。

思考与练习

1. 思考题

(1)　在自动机械设计过程中，机械设计工程人员通常需要完成哪些任务？电气控制设计工程人员需要完成哪些任务？

(2)　简述自动生产线的设计制造流程。

(3)　皮带输送线中，张紧轮、主动轮、从动轮在结构和功能上有哪些区别？

(4)　皮带输送线跑偏有哪些现象，怎样纠正？

(5)　倍速链包括哪些零件？各零件之间的配合关系有什么要求？

(6)　试举例说明悬挂链的运用。

(7)　滚珠丝杠机构中如何装配电动机和联轴器？

2. 填空题

(1)　常用的凸轮机构包括各种弧面凸轮机构、_____、_____、圆柱凸轮机构等，广泛应用于各种自动控制系统机构中。

(2) 凸轮分度器在结构上属于一种空间凸轮转位机构，在各类自动机械中主要实现以下功能：①＿＿＿＿＿＿＿＿＿＿＿＿；②＿＿＿＿＿＿＿＿＿＿＿＿＿＿；③摆动驱动机械手。

(3) 常用的间歇送料机构有：＿＿＿＿＿＿＿＿＿、＿＿＿＿＿＿＿＿＿＿、＿＿＿＿＿＿＿＿＿。

(4) 滚珠丝杠的滚珠循环方式有：＿＿＿＿＿＿＿＿＿＿＿＿、＿＿＿＿＿＿＿＿＿。

(5) 根据评定链的外形可分为：＿＿＿＿＿＿＿＿＿＿＿＿、＿＿＿＿＿＿＿＿＿＿＿＿。

3．实训题

(1) 试编写滚筒输送线设计的基本流程。

(2) 试进行用于进给传动的 X—Y 工作台的结构设计。

我　爱　我　国

行业发展——中国机床行业的全球影响

第8章 自动门机电传动与控制

- 了解自动门的主要结构形式。
- 熟知自动门的工作原理。
- 掌握推拉式感应门的组成和特性。

- 会分析自动门的工作原理。
- 会进行自动门巡检和保养。
- 能对自动门的常见故障进行分析和处理。

伴随着电气控制技术的发展与成熟，自动门广泛应用于各类建筑中，在人们日常生活中，经常会在宾馆、酒店、银行、办公楼等场所看到自动门。相对于传统的手开门，自动门是指可以将人接近门的动作(或将某种入门授权)识别为开门信号的控制单元，通过驱动系统将门开启，在人离开后再将门自动关闭，并对开启和关闭的过程实现控制的系统。那么自动门是怎样实现其机械运动呢? 下面通过本章的项目逐步进行剖析。

8.1 自动门机电传动与控制项目说明

1. 项目要点

(1) 自动门的结构组成。

(2) 推拉式感应门的机械结构及工作原理。

(3) 自动门的常见故障现象和处理故障。

2. 项目条件

(1) 能用来进行参观实习和大体拆装的自动门。

(2) 自动门的主要零部件，如直流电机、感应探头、传动皮带、控制器等。

(3) 配套的技术资料和教学资源。

3. 项目内容及要求

首先熟悉自动门的结构形式及其工作过程，了解自动门的常见故障，然后根据所学知识，对自动门故障进行分析，填写故障记录表并进行总结。

8.2　基 础 知 识

自动门从理论上理解应该是门的概念的延伸，是门的功能根据人的需要所进行的发展和完善。自动门是指可以将人接近门的动作(或将某种入门授权)识别为开门信号的控制单元，通过驱动系统将门开启，在人离开后再将门自动关闭，并对开启和关闭的过程实现控制的系统。如图 8-1 所示，当人走近自动门时，探头感应到信号并传递给控制单元，进而控制门的开启，当人离开后，门自动关闭。

自动门机电传动与
控制——基础知识

图 8-1　自动门应用实例

8.2.1　自动门的分类

自动门在建筑物上的使用，始于 20 世纪以后。20 年代后期，美国的超级市场开放，自动门开始被使用。1930 年，美国史丹利率先推出世界上第一樘自动门(此史料记载于《纽约时报》)，其后，世界第一自动门品牌多玛在 1945 年将油压式、空气式自动门广泛推向市场，新建大楼的正门也开始使用自动门。到了 1962 年，电气式自动门开始出现，之后伴随着城市建设，自动门技术的领域每年都在增加。当初，用供给建筑物用的电源进行电动机的速度控制很难，只好进行油压、空压进行速度控制，但能源利用效率很低，然而伴随着电气控制的技术发展，现在电气控制技术已经成熟，直接控制电动机的电气式自动门逐渐成为主流。例如各种用可识别控制的自动专用门，如感应自动门(红外感应、微波感应、触摸感应、脚踏感应)、刷卡自动门等。

1. 按照启闭形式分类

按启闭形式不同，自动门可分为推拉门、旋转门、平开门、折叠门、重叠门和弧形门。

(1) 推拉门：可细分为单开、双开、重叠单开、重叠双开和弧形门。弧形门门扇沿弧形轨道平滑移动，可分为半弧单向、半弧双向和全弧双向。为了最大限度地拓宽入口幅度，有的推拉(套叠)自动门可做成在开启终点与固定扇重合后一道手动平开，也归纳为推拉自动门。

(2) 旋转门：可细分为有中心轴式、圆导轨悬挂式和中心展示区式等。

(3) 平开门：可细分为单扇单向、双扇单向、单扇双向和双扇双向。

(4) 折叠门：可细分为两扇折叠和四扇折叠。

(5) 紧急疏散自动门：活动扇和固定扇均可呈90°平开。

(6) 重叠门：可分为带固定边门页的重叠自动门和没有固定边门页的重叠自动门。

(7) 弧形门：可分弧段、半圆、全圆；可以带固定门页，也可以没有固定门页；圆弧度可根据具体案例设计设定，应用非常灵活，还可以应用不同的弧度拼接，构造出美观多变的几何形状的门体。因此，凯撒弧形门的使用将越来越广泛。

2．按门体材料分类

按照门体材料的不同，自动门可分为安全玻璃门、不锈钢饰面门、建筑铝合金型材门、彩色涂层钢板门、木材门等，也可采用其他材料。用其组成的常见种类有无框玻璃自动门、不锈钢框玻璃自动门和铝合金框(刨光或氟碳喷漆)玻璃自动门。

3．根据门的结构特点分类

按门的结构特点的不同，自动门主要分九大类，即自动旋转门、圆弧形自动门、平滑自动门、平开自动门、折叠自动门、伸缩式自动门、卷帘式自动门、提升式自动门及自动挡车器。

4．按用途分类

按用途分类，自动门主要分五大类，即民用自动门、商用自动门、工业用自动门、车库用自动门及庭院自动门。

8.2.2 自动门的工作原理

自动门的基本组成大体上相同，包括门体、门机、安全装置以及开门信号等。门扇完成一次开门与关门，其工作流程如下：感应探测器探测到有人进入时，将脉冲信号传给主控器，主控器判断后通知马达运行，同时监控马达转数，以便通知马达在一定时候加力和进入慢行运行。马达得到一定运行电流后做正向运行，将动力传给同步带，再由同步带将动力传给吊具系统使门扇开启；门扇开启后由控制器做出判断，如需关门，通知马达做反向运动，关闭门扇。

自动门的系统配置是指根据使用要求而配备的、与自动门控制器相连的外围辅助控制装置，如开门信号源、门禁系统、安全装置、集中控制等。必须根据建筑物的使用特点、楼宇自控的系统要求等合理配备辅助控制装置。

1．开门信号

自动门的开门信号是触点信号，微波雷达和红外传感器是常用的信号源。

1)　微波雷达

微波雷达也称微波感应器，是基于电磁波的多普勒原理开发的。众所周知，任何波都有反射的特性，当一定频率的波碰到阻挡物时，就会有一部分波被反射回来，如果阻挡物是静止的，反射波的波长就是恒定的；如果阻挡物是向波源方向运动的，反射波的波长就比波源的波长来得短；如果阻挡物是向远离波源的方向运动，反射波的波长就比波源的波长来得长。波长的变化，就意味着频率的变化。微波感应正是通过反射波的变化知道有运动物体逼近或远离的。

微波雷达是对物体的位移反应，因而反应速度快、灵敏度更高、感应区域广、安全性稳定性高，不受温度、气流、尘埃及烟雾等的影响，适用于行走速度正常的人员通过的场所。其特点是一旦在门附近的人员不想出门而静止不动后，雷达便不再反应，自动门就会关闭，对门机有一定的保护作用。

2)　红外传感器

红外传感器探头是靠探测人体或其他物体发射的红外线而进行工作的，探头收集外界的红外辐射通过聚集到红外感应源上面。红外感应源通常采用热释电元件，这种元件在接收了红外辐射温度发生变化时就会向外释放电荷，检测处理后产生报警。在电子防盗探测器领域，红外探测器的应用非常广泛。红外探测器的优点是本身不发任何类型的辐射，器件功耗很小，隐蔽性好，价格低廉；对物体的存在进行反应，不管物体是否移动，只要处于感应器的扫描范围内，都会反应即传出触点信号。其缺点是容易受各种热源、光源干扰；被动红外穿透力差，人体的红外辐射容易被遮挡，不易被探头接收；易受射频辐射的干扰；环境温度和人体温度接近时，探测和灵敏度明显下降，有时造成短时失灵；另外红外探测器只对发射红外线的物体或人体有效，对于不发射红外线的物体需要有附加的红外光源。

另外，如果自动门接受触点信号时间过长，控制器会认为信号输入系统出现障碍；而且自动推拉门如果保持开启时间过长，也会对电气部件产生损害。由于微波雷达和红外传感器并不了解接近自动门的人是否真要进门，所以有些场合更愿意使用按键开关。

现在的楼宇自控有时会提出特殊的要求，例如使用电话的某一分线控制开门。要达到这个要求，只要保证信号是无源的触点信号即可。有些情况下，人们会提出天线遥控的要求，用一个无线接收器与自动门进行触点式连接，再配一个无线发射器，就可以达到要求。

不过，现在的无线电波源太多，容易导致偶然开门是一个麻烦的问题。定时器可以自动控制门的状态，其原理是将时钟与特定的开关电路相连，可预设定时间将自动门处于自动开启或锁门状态。

2. 门禁系统与非公共区域的自动门

如果说对自动门的性能和质量要求最高的是在使用频率极高的大型公共区域，那么自动门功能要求最高是对进出人员进行选择的非公共区域。门禁系统是对入门授权的识别，在识别或检测入门授权通过以后，向自动门的控制系统提供开门信号。在提供开门信号之前，自动门必须处于锁门状态。门禁系统包括从最简单的钥匙开关、密码锁、磁卡锁(考勤统计系统)一直到复杂的体重识别系统、指纹识别系统等，但无论系统怎样复杂，最终都是给自动门提供开门的触点信号。信号电路的屏蔽对避免由于无关信号的干扰而误开门的情况发生非常重要。

3．自动门解锁动作与开门动作之间的协调

应用于自动推拉门的电子锁有锁皮带的电磁锁和锁门体吊挂件的电动锁、锁电机的三种。后者用于重型自动推拉门，自动平开门的电子锁有电磁门吸、电子插销锁和电子开门器，电子开门的作用力方向不影响门的开启动作，不易发生误操作。还有一种带触点开关的机械锁，使锁与开关结合，锁不处于开锁状态，触点就不能接触，不可能发生误操作。

4．集中控制

自动门集中控制的概念，包括集中监视自动门运行状态和集中操作多个自动门两层含义。集中监视自动门开门关门状态可以通过位置信号输出电路来实现，可以采用接触式开关，当门到达一定位置(如开启位置)时，触动开关给出触点信号；也可以采用感应式信号发生装置，当感应器探测到门处于某一位置时发出信号。在中控室设置相应的指示灯，就可以显示自动门的状态，而集中操作通常指同时将多个门打开或锁住，这取决于自动门控制器上有无相应的接线端子。集中控制的出现为实现智能楼宇系统提供技术上的保障。

8.2.3　推拉式感应门

据应用统计，推拉自动门用量最大，占四种类型自动门总量的 90%以上；其次是旋转自动门，占 6%左右；平开和折叠自动门用量最少，各占 2%左右。

1．推拉式感应门的主要组成

推拉式感应门的传动结构如图 8-2 所示。

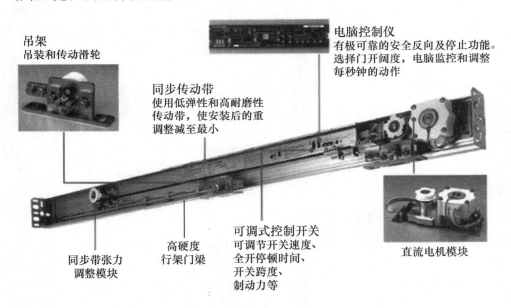

图 8-2　推拉式感应门传动结构

推拉式感应门主要由以下部件组成。

(1)　主控制器。主控制器是自动门的指挥中心，通过内部编有指令程序的大规模集成块发出相应指令，指挥马达或电锁类系统工作；同时人们通过主控器调节门扇开启速度、开启幅度等参数。

(2)　感应探测器。感应探测器负责采集外部信号，如同人们的眼睛，当有移动的物体进入其工作范围时，其就给主控制器一个脉冲信号。

(3)　动力马达。动力马达提供开门与关门的主动力，控制门扇加速与减速运行。

(4)　门扇行进轨道。门扇行进轨道就像火车的铁轨，约束门扇的吊具走轮系统，使其按特定方向行进。

(5)　门扇吊具走轮系统。门扇吊具走轮系统用于吊挂活动门扇，同时在动力牵引下带动门扇运行。

(6)　同步皮带。同步皮带用于传输马达所产动力，牵引门扇吊具走轮系统。

(7)　下部导向系统

下部导向系统是门扇下部的导向与定位装置，防止门扇在运行时出现前后门体摆动。

2. 推拉式感应门的主要性能特点

(1)　安装方便。不受门柱及大门原有结构的影响，任何平开门均能方便安装，并不破坏其原有结构；对门柱、门体之形状、大小无特殊要求。

(2)　有效推力大。开门机在大门开启的最佳受力点(距铰链最远处)上工作，效率为100%，只要单人能推动的大门均能可靠工作。

(3)　对门体作用力小。由于受力点最佳、效率最大，所以在门体施力点上作用力最小，门体结构不会变形。

(4)　能开超宽门。由于工作于离大门枢轴的最远处，并且作用力方向始终与开门方向相同，所以无论多宽的门均能轻松启闭。

(5)　可使大门作 0～360° 超广角自由开启关闭。

(6)　自带锁定。大门关闭后，开门机能可靠自行锁定，不必另加电锁。

(7)　高智能化。由于本机自带联动电锁，所以可自由设定左、右门开门顺序，任意指定某扇门单开，遇阻反弹、遇堵自停，自动判定车或人离去后自动关门，并有增值接口可与地感器、读卡器/密码器构成现代化的智能门禁系统。

(8)　电耗省。由于开门效率高、所需动力小，所以电耗极省。

(9)　有限位开关，便于控制，限位准确、稳定，不使电机、机构超负荷。

(10) 机构承受应力小、寿命长。

8.2.4　自动门的巡检与保养

自动门为一开关次数甚为频繁的机电设备，为了使自动门行走起来有一定的安全性及品质，平时的保养与检查格外重要。因为机件于故障发生前常伴有异常出现，此时，若能通过日常巡检及定期保养发现原因并加以消除，则可减少故障损失至最低限度。

1. 皮带调整

皮带经过一段时间使用后，会产生少许的伸长现象，此时应对皮带张力重新调整。可通过调整皮带张紧轮前后的位置来调整皮带的松紧。皮带的松紧度很重要，如果太松会有异响，太紧对马达可能会有损伤。皮带的调整位置如图8-3所示。

图 8-3 皮带调整位置

2．巡检保养

自动门系统的巡检与保养，可概括分为日常巡检保养及定期保养两方面。保养的内容如下。

1) 每日保养

行走时声音是否正常；感应器是否清洁；自动门开关门行走轨道是否顺畅；整体控制配合功能是否正常；门缝有无过大。

2) 每月保养

查看皮带可不可以继续使用；检查皮带沟深度是否足够(皮带沟不够深的话会造成打滑)；检查皮带固定螺丝是否锁紧；检查传动轮是否过度磨损；检查感应器角度是否正常(感应器的角度是可以调整的)；检查各连线接头有无松脱(特别是插头)；检查门缝有无过大(可以通过控制器设定来调整)。

8.3 自动门机电传动与控制项目实施过程

8.3.1 工作计划

在项目实施过程中，小组协同编制工作计划，并协作解决难题，相互之间监督计划执行与完成情况，以养成良好的"组织管理""准确遵守"等职业素养。工作计划如表 8-1 所示。

表 8-1 工作计划

序号	内容	负责人/责任人	开始时间	结束时间	验收要求	完成/执行情况记录	个人体会、行为改变效果
1	研讨任务	全体组员			分析项目的控制要求		
2	制订计划	小组长			制订完整的工作计划		

续表

序号	内容	负责人/责任人	开始时间	结束时间	验收要求	完成/执行情况记录	个人体会、行为改变效果
3	确定方案	全体组员			根据任务研讨结果，确定项目的实施方案		
4	具体操作	全体组员			根据任务方案，进行具体操作		
5	效果检查	小组长			检查本组组员计划执行情况		
6	评估	老师/讲师			根据小组协同完成的情况进行客观评价，并填写评价表		

注：该表由每个小组集中填写，时间根据实际授课(实训)填写，以供检查和评估参考。最后一栏供学习者自行如实填写，作为自己学习的心得体会见证。

8.3.2　方案分析

为了能有效地完成项目内容，即自动门的故障排除，需要对自动门机电系统故障的排除做全面的了解，按照规范要求进行工作。图 8-4 所示为自动门故障排除的基本思路。

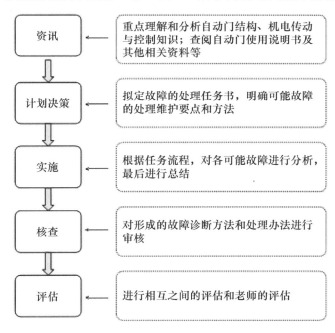

图 8-4　自动门故障排除的基本思路

8.3.3　操作分析

1. 自动门故障分析与检修

自动生产线在工作过程中，当自动门运行出现异常时需关断电源数秒钟(主要是让电容释放一下，使控制器复位)后再通电试一下；如果电源重启后故障还解决不了，那试试以下方法，如表 8-2 所示。

表 8-2　常见故障处理

故障情况	可能发生的原因	处理方式
自动门无法行走	(1)电源供应中断； (2)感应器无法感应； (3)皮带断裂； (4)主控制器故障； (5)主马达无法启动皮带轮； (6)传动轮脱轨或磨损； (7)防夹保护开关动作； (8)轨道被异物所阻	(1)检查是否跳电或电源被关掉； (2)检查感应器电源及触发接点； (3)更新皮带； (4)检查主控器连接线是否脱落或主控器损坏； (5)检修马达是否烧毁或皮带轮卡住； (6)将传动轮归位或更换； (7)检测是否有遮挡或者故障，故障则更换； (8)清理轨道内之阻塞物
自动门运行时发出声音	(1)轨道内有异物堆积； (2)前后传动轮磨损后造成大小不一； (3)皮带过松而碰到盖板； (4)支撑固定螺丝松脱； (5)机械部分润滑不够； (6)皮带轮移位或松脱； (7)门锁松脱卡住轨道	(1)清除轨道内之异物； (2)更换前后传动轮； (3)调整皮带松紧度； (4)将松脱螺丝扭紧； (5)将机械可润滑之部分上油； (6)重新固定皮带位置或做调整； (7)将松脱门锁锁紧
自动门不停自开自关	(1)雷达传感器失灵； (2)有活动物体处于感测范围； (3)门片开关碰到障碍物	(1)检查雷达传感器或更换； (2)清理自动门感应范围内环境； (3)清理障碍物
自动门运行时门扇抖动	(1)地下导轨或止摆器有障碍物或磨损； (2)移动吊轮及轨道发生磨损或障碍	(1)清楚障碍物或检查是否有磨损； (2)检查吊轮及轨道是否变形、是否有磨损，并清除障碍物
自动门门扇开关时会发生跳动	(1)上轨道及下轨道有异物卡住； (2)上吊轮之轮子有异物嵌入	(1)检查上轨道及下轨道是否畅通、表面是否有异物； (2)检查吊轮是否有异物嵌入
门扇开关时自动门速度太慢	(1)控制器速度调整太慢； (2)皮带可能太过松动； (3)电压异常； (4)活动门扇可能与导轨或与固定门扇发生摩擦或与地板发生摩擦； (5)止动轮与轨道摩擦	(1)调整控制器速度； (2)调整皮带； (3)检查电源及控制系统； (4)检查活动门扇、导轨、固定门扇、地板之间的间隙及变形； (5)检查止动轮、轨道的磨损情况

续表

故障情况	可能发生的原因	处理方式
自动门活动门扇关闭时发生碰撞	(1)速度太快； (2)电压异常； (3)马达发电配件可能损坏	(1)调整控制器； (2)检查电源及控制系统； (3)测量马达，必要时更换
自动门门扇不能开启	(1)感应器故障，检查感应器之感应灯号是否正常； (2)电线接头松胶(短路)； (3)皮带脱落； (4)可能马达过热，待冷却后便能恢复正常； (5)控制器烧坏； (6)异物卡住； (7)电压异常	(1)更换感应器； (2)测量电路； (3)检查皮带磨损及变形情况，视情况更换； (4)测量马达运行电流、电压； (5)更换控制器； (6)清楚异物； (7)检查电源电压及控制系统

2．自动门检修注意事项

自动门检修的注意事项如下。

(1)　自动门轨道及吊轮不能上油；否则吊架上的滚轮有滑动现象，使门发生碰撞。

(2)　长时间没有使用的情况下请关闭电源。

(3)　发生异常请勿随意拆装，请与专业人员联系。

8.4　自动门机电传动与控制项目的检查与评估

8.4.1　检查方法

将检修好的自动门进行调试，然后将故障处理过程填写到表 8-3 中。

表 8-3　自动门故障及其处理登记表

序号	故障现象	可能原因分析	处理办法

8.4.2　评估策略

评估包括从反馈与反思中获得学习机会，支持学习者技术实践能力向更高水平发展，同时也检测反思性学习者的反思品质，即从实践中学习的能力。

1．整合多种来源

在本项目中，评估的来源主要包括学习者的项目任务分析能力、工作原理分析、故障分析和处理能力、小组协调能力等。

2. 从多种环节中收集评估证据

本项目在资讯、计划、决策、实施和检查等环节中以学习者为主体。资讯环节应记录学习者对于任务认识和分析的能力；计划环节应记录学习者的参与情况、是否有独特见地、能否主动汇报或请教等；决策环节应考虑学习者的思维是否开阔、是否勇于承担责任；实施环节，应考虑学习者勤奋努力的品质、精益求精的意识、创新的理念和操作熟练程度等；检查环节应检验学习者发现问题和解决问题的能力。

综上所述，可制订表 8-4 所示的评估表。

表 8-4　评估表

评估项目		第一组				第二组				第三组			
		A	B	C	D	A	B	C	D	A	B	C	D
资讯	任务分析能力												
	信息搜索能力												
计划	信息运用能力												
	团结协作												
	汇报表达能力												
	独到见解												
决策	小组领导意识												
	思维开阔												
	勇于承担责任												
实施	勤奋努力												
	精益求精												
	创新理念												
	操作熟练程度												
检查	发现问题												
	解决问题												
	独到见解												

8.5　拓展实训——自动门的电气控制设计

【实训目的】

掌握自动门电气控制的实现原理，能绘制控制电路图。

【实训要点】

控制电路的绘制与控制过程的分析。

【预习要求】

熟悉自动门的基本结构、器件组成、工作原理。

【实训过程】

根据本章内容。

(1)　分析自动门开关的实现原理及各控制器件的工作原理。

(2)　绘制电气控制电路图。

(3)　条件允许的情况下,搭建自动门的实物模型并进行电气控制实验。

本 章 小 结

至此完成了本章的知识学习和项目实训,总结如下。

(1)　主要讲述了自动门的分类、自动门的工作原理、推拉式感应门的应用、自动门的巡检与保养。

(2)　通过分析自动门的故障排除,使学习者掌握自动门常见的故障现象及排除方法,实现理论知识向实践知识的转化。

思考与练习

1. 思考题

(1)　试举例说明自动门的应用。

(2)　试分析自动门的动作过程。

(3)　试说明微波雷达探头和红外传感器探头的工作原理和优缺点。

2. 实训题

(1)　若采用 PLC 控制,根据推拉式自动门的工作规程,编写其 PLC 控制流程图。

(2)　根据工作流程图,试编写 PLC 梯形图。

我 爱 我 国

行业发展——中国机床加快“卡脖子”技术攻关

参 考 文 献

[1]　吴国华. 金属切削机床[M]. 北京：机械工业出版社，2001.

[2]　恽明达. 金属切削机床[M]. 北京：机械工业出版社，2005.

[3]　上海市职业技术教育课程改革与教材建设委员会. 金属切削机床概论[M]. 北京：机械工业出版社，
　　　2001.

[4]　周希章. 机床电路故障的诊断与修理[M]. 北京：机械工业出版社，2002.

[5]　张春林，等. 机械创新设计[M]. 北京：机械工业出版社，2001.

[6]　陆全龙. 机电设备故障诊断与维修[M]. 北京：科学出版社，2008.

[7]　陈则钧. 机电设备故障诊断与维修[M]. 北京：高等教育出版社，2004.

[8]　杨江河，金少红. 三菱电梯维修与故障排除[M]. 北京：机械工业出版社，2006.

[9]　陈家盛. 电梯结构原理及安装维修[M]. 北京：机械工业出版社，2000.

[10]　机电一体化技术手册编委会. 机电一体化技术手册[M]. 北京：机械工业出版社，1994.

[11]　梁景凯. 机电一体化技术与系统[M]. 北京：机械工业出版社，2008.

[12]　詹启贤. 自动机械设计[M]. 北京：中国轻工业出版社，1987.

[13]　丁加军，盛靖琪. 自动机与自动线[M]. 北京：机械工业出版社，2007.

[14]　吴振彪，王正家. 工业机器人[M]. 武汉：华中科技大学出版社，2006.

[15]　谢存喜，张铁. 机器人技术及其应用[M]. 北京：机械工业出版社，2006.

[16]　王建明. 自动线与工业机械手技术[M]. 天津：天津大学出版社，2009.

[17]　王义行. 输送链与特种链工程应用手册[M]. 北京：机械工业出版社，2000.

[18]　李绍炎. 自动机与自动线[M]. 北京：清华大学出版社，2007.

[19]　赵景林. 微机接口技术[M]. 北京：高等教育出版社，2001.

[20]　中国建筑企业金属结构协会自动门电动门分会. 自动门篇[M]. 北京：中国建筑工业出版社，2016.

[21]　天津电气传动设计研究所. 电气传动自动化技术手册[M]. 3版. 北京：机械工业出版社，2011.

[22]　韩顺杰，吕树清. 电气控制技术[M]. 2版. 北京：北京大学出版社，2014.

[23]　廖映华. 机械电气自动控制[M]. 重庆：重庆大学出版社，2013.

[24]　梁景凯，盖玉先. 机电一体化技术与系统[M]. 北京：机械工业出版社，2011.